www.ingramcontent.com/pod-product-compliance
Lightning Source LLC
Chambersburg PA
CBHW081433170526
45166CB00008B/2187

موجـــــز

فـــي

تاريخ العلوم والمعارف في الحضارات القديمة

والحضـــــارة العربيـــــة الاســـــلامية

تأليف

طــه باقــر

Mujaz fi Tarikh al-Ulum wa al-Maarif fi al-Hadharat al-Qadimah
wa al-Hadhara al-Arabiyah al-Islamiyah

A BRIEF HISTORY OF THE SCIENCES AND KNOWLEDGE IN
THE ANCIENT AND ARABIC-ISLAMIC CIVILIZATIONS

by
TAHA BAQIR

Year 2013 Printing
On the Occasion of the 100th Anniversary of the Birth
of
TAHA BAQIR

Year 2013 printing

Prepared by Saad Taha Bakir

Front cover: Images of ancient civilizations.

Back cover: Mesopotamian tablet IM 55357, hand-copied by the author Taha Baqir.

Source: **Wikimedia Commons**.

About the Author

TAHA BAQIR (1912-1984)

Taha Baqir was one of the most renowned Iraqi historians and archeologists. Since the 1940s, **Baqir** excavated and deciphered numerous mathematical, legal, and literary cuneiform tablets in Iraq. He discovered the 4000-year-old Laws of Eshnunna (preceding the famous Code of Hammurabi) and he translated the Epic of Gilgamesh directly from Akkadian to Arabic. **Baqir** authored numerous monumental articles and books. He was educated at the American University of Beirut and the Oriental Institute, University of Chicago. **Taha Baqir** was born in Babylon 1912 and he died in Baghdad, Iraq in 1984.

Among the cuneiform mathematical tablets that Taha Baqir excavated and published were: **Db$_2$-146 (or IM 67118), IM 52301, IM 53953, IM 53957, IM 53961, IM 53965, IM 54010, IM 54011, IM 54464, IM 54478, IM 54538, IM 54559, and IM 55357.**

Mujaz fi Tarikh al-Ulum wa al-Maarif fi al-Hadharat al-Qadimah wa al-Hadhara
al-Arabiyah al-Islamiyah

*A BRIEF HISTORY OF THE SCIENCES AND KNOWLEDGE IN THE ANCIENT
AND ARABIC-ISLAMIC CIVILIZATIONS*

by
Taha Baqir

*This book was written **in Arabic** by the late Iraqi archeologist and historian **Taha Baqir**. The book provides brief accounts of the mathematical and scientific achievements in the early civilizations of the **Mesopotamians, Egyptians, Greeks, Chinese, Indians, Arabs and Muslims.** The book maintains a friendly and readable Arabic style that appeals to both the public and the experts in the field.*

بسم الله الرحمن الرحيم

مقدمـــــة

أهمية تاريخ العلوم بوجه عام وتاريخ الرياضيات بوجه خاص واساليب عرض هذا الموضوع

تاريخ الحضارة والعلوم والمعارف بوجه عام وتاريخ الرياضيات بوجه خاص من الموضوعات التي اولتها البحوث ومناهج الدرس الحديثة العناية والاهتمام البارزين ، فقد بات من البديهيات الملازمة للفكر الحديث ان اسس الحضارة الحديثة قد اقيمت على تراث ومنجزات سابقة كان الفضل في الكشف عن الكثير منها لعلم الاثار (الاركيولوجيا) والتحريات والبحوث التي رافقت ذلك منذ منتصف القرن الماضي . ولعله من البديهي القول ان تقويم الاوجه المختلفة من الحضارة الراهنة والحكم على صحتها وسلامتها انما يتم بالوقوف على الاسس التي قامت فوقها ، ويقضي ذلك درس تطورها وتتبع المراحل التي مربها هذا التطور من النمو والنضج الى حالتها الراهنة. وسيتضح لنا من استعراض تطور العلوم بوجه خاص في الحضارات المشهورة كيف ان ابسط عملية رياضية نعدها الآن من الامور البديهية قد مرت بمراحل كثيرة من التطور واسهمت في وضعها وتحسينها عدة حضارات سابقة . خذ مثلا ابسط ما في الرياضيات الحديثة " الصفر ومبدأ " المرتبة العددية و " الارقام " تجد انها مرت بمراحل كثيرة من التطور عبر مئات السنين منذ ايجادها في حضارة العراق القديم وانتقالها الى اليونان والهنود والعرب الى ان ورثتها محسنة الرياضيات الحديثة . وافاد الباحثون في تاريخ الحضارات من تاريخ الرياضيات في تعيين الاتصالات التاريخية مابين الحضارات واقتباس بعضها من بعض ، حيث يمكن الاستدلال من تشابه الاساليب والطرق الرياضية اكثر من غيرها من العناصر الحضارية على تلك الاتصالات والاقتباسات،

٣

لانه يندر ان يكون تطابق اوتشابه الطرق الرياضية في الحضارات المختلفة متأتيا عن الصدفة المحضة او الاختراع المستقبل .

وبعبارة اخرى يمكن القول ان تاريخ العلوم ويضمن ذلك تاريخ الرياضيات يرادف تتبعنا الاصول العلمية لمقومات حضارتنا الراهنة ، وسيقف الدارس لتطور العلوم ولاسيما الرياضيات في هذا العرض الموجز على تلك الظاهرة الحضارية البارزة من استمرارية المخترعات والآراء في الحضارة الانسانية منذ ظهور اولى الحضارات في وادي النيل وادى الرافدين في مطلع الالف الثالث ق . م فان أسس الكثير من العلوم والمعارف ومنها الرياضيات والاساليب التقنية والتكنولوجية قد وضعت في هاتين الحضارتين . واظن انني لأكون بعيدا عن الواقع التأريخي اذا قلت ان تطور الحضارات وتقدمها يخضع الى ذلك القانون الذى يطلق عليه في العلوم الطبيعية قانون التعجيل او " التسارع Accelleration فالملاحظ في تاريخ تطور الحضارات بوجه عام ان الحضارة اللاحقة في الزمن تبدأ من حيث انتهت اليه الحضارة السابقة لها والتي خلفت فيها تراثها الحضارى فيزداد تسارعها في التقدم العلمي والتكنولوجي . فلولا الحضارات الاصلية الاولى التي قامت في اجزاء الوطن العربي وماخلفته من تراث حضارى في الحضارات الانسانية التي اعقبتها لما استطاعت الحضارة اليونانية مثلا ان تختصر الزمن فتتقدم وتسير بالسرعة والاتجاه اللذين سارت فيهما ، اذ لوجب عليها ان تبدأ من جديد اومن نقطة الصفر التي بدأت منها تلك الحضارات الاقدم فمهدت الطريق للتسارع الحضارى . وهكذا يقال بالنسبة الى تراث العرب العلمي واثره في تسريع تطور العلوم والمعارف في اوربة منذ عصر النهضة فيها ، حيث اخذت الخبرات والمكتشفات والمهارات تتراكم قرنا بعد قرن ثم كثر التسارع فصارت تتقدم جيلا بعد جيل لابل عاما بعد عام في زمننا الراهن .

ولعل الرياضيات من بين العلوم الاخرى (+) خير مايوضح لنا سير تطور الآراء والافكار عند الانسان في مسيرته الطويلة عبر عصور التاريخ وهي اروع فصل من تطور الفكر البشرى وقابلياته العجيبة في الابداع والاختراع والتجريد والتعميم عن الحقائق المجردة والتعبير عنها بقوانين مضبوطة. ويوقفنا تاريخ الرياضيات بوجه خاص والعلوم الاخرى بوجه عام على جوانب اخرى من تقدم الفكر البشرى ، تتجلى في عملية حضارية مهمة تكاد تكون دستورا عاما لتقدم العلوم والمعارف ، تلك هي عملية الاختيار والتحوير في انتقال العناصر والمقومات الحضارية من حضارة الى اخرى ، فان الحضارة اللاحقة المستعيرة لاتأخذ من سابقتها اوسابقاتها كل مخترعاتها ومنجزاتها وانما تتبع كما قلنا مبدأ الاختيار والتمثيل والدمج في العناصر الحضارية المميزة لها والمنسجمة مع اتجاهها الحضارى العام . وما هذا البناء الشامخ للحضارة الحديثة ومنها العلوم الرياضية الاعناصر واجزاء بنائية قد جمعت وشيدت بجهود الاجيال الكثيرة من الشعوب والامم ، والعملية الحضارية هذه عملية مستمرة مابقي النوع الانساني في تطور على هذه الارض ، بحيث يمكن القول بوجه عام انه لاتوجد في تاريخ التطور الفكرى عند الانسان مايمكن ان نسميه " النهائيـة " (Finality) وان احـدث المنجزات والمخترعـات العلمية لايمكن ان تكون امورا نهائية مطلقة الصحة بل هي امور نسبيه سرعان ماستطور وتتبدل ، فان من ميزات الفكر البشرى المبدع ان تنتفي منه صفة ـ" النهائية " في الحقائق المطلقة والمنجزات العلمية ، ولعل من الحسنات التي التي يتصف بها النوع الانساني ظاهرة التطور والتبدل المستمرين ، على ان هذا لايعني عبث الجهود البشرية ، وان الحكم على مـدى تطـور حضارة مافي عصر من العصور لايحكم عليها بنهائية منجزاتها العلمية بل بجدية المحاولة وسلامة منهج البحث .

(+) عن اصل كلمة Mathematics التي ترجمت الى العربية عادة بالرياضيات اوعلوم الرياضة ص انظرفي القسم الخاص بالرياضيات اليونانية .

ان هذا وغيره يكشف لنا عن سبب الاهتمام الكبير الذي توليه المعاهد والجامعات الغربية لتاريخ العلوم ومنها تاريخ الرياضيات وتخصيص اقسام ومعاهد خاصة للبحث والتدريس . فاذا كان الامر كذلك بالنسبة الى ابناء الحضارة الغربية فكم يجدر بنا في العراق وفي سائر الوطن العربي الكبير ان نولي هذا الامر مايستحقه من العناية في البحث والتدريس ، لعظم الدور الذي قام به هذا البلد في عهود حضارته القديمة والحضارة العربية الاسلامية. فانه بالاضافة الى الدوافع التي نوهنا ببعضها لاهتمام الغرب بتدريس تاريخ العلوم ومنها الرياضيات فان اهتمامنا بالموضوع احياء لتراثنا العلمي والوقوف على منجزاته الكبرى في بناء الحضارة الراهنة لنسير على هديه في بناء نهضتنا العلمية الحديثة ، ومن ذلك الاستعانة بالثروة الكبيرة من المصطلحات التي يمكن استخراجها من تراثنا العلمي العربي في تعريب التعلم .

ولما طلب مني قسم الرياضيات في كلية العلوم بجامعة بغداد ان القي بعض المحاضرات في تاريخ الرياضيات على طلاب الصف الثالث رحبت بالفكرة واستجبت للاضطلاع بتلك المهمة على الرغم من انني لست من الرياضيين ولكن اشتغالي بدرس الرياضيات في حضارة وادي الرافدين ونشري في مجلة سومر (١٩٤٨ – ١٩٤٩ ، ١٩٥٠ ، ١٩٥١ط ، ١٩٦٣) الالواح الرياضية التي اكتشفتها مديرية الاثار العراقية في تل حرمل والضباعي (في ضواحي بغداد الشرقية مابين عامي ١٩٤٥ و ١٩٦٠) وماتطلبه هذا النشر من دراسات مقارنة مع الرياضيات القديمة في الحضارات الاخرى مثل الرياضيات اليونانية والرياضيات العربية ، كل ذلك جعلني استجيب لطلب القسم فدرست الموضوع منذ منتصف العام الدراسي الثاني للاعوام ١٩٧٣ – ١٩٧٦ ، وتدريسي ايضا لتاريخ الرياضيات والعلوم في الحضارة العربية الاسلامية في كلية التربية ١٩٧٥ – ١٩٧٦ ، وتجمعت لدى مادة اولية وجدتها صالحة لتعريف المهتمين بالعلوم ومنها الرياضيات من المختصين و غير المختصين بتاريخ تطور الرياضيات بوجه خاص والعلوم والمعارف بوجه عام منذ اقدم الازمان في حضارة العراق

القديم والحضارات القديمة الاخرى ليكون ذلك لهم مقدمة تعريفية حافزة للاستزادة من الموضوع في ضوء المراجع الاساسية التي اثبتها في نهاية كل موضوع ، ولي أمل وطيد بان هذه المبادرة ، التي لاتحرج في وصفها بانها عمل رائد في تاريخ مناهج البحث والتدريس في الجامعات العراقية ، سوف تكون حافزا للمسؤولين ان يولوا موضوع تاريخ العلوم بوجه عام وتاريخ الرياضيات بوجه خاص العناية الجديرة به فيوفدوا عددا من المتخرجين للتخصص والبحث فيه وتدريسه ، وان يكون اهتمامنا بتدريس تراثنا العلمي واحيائه اكثر من اهتمام المعاهد والجامعات الغربية ، وان يكون هذا الموجز مقدمة تعريفية للدراسين تحفزهم للاستزادة من الموضوع والتوسع فيه واذا وجد القارئ ان تاريخ الرياضيات في هذه المقدمة قد طغى على العلوم والمعارف الاخرى في الحضارات القديمة والحضارة العربية الاسلامية فمرد ذلك ان المعارف الاخرى لم تبلغ في تلك الحضارات القديمة طور العلم الصحيح وانما كانت معارف عملية تطبيقية اى تدخل ضمن الاساليب والصناعات التكنولوجيه ولذلك فانها تدخل في تاريخ ''التكنولوجيا'' .

وفي ختام هذه الملاحظات تجدر الاشارة الى نقطة خاصة بالاساليب الاكاديمية المتبعة في عرض تاريخ الرياضيات وتاريخ العلوم عامة . فالمعروف ان هناك طريقتين في عرض هذا التاريخ اولاهما تتبع تاريخ تطور الطرق والعمليات والموضوعات والمفاهيم الرياضية بوجه عام في الحضارات المختلفة بحسب التسلسل التاريخي ، مثل تتبع تطور الارقام ونظام العدد ونظرياته والمعادلات الجبرية المختلفة والخصائص المميزة للاشكال الهندسية وهذا ماسار عليه جماعة من مؤرخي الرياضيات مثل '' بيل '' (١) و '' كاجورى ''

Bell, The Development of Mathematics (1945)   (١)

(١) والمعلمة الرياضية الالمانية الموسعة (٢) . اما الاسلوب الثاني ، وهو الذى اتبعته في هــذه الدراسة فيدور على عرض المنجزات العلمية والرياضــية في كل حضارة مشهورة حسب قدمها التاريخي واستعراض تطور العمليات الرياضية في كل منها . ولايخفى ان لكل من هذين الاسلوبين ميزاته وفوائده على انه يمكن الجمع جزئيا بين هذين الاسلوبين عن طريق المقارنة بين المنجزات والموضوعات الرياضية والعلمية في الحضارات القديمة ، ـَقد حاولت ذلك في كثير من الموضوعات الرياضية في هذه البحوث ، وعندى ان للاسلوب الثاني في درس تطور الرياضيات والعلوم ارجحية خاصة في تقييم الحضارات المختلفة ونصيب كل منها في تطوير العلوم والمعارف البشرية .

ومع أن القسم الاعظم من مادة هذا البحث قد خصص للعلوم الرياضية في حفارات الوطن العربي القديمة ولاسيما حضارة وادى الرافدين ووادى النيل والحضارة العربية فان البحث تناول ايضا ايجاز تاريخ الرياضيات والعلوم الأخرى في الحضارات القديمة كالصين والهند والحضارة اليونانية بغية المقارنة وتتبع سير تطور العلوم منذ اقدم عصور التاريخ الى بدء ظهور الحضارة الحديثة .

F. Cajori, A History of Mathematics (1938)   (١)

Encyklopaedie der Mathematicshen Wissenschaften   (٢)

(1898 – 1935, 24 Vols.)

القسم الاول

الفصل الاول

المامة في ادوار حضارة وادى الرافدين

المقصود بحضارة وادى الرافدين حضارة العراق القديم التي ازدهرت
في السهول الرسوبية منه (بلاد سومر وأكد) منذ مطلع الالف الثالث ق . م
ولكنها تمتد بجذورها واصولها الى عصور ماقبل التاريخ في العراق نفسه
ومرت بتطورها بأدوار حضارية كثيرة منها العصور التاريخية التي بدأت
منذ اختراع التدوين أى الكتابة ونشوء المدن ونظام الحكم والفنون في مطلع
الالف الثالث ق . م واستمرت في ازدهارها الى مطلع العهد الميلادى . وبدأت
الحضارة العربية الاسلامية منذ ظهور الاسلام والفتح العربي في القرن السابع
الميلادى . ويشمل مصطلح حضارة وادى الرافدين في كثير من المقومات
الحضارية بالاضافة الى الحدود الجغرافية الحالية للعراق عدة اقطار مجاورة
امتدت اليها تأثيرات هذه الحضارة واقتبست منها عناصر حضارية اساسية
مثل بلاد عيلام (الاجزاء الجنوبية من ايران ممايعرف الان بالاهواز اوالاحواز)
وشمالي مابين النهرين وبلاد الشام والاناضول (موطن الحثيين) بحيث يمكن
عد الثقافات اوالحضارات التي قامت في مثل هذه الاقاليم امتدادا لحضارة
وادى الرافدين .

وحضارة وادى الرافدين احدى الحضارات القديمة القليلة التي أطلق عليها
المؤرخ الشهر « توينبي ” مصطلح الحضارة الاصلية اوالاصيلة Original
Civilization) أو (Unrelated) وهي الحضارات التي لم تشتق من حضارة
سابقة لها بل انها نشأت وتطورت منذ عصور ماقبل التاريخ ، وهي قليلة

٩

العدد في تاريخ الانسان ولن يتكرر ظهورها عند البشر على اغلب الاحتمالات وفي مقدمتها حضارة وادى الرافدين وحضارة وادى النيل وحضارة الشرق الاقصى (الصين) وحضارة " المايا " و " الازتيك (في امريكا الوسطى) وحضارة وادى نهر السند (Indus Valley) التي لها صلة بحضارة وادى الرافدين .

الكشف عن حضارة وادى الرافدين

لعل من اروع ماساهمت به الحضارة الحديثة في تقدم المعرفة الكشوف الباهرة التي حققها علم الاثار (الاركيولوجيا Archaeology) في اكتشافه حضارات ومدنيات قديمة سبقت حضارتي اليونان والرومان بعشرات القرون ، وان الكثير من هذه الحضارات لم يكن يعرف عنها شيء حتى مجرد اسمائها . وبدأت التنقيبات والتحريات الاثرية عن بقايا الحضارات القديمة ولاسيما حضارات الشرق الادنى وفي مقدمتها حضارة وادى الرافدين ووادى النيل منذ منتصف القرن التاسع عشر الماضي ، وسرعان ماسفرت جهود الباحثين عن الكشف عن هذه الحضارات فامتدت آفاق جديدة في نظرة الانسان الحديث الى الحياة وتطورها ، واصول تطور البشرية الحضارى والمراحل المختلفة التي مرت بها في تفاعلها وصراعها مع البيئة الطبيعية وتدرج هذا الصراع الى بداية السيطرة عليها وتسخيرها ، مما ظهرت ملامحه الاولى منذ ظهور اولى الحضارات البشرية في وادى النيل وادى الرافدين في مطلع الالف الثالث ق . م كما قلنا . وقد وضع الكشف عن مثل هذه الحضارات القديمة دراسة التاريخ وتطور الانسان الاجتماعي والتكنولوجي على اسس علمية جديدة ، مكنت الباحثين من وضع الكثير من نواميس العمران والاجتماع وفلسفة التاريخ .

ولقد نتج الكشف عن مخلفات حضارة وادى الرافدين المادية وحل رموز خطها المسمارى منذ منتصف القرن الماضي معرفة ادوار هذه الحضارة

ومنجزاتها المادية والفكرية ومنها نتاجها الادبي والعلوم والمعارف التي وصلت اليها مما ادهش ابناء الحضارة الحديثة وجعل الباحثين عن اصول العلوم والمعارف يرون ان اسس الكثير من المعارف ومنها العلوم الرياضية قد وضعت في حضارة وادى الرافدين ، وسيتضح ذلك من الامثلة التي ستمر بنا عن المبادئ الرياضية المدهشة التي وصل اليها رياضيو العراق القديم . ويجدر ان ننوه بهــذا الصدد بالاتجاه الحديث بين الباحثين في المعاهد والمؤسسات العلمية الغربية في الاستعانة بمصادر حضارة وادى الرافدين المادية والنصوص المدونة التي كشفت عنها التنقيبات الاثرية في درس أسس علم الاجتماع والنظم الاجتماعية والاقتصادية المقارنة وقد دونت هذه النصوص ومنها النصوص الرياضية بالخطط المسمارى (Cuneiform) على الواح الطين (Clay tablets) حيث كان الطين اكثر المواد التي استعملت في الكتابة .

أدوار حضارة وادى الرافدين

لكي يفهم القارئ ماسنذكره عن النصوص الرياضية في العهود التاريخية المختلفة من حضارة وادى الرافدين يكون من المفيد ان نلم بالادوار الحضارية الرئيسية التي مرت بها هذه الحضارة :

١ ــ عصور ماقبل التأريخ

ونبدأ في تعداد هذه الادوار الحضارية باقدمها التي يطلق عليها عصور ماقبل التاريخ (Prehistory) ، وهي العصور المتطاولة التي لم يهتد فيها الانسان الى انشاء الحضارة واختراع وسيلة للتدوين ، وكان اقدم ظهور لنظام الكتابة في تاريخ الانسان في حضارة وادى الرافدين في حدود (٣٥٠٠ ــ ٣٠٠٠ ق . م) ، ويحدد هذا التاريخ بداية العصور التاريخية في العراق القديم وفي مصر . اما بداية عصور ماقبل التاريخ فلايمكن تحديدها بالسنين على وجه التأكيد فانها بدأت منذ ظهور الانواع البشرية القديمة

البائدة قبل نحو مليوني عام ، وبذلك تكون عصور ماقبل التاريخ قد استغرقت القسم الاعظم من حياة الانسان يتعدى نسبة الـ ٩٩ بالمائة (+) . ويطلق على اقدم هـــذه العصور مصطلح العصور الحجرية (Stone Ages) التي تنقسـم بدورهـــا الى العصر الحجري القديـــم (Palaeolithic) والحجري الحديث (Neolithic) وهناك طور حجري يفصل مابين هذين العصرين في بعض الاقطار يسمى العصر الحجري الوسيط (Mesolithic) وقد استغرق العصر الحجري القديـــم وحده من حياة الانسان زهاء ٩٨ ٪ ويقع زمنه ابان العصور الجليدية والفترات الجليــدية في العصر الجيولوجي الاخير المسمى " بلايستوسبن " (Pleistocene) وعاشت في النصف الاول منه اجناس وانواع عتيقة من الانسان واشباه الانسان، ولم تظهر اجداد نوع الانسان الحديث الذي يطلق عليه " الانسان العاقل " (Homo Sapiens) الافي النصف الثاني من العصر الحجري القديـــم الذي يطلق عليه اسم العصر الحجري الاعــلى (Upper Palaeolithic). وقد عثر على بقايا من الادوات الحجرية القديمة في جملة مواضـــع وكهوف في شمالي العراق ، نخص بالذكر منهـــا الكهف المسمى " شانيدر " (في اعالي الزاب الاعلى) حيث وجدت فيه (١٩٥١ـ١٩٦٠) بقايـــا العصر الحجري القديم الادنى (Lower Palaeolithic) من الـــدور المسمى مستيري (Mousterian) في حـــدود ٦٠,٠٠٠ أو ٧٠,٠٠٠ ق . م وعثر في الكهف من هذا الدور على عدة هياكل عظمية لنوع الانسان القديم الذي اطلق عليه اسم انسان النياندرتال (Neanderthal) (نسبة الى وادي النياندرتال في المانيــة) . واعقـــب العصر الحجري القديم العصر الحجري الوسيـــط

(+) قد يكون من المفيد ان نذكر بهذا الصدد بعض التقديرات الا خرى التي تقدم لنا صورة عجيبة لتطور الانسان الحضاري، فمن هذه التقديرات اننا اذا حسبنا ١٢٠٠ مليون عام لا ول ظهور الحياة على الكرة الا رضية وزهاء المليون عام لعمر الا نسان وعمر اولى الحضارات البشرية بنحو ٥٠٠٠ عام ، ثم خفضنا المقياس وجعلنا ١٠٠ عام لعمر الحياة فيكون عمر الا نسان زهاء شهر واحد وعمر الحضارة البشرية منذ اقدم ظهورها وبجميع ادوارها نحو ساعتين ؛ ؛

١٢

الذى ذكرناه . وهو دور انتقال الى العصر الحجرى الحديث التالي الذى حدث فيه اعظم انقلاب في حياة الانسان بدل حياته تبديلا جذريا اذ اهتدى فيه في منطقة مامن الشرق الادنى (ويضمن ذلك شمالي العراق) الى انتاج القوت بالزراعة وتدجين الحيوان ، وكان في العصور الحجرية السابقة يعيش حياة همجية يعتمد فيها على جمع القوت بطريق الصيد والجمع والالتقاط . ووجد في شمالي العراق جملة قرى فلاحية تعود الى هذا العصر المهم مثل قرية "جرمو" (في منطقة جمجمال) وتلا العصر الحجرى الحديث دور حضارى مهم للانتقال الى طور الحضارة من بعد انقلاب العصر الحجرى الذى نوهنا به ، وسمي بمصطلح العصر " الحجرى — المعدني " (Chalcolithic) (في حدود ٥٥٠٠ — ٣٥٠٠ ق .م والذى اشتق اسمه من حقيقة ان سكان وادى الرافدين ظلوا يعتمدون الحجارة في صنع ادواتهم ثم تعلموا منذ منتصفه فن التعدين واستعمال المعادن (٤٠٠٠ ق م) ، وقد تحققت في هذا العصر جملة منجزات ومخترعات كانت بمثابة طلائع لظهور الحضارة الراقية في مطلع الالف الثالث ق .م اهمها اتساع القرى الفلاحية التي ظهرت في العصر الحجرى الحديث السابق وازدياد الانتاج الزراعي وظهور طلائع المدن وبداية استيطان السهول الرسوبية التي تعتمد في زراعتها على رى الانهار ، فظهر نظام الرى وبداية السيطرة على الانهار واوائل المـــدن واتساعها وظهور انظمة الحكم والمعابد .

وقد قسم هذا العصر الى عدة ادوار حضارية تميز كل منها بانواع الاواني الفخارية الملونة الجميلة والاثار الحضارية الاخرى وسميت هذه الادوار باسماء المواضع التي وجد فيها المنقبون لاول مرة الاثار الممثلة لكل منها ، واقدمها الدور المسمى " حسونة " (نسبة الى تل حسونة بالقرب من قرية الشورة في الموصل) ثم دور سامراء " ودور حلف ودور العبيد الذى بدأ فيه استيطان السهول الرسوبية في وسط العراق وجنوبه ، كما ظهرت طلائع الحضارة مثل المعابد واتساع القرى الى مدن .

ويوجد عصر حضاري يقع مابين نهاية العصر الحجري المعدني السالف الذكر وبداية الحضارة في مطلع الالف الثالث ق . م اطلق عليه العصر الشبيه بالتأريخي (Proto-historic) أو الشبيه بالكتابي (Proto-Literate) (٣٥٠٠ ـ ٢٨٠٠ ق . م) ، وقد سمي كذلك لانه على الرغم من ظهور الكتابة في اوائله (في النصف الثاني من دور الوركاء في حدود ٣٥٠٠ ق . م) فان هذه الكتابة كانت في اطوارها البدائية ، على هيئة صور ولم تتطور لاستخدامها في تدوين شئون الحياة المختلفة ، ويشمل هذا العصر الشبيبة بالكتابي النصف الثاني من دور الوركاء والدور المسمى '' جمدة نصر '' وتمت فيه تطورات حضارية مهمة منها ظهور فن النحت والاختام الاسطوانية (Cylinder Seals) التي اختصت بها حضارة وادي الرافدين في جميع عهودها ، كما تطور بناء المعابد وظهرت اوائل مايسمى بالابراج المدرجة اوالزقورة وتحسن نظام الري والسيطرة على مياه الانهار الى غير ذلك من المقومات الحضارية .

٢ ـ العصور التاريخية

بدأ العصر التاريخي في حضارة وادي الرافدين كما نوهنا في مطلع الالف الثالث ق . م حين نضجت الكتابة المسمارية وصارت وسيلة ناجعه لتدوين شئون الحياة المختلفة ، وظهرت الحضارة الناضجة باوجهها ومقوماتها المختلفة كنظام الحكم والمدن والمعابد والقوانين المدونة لتنظيم المجتمع . وقد قد اطلق على اقدم العصور التاريخية في العراق القديم مصطلح عصر السلالات اوعصر دول المدن (Early Dynastic) (٢٨٠٠ ـ ٢٣٧٠ ق . م) اذ كان شكل الحكم السائد فيه على هيئة دول مدن (City – States) مركزها مدينة كبيرة ويتبعها عدة مدن وعدد من القرى والاراضي الزراعية وحكمت عدة سلالات من الحكام كانت في اغلب الاحايين متعاصرة وتتنازع ما بينها على توسيع السلطة والاراضي الزراعية والمياه . وكان يتسنى

١٤

لاحداها ان تبسط نفوذها على دول المدن الاخرى وتضمها اليها وتكوين مملكة موحدة ، وتمت عملية التوحيد السياسي في نهاية هذا العصر عندما إستطاع احد الزعماء السياسيين المسمى سرجون الاكدى أن ينتزع السلطة السياسية من آخر حكام هذا العصر المسمى " لوكال زاكيزى " . وكان سرجون هذا من الساميين الذين استوطنوا العراق جنبا الى جنب مع السومريين منذ اقدم عهود الاستيطان في السهل الرسوبي ، ولكن الزعامة السياسية والثقافية كانت بأيدى السومريين الذين لايعلم اصلهم فلم يكونوا من الاقوام العربية القديمة الذين هاجروا من الجزيرة العربية منــذ أبعد عصور ماقبــل التاريخ والتأريخ واستوطنوا اجزاء الشرق الادنى ومنه وادى الرافدين ومنهم الاكديون والبابليون والاشوريون والكنعانيون والاموريون والاراميون (في بلاد الشام) والقبائل العربية المختلفة . وتمكن سرجون الاكدى هذا من ان يوحد القطر في دولة واحدة كبيرة وسعها هو وخلفاؤه الى امبراطورية ضمت عدة اجزاء من الشرق الادنى ، ودام حكم السلالة الاكدية زهاء قرن واحد (٢٣٧٠ – ٢١٦٠ ق . م) واعقبتها فترة مظلمة في تاريخ العراق القديم قضى فيها جماعات من الاقوام الجبلية على السلالة الاكدية عرفوا باسم الكوتيين (٢٢٣٠ – ٢١٢٠ ق . م) ، وحكمت في اثنائها دولة سومرية في منطقة لجش (منطقة تلو قرب الناصرية) اشتهر من حكامها " جودية " الذى خلف لنا عددا من تماثيله وكتاباته الادبية باللغة السومرية . واعقب هذه السلالة سلالة سومرية اخرى عرفت باسم سلالة اور الثالثة (٢١١٢ – ٢٠٠٤ ق . م ق . م) اشتطاعت ان تؤسس مملكة قوية في العراق امتد سلطانها الى عدة اقاليم من الشرق الادنى . وحدث في عهد آخر ملوكها ان هجرات كبرى من الساميين الغربيين المعروفين باسم الاموريين قد اندفعت من بوادى الشام وحل بعضها في وادى الرافدين وقضت على سلالة أور الثالثة وأسس زعماؤها عدة سلالات حاكمة في العراق كان الكثير منها متعاصرا ومتنازعا مثل سلالة " ايسن " (٢٠١٧ – ١٧٩٤ ق . م) وسلالة " لارسا " (٢٠٢٥ – ١٧٦٣)

وسلالات اخرى اشهرها سلالة بابل الاولى (١٨٩٤ – ١٥٩٥ ق . م) التي اشتهر من ملوكها ملكها السادس حمورابي (١٧٩٢ – ١٧٥٠ ق . م) ، صاحب الشريعة المشهورة ، الذى وحد البلاد في مملكة كبرى اتسعت بالفتوح الخارجية الى امبراطورية شملت عدة اجزاء من الشرق الادنى.

وتميز هذا العصر ، الذى اطلق عليه اسم العصر البابلي القديم، بظهور حركة واسعة في التدوين ، وفي مقدمة ذلك تدوين الشرائع والنصوص السومرية الادبية وترجمة الكثير منها الى اللغة البابلية السامية وتأليف المعاجم اللغوية بالعلامات المسمارية وشرح مفردات اللغة السومرية باللغة البابلية . ولاول مرة في تاريخ العراق القديم جاءتنا نصوص في الرياضيات على هيئة قضايا هندسية وجبرية ، وجدوال مطولة بالاعداد مثل جداول الضرب والجذور ورفع الاعداد الى القوى المختلفة مما سنشرحه في الاقسام الاتية من هذه المحاضرات . ومما يقال عن العصر البابلي القديم ان فيه انتهت حياة السومريين السياسية ، حيث السلالات التي قامت في العراق القديم منذ هذا العصر كانت من البابليين الساميين ، ولكن ظلت اللغة السومرية مع اللغة البابلية في التدوين في المواضيع الادبية والدينية والمعارف المختلفة . اما بالنسبة الى مايسمى بلاد آشور في الاقسام الشمالية من العراق فانها كانت تابعة الى دول الجنوب في الادوار التي سبقت العصر البابلي القديم ، وظهرت فيها من بعد سيطرة حمورابي سلالات حاكمة مستقلة كانت تتدرج في القوة السياسية الى ان ظهر فيها منذ القرن العاشر ق . م دول قوية اتسعت بالفتوحات الخارجية الى امبراطوريات شملت معظم اجزاء الشرق الادنى ، ودخلت بلاد بابل تحت نفوذها منذ القرن الثامن ق . م .

واعقب العصر البابلي القديم في بلاد بابل عدة سلالات حاكمة كانت ضعيفة بالمقارنة مع الدولة الاشورية اشهرها سلالة بابل الثالثة التي عرفت كذلك باسم السلالة الكاشية اوالكشية (١٥٠٠ – ١١٥٦ق . م) انتعش في عهدها

الاشتغال بالتدوين ونقل النصوص الادبية والعلمية وتلتها في الحكم سلالات اخرى ضعيفة ازاء قوة الاشوريين المتعاظمة ، كان آخرها الـدولة الكلدانية وتعرف ايضا بأسم الدولة البابلية الحديثة (٦٢٦ – ٥٣٩ ق . م) التي اشتهرت بأحد ملوكها المسمى نبوخذنصر (٦٠٥ – ٥٦٢ ق . م ، وكانت آخر دولة وطنية تقوم في البلاد حيث اعقبتها عهود صار فيها القطر خاضعا للدول الاجنبية اولها الفرس الاخمينيون (٥٣٩ – ٣٣١ ق . م) ثم الاسكندر الكبير وخلفاؤه من السلوقيين (٣٣١ – ١٢٦ ق . م) نسبة الى سلوقس (Seleucus) ، احدقواد الاسكندر الذين اقتسموا امبراطوريته من بعد موته في بابـل (٣٢٣ ق . م) . ثم الفرس الفرثيون (Parthians) اوالارشاقيـون (Arcasids) ١٣٨ أو ١٢٦ ق . م – ٢٢٦م واخيرا الفرس الساسانيون (٢٢٦ – ٦٣٧ م) الذين انتهى حكمهم بالفتح العربي الاسلامي (موقعة القادسية ٦٣٧ م) (+) .

واشتهر العهد السلوقي في العراق (٣٣١ – ١٢٦ ق . م) من ناحية تاريخ الرياضيات في حضارة وادى الرافدين بانه العصر الثاني بعد العصر البابلي القديم في تدوين النصوص الرياضية فيه حيث جاء الينا جملة مدونات رياضية كما سنذكر فيما بعد .

اكتشاف النصوص الرياضية وادوارها واصنافها

مع ان حل رموز الخط المسمارى بدأ ، كما ذكرنا ، منذ منتصف القرن الماضي وتلاه ترجمة المدونات الكثيرة التي جاءتنا من حضارة وادى الرافدين الاان الباحثين المختصين لم يفطنوا الى وجود نصوص رياضية من بين الالوف الكثيرة من الواح الطين المدونة بالخط المسمارى الامنذ الثلاثينات من هذا

(+) عن خلاصة الا دوار التاريخية في الحضارة العربية الا سلا مية انظر مقدمة القسم المخصص للعلوم` والمعارف في هذه الحضارة .

(٢ م – حضارة العلوم)

القرن ، حيث كان المشتغلون في حقل الكتابات المسمارية يحسبون ماكانوا يجدونه من الواح رياضية انها من قبيل السجلات بالواردات اوانها مجرد جداول عددية بالعمليات الحسابية البسيطة . ثم تغير الوضع منذ عام ١٩٢٩– ١٩٣٠ حين خصص جماعة من الباحثين ، وعلى رأسهم الباحث الالماني "نويكيبوير" (Neugebauer) والباحث الفرنسي "تورودانجان" (Thureau – Dangin) (١) جهودهم المحمودة لدرس الرياضيات في حضارة وادى الرافدين فأكتشفوا عنها حقائق مدهشة في المستوى المتطور الذى بلغته قل ٤٠٠٠ عام ، حيث انتقلت المعارف الرياضية منذ العصر البابلي القديم في مطلع الالف الثاني ق . م من المعلومات والممارسات العملية الى التدوين والبحث وطور العلم النظرى بحيث حملت مؤرخي الرياضيات على القول : " ان اسس العلوم الرياضية واصولها ومبادءها قد وضعت في حضارة وادى الرافدين قبل نحو ٤٠٠٠ عام ، وسيتضح صدق هذا القول من الامثلة التي سنوردها عن هذه الرياضيات ، وكيف ان نظريات هندسية شهيرة وقوانين اساسية في علم العدد (الجبر) مما نسب الى رياضي اليونان مثل اقليدس وفيثاغورس قـد استنبطها رياضيو العراق القديم قبل هذين الرياضيين باكثر من ١٧٠٠ عام .

أدوار النصوص الرياضية

مع قدم بداية نضج الحضارة في العراق القديم منذ مطلع الالف الثالث ق . م وظهور التدوين فيها منذ ذلك التاريخ كما بينا ، الاانه لم يصل الينا من النصوص الرياضية قبل الالف الثاني ق . م ويمكن حصر تاريخ هذه النصوص في دورين من ادوار تاريخ العراق القديم هما :

---

(١) راجع اهم مؤلفات هذين الباحثين التي تعتبر المصادر الا ساسية عن هذا الموضوع :

Neugebauer, Mathematische Keilschrifttexte, 3 Vols.
(1935 – 38)
Thureau – Dangin, Mathematiques Babyloniens (1938).

١ ــ الدور الذى سميناه بالعصر البابلي القديم (Old Babylonian)
في حدود ٢٠٠٠ ــ ١٥٠٠ ق . م

٢ ــ الدور السلوقي (Seleucid) (اواخر القرن الرابـــع الى القرن
الاول ق . م)(+)

وعلى ماهو واضح توجد فترة زمنية تربو على الف عام تفصل مابين
هذين الدورين لم يصل الينا منها شيءٌ مدون عن رياضيات العراق القديم .
ومثل ذلك يقال بالنسبة الى الادوار التاريخية الاخرى التي سبقت العصر
البابلي القديم باستثناء بعض الجداول الرياضية والعلامات الخاصة بالارقام
علما بان حضارة وادى الرافدين ازدهرت منذ الالف الثالث ق . م ، كما
مر بنا . وبعبارة اخرى يمكن القول ، بحسب ما جاء الينا من نصوص
رياضية لحد الان ، ان الرياضيات في هذه الحضارة ازدهرت ازدهارا
مفاجئا منذ مطلع الالف الثاني ق . م (أى بداية العصر البابلي القديم) .

ان هذه الحقيقة عن طبيعة مصادرنا الخاصة برياضيات العراق القديم
من القضايا التاريخية التي لم يستطيع الباحثون ان يفسروها . وكل مايقال
عن هذا الموضوع اقتراض وحدس مثل صدفة الاكتشاف ، وانه يحتمل
ان نجد في المستقبل عن طريق التحريات الاثرية نصوصا رياضية جديدة
تملا هذه الثغرة في تطور المعارف الرياضية . اذ يقتضي منطق التطور التاريخي

(+) يعاصر الدور السلوقي في العراق وبلا د الشام الدور البطلمي اوالبطليموسي في مصر حيث
حكم بطليموس وخلفاؤه من بعد فتح الا سكندر (٣٣٢ ق . م) لمصر . وكان بطليموس
مثل سلوقس احد القواد الذين تقاسموا امبراطورية الا سكندر من بعد موته في بابل (٣٢٣ق.م).
ويقع هذان الدوران ضمن العصر الحضارى الذى يطلق عليه اسم الحضارة ــ الهلنستية
(Hellenistic) اى الشبية باليونانية (الهليني Hellenic) وقد نشأت
الحضارة الهلنستية من التقاء الحضارة اليونانية (الهلينية) بحضارات الشرق القديم ولا سيما
حضارة وادى النيل ووادى الرافدين من بعد فتح الا سكندر للشرق (٣٣٤ ــ ٣٣١ق.م)
وسيمر بنا ذكر مشاهير الرياضيين الذين ظهروا في العصر الهلنستي وعاش معظمهم في
اسكندرية مصر .

١٩

ان تسبق ذلك الازدهار المفاجئ في الرياضيات في العصر البابلي القديم
مراحل تطورية اقدم عهدا . وانه على الرغم من انتفاء النصوص الدالة على تلك
المراحل التطورية يمكن الافتراض ان البدايات الاولى للرياضيات في حضارة
وادى الرافدين نشأت من الاحتياجات العملية لذلك المجتمع المتحضر ، مثل
التسجيلات والحسابات الاقتصادية وضبط مساحات الحقول والاراضي وضبط
الزمن والفصول والاعمال التجارية المختلفة والاعمال الهندسية المتعلقة بتشييد
الابنية الضخمة مثل الابراج المدرجة (الزقورات ، جمع زقورة) التي اشتهرت
بها حضارة وادى الرافدين ، واقامة السدود وشق الجداول والانهار واقامة
خزانات المياه . وقد اعتمدت حضارة وادى الرافدين ، بالاضافة الى الزراعة
والرى المنظم ، على التجارة الخارجية للحصول على المواد الاولية الضرورية
لاقامة الحضارة والتي لاتتوفر في البيئة التي نشأت فيها هذه الحضارة (السهول
الرسوبية الوسطى والجنوبية) ، مثل المعادن والاخشاب والاحجار الصالحة
للبناء والنحت والاحجار الكريمة للزينة والحلي . ولايخفى مالاعمال التجارية
من أثر مهم في ضبط العمليات الحسابية . وان هذه الاعمال والحاجات
التي بدأت منذ اقدم العصور التاريخية وماقبل التاريخية عملت كذلك على
ظهور المهارات الصناعية ونشوء عدة صناعات مهمة كالتعدين وسبك المعادن
وصبها وصنع الاصباغ ومعرفة بالعمليات الكيمياوية الاساسية مثل المزج
والتركيب والتخمير لصنع الخمور المختلفة وصنع الصابون وتزجيج الآجر
والاواني الفخارية واقامة الافران ومعرفة بخصائص النباتات والاعشاب
لصنع الادوية الى غير ذلك من العمليات التي استلزم
انجازها معرفة بخواص المواد الكيمياوية والفيزياوية . ولكن ظل مثل هذه
العمليات في مستوى الصناعات العملية أى في طور ما نسميه الآن التكنولوجيا
ولم تتطور الى مواضيع علمية بالمعنى الدقيق لمفهوم العلم الآن على الرغم من ان
الكتبة في العراق القديم خلفوا لنا سجلات مدونة عن اسماء العناصر المختلفة
واسماء النباتات والاشجار والحيوانات ووصفات في صنع المواد المشهورة مثل
الصابون والجعة والخمور والزجاج وسجلات طبية في وصف حالات المرض

والادوية الخاصة في علاجها . اما المعارف الرياضية فانها بخلاف ذلك يمكن التاكيد كما المحنا انها انتقلت من طور المعارف العملية الى طور البحث والعلم النظرى كما سيتضح من عرضنا لهذه الرياضيات .

اصناف النصوص الرياضية

ان النصوص الرياضية التي جاءتنا من الدورين السالفي الذكر تقسم الى صنفين رئيسين : (١) النصوص الخاصة بالقضايا اوالمسائل الجبرية والهندسية (Problem Texts) .

(٢) الجداول الرياضية المختلفة (Table Texts) .

١ – صنف القضايا الرياضية

النصوص المتعلقة بالقضايا الرياضية ، كما يشير اسمها ، عبارة عن مسائل رياضية يسأل بها المخاطب ويعطى فروض القضية اى معطيات المسألة data ، ثم الخطوات التي يجب ان يسير بموجبها لايجاد الحل . وجاء الينا صنف آخر من نصوص القضايا يقتصر على مجرد تعداد انواع المعادلات التي نظمت بحسب تصنيف يتدرج من الانواع السهلة من المعادلات ومن النوع القياسي من معادلات الدرجة الثانية ثم الانواع الاكثر تعقيدا ولكن يمكن اختصارها واختزالها الى النوع القياسي . وقد تضمن لوح واحد من هذه الالواح زهاء ٢٠٠ مسألة ، لايتجاوز مقداره نصف مساحة صفحة من كتاب (انظر (Neugebauer. Op. Cit., p. 42) وكذلك مجلة سومر (١٩٥١) . والغالب عن هذه النصوص انها دونت باللغة البابلية (السامية) والقليل منها باللغة السومرية . وقد بلغ عدد ماوجد من مثل هذه النصوص زهاء مائتي قضية رياضية كاملة اى القضية وحلها ، هذا بالاضافة الى ماذكرناه من صنف القضايا التي اقتصر الامر فيها على مجرد تعداد القضايا وتصنيفها بدون حلها . ان مثل هذه الالواح موزعة في المتاحف العالمية الشهيرة مثل المتحف البريطاني ومتحف اللوفر (باريس)

وقد اضيف حديثا الى هذا العدد نحو ١٢ لوحا جديدا اكتشف في أثناء تنقيبات مديرية الاثار في تل حرمل وتل الضباعي (١٩٤٦ - ١٩٦١) (في منطقة بغداد الجديدة) ، وقد سبق لي ان نشرتها في مجلة « سومر » (١٩٤٨ - ١٩٥١ ، ١٩٦٣) وستعرض نماذج منها في الاقسام الآتية من هذا البحث كما سيتح من الامثلة التي سنوردها كيف ان تلك القضايا الرياضية وضعت لتحل تطبيقا على المعادلات الجبرية المختلفة التي عرفها رياضيو العراق القديم مثل المعادلة الآنية أو الخطيـة (Linear equations) ومعادلات الدرجة الثانية (quadratic equations) وبعضها من معادلات الدرجة الثالثة، كما يدور بعض هذه القضايا على اشكال هندسية وتستند في حلها الى خصائص هذه الاشكال ولكنها حلت بطرق جبرية .

٢ - الجداول الرياضية

وقد بلغ عدد ماوصل الينا من الجدوال الرياضية منها لحد الآن زهاء مائتي لوح ، وهي ذات اهمية وطرافة وتدل على ولع ومعرفة بخصائص الاعداد ، وتتفاوت في موضوعاتها من جدوال الضرب الى جدوال معكوس الاعداد (inverse) وجـداول بجذور الاعـداد من القوى المختلفة ورفعهـا الى القوى ايضـا ، وجداول بالمعامـلات (Coefficients) وجداول غريبة فسرت على انها اعداد فيثاغورية وجداول فسرت على انها نظمت على مبدأ اللوغاريتمات

٣ - النصوص الفلكية

ان ماذكرناه عن اصناف النصوص الرياضية ينطبق كذلك على المدونات الفلكية (Astronomical Texts) التي جاءتنا من العراق القديم ، فهناك جدوال اوازياج فلكية مهمة وقضايا فلكية في شرح الطرق التي يتوصل بها

في الحسابات الفلكية وتنظيم تلك الجداول . وسيأتي ايجاز الكلام على الفلك في العراق القديم من بعد مبحث الرياضيات .

الخصائص والميزات العامة :

قبل ان نورد نماذج من النصوص الرياضية بكلا نوعيها القضايا والجداول ، نذكر الخصائص والميزات العامة لرياضيات حضارة وادى الرافدين والمستوى الذى بلغته :

أ ـ تميزت هذه الرياضيات في اتجاهها العام بأهتمامها بعلم العدد(الجبر) ، فأكتشف رياضيو العراق القديم مبـادئ واسسا مهمة في هذا الحقل ، وكانت بداية مهمة في تطور الرياضيات ادهشت مشاهير مؤرخي العلوم بحيث يستطيع مؤرخ الرياضيات أن يؤكد ان بدايات الجبر الحقيقي كما نعرفه الان في الرياضيات كانت في حضارة وادى الرافدين قبل نحو ٤٠٠٠ عام وقد بلغ ولعهم بالجبر درجة بحيث انهم حلوا بعض القضايا الهندسية بأستخدام خصائص الاشكال بطرق جبرية . ويعني هذا بعبارة اخرى اولى واقدم محاولة في تاريخ تطور الرياضيات للجمع مابين الشكل (الهندسة) والعدد (الجبر) ، وهذا مايميز اتجاه الرياضيات الحديثة ، ومنه نشأت مايسمى بالهندسة التحليلية (Analytical geometry) منـذ القرن السابع السابع عشر على ايدى بعض الرياضيين مثل " ديكارت " (Descartes) و" فرما " (Fermat) . وبأمكاننا ان نشبه العـدد " و " الشكل " (الجبر والهندسة) بجدولين فأذا ماالتقيا واندمجا في عهد من عهود تطور الرياضيات فأن ذلك دلالة على نضج رياضيات ذلك العهد واتجاه تطورها في الاتجاه الصحيح . وبالمقابلة مع هذه البداية الصحيحة التي بدأ بها رياضيو العراق القديم في مطلع الالف الثاني ق . م فأن الرياضيين اليونان قصروا في تطويرهم للرياضيات اذ انهم اهتموا وشغفوا بالشكل اىالهندسة على حساب العدد . والمثال على ذلك هندسة اقليدس الشهيرة (القرن الثالث ق . م) وحلهم

للمعادلات الجبرية بطرق هندسية . وسيتضح ذلك في االقسم المخصص للرياضيات اليونانية . ولعل احسن مثال على الاتجاه العددى الجبرى لرياضيات العراق القديم بالمقارنة مع الاتجاه الهندسي في الرياضيات اليونانية العلاقة المعروفة بين مربعات اضلاع المثلث القائم الزاوية ، مما يعرف بنظرية «فيثاغورس» التي سنبرهن كيف اكتشف رياضيو العراق القديم هذه العلاقة قبله بأكثر من ١٧٠٠ عام . فكان الرياضيون البابليون ينظرون الى هذه الخاصية في اضلاع المثلث القائم الزاوية على انها علاقة عددية في حين اعتبرها الرياضيون اليونان علاقة هندسية وعبروا عنها بأن المربع المنشأ على وتر هذا المثلث يساوى مجموع المربعين المنشأين على الضلعين الاخرين . وسنرى من بعض الامثلة على معادلات الدرجة الثانية من رياضيات العراق القديم كيف ان رياضيه لم يتحرجوا من جمع مساحة المربع الى طول ضلعه اوطرحه منها لتكوين معادلة من الدرجة الثانية ، الامر الذى يشير بوضوح الى أن المفاهيم الهندسية كانت ذات مكانة ثانوية في الجبر البابلي وقد بالغ بعض الباحثين من مؤرخي الرياضيات في تعليل هذه الظاهرة فعزاها الى غباوة الرياضيين اليونان (١)، فأنهم حتى الذين اهتموا منهم بالعدد مثل فيثاغورس ومدرسته الفلسفية الرياضية المشهورة — كانوا ينظرون الى العدد نظرة صوفية فلسفية اونظرة ميتافيزيقية مثل اعتبارهم العدد اصل الاشياء والوجود . وقد تأخر اهتمام الرياضيين اليونان بالجبر الى الادوار المتأخرة من العصر الهلنستي ، على يد بعض رياضييهم المشهورين مثـــل "هيرون" (Heron) (القرن الاول الميـلادى و ديوفانتـــس (ديوفنطـــس) (Deophantus) القرن الثـــالث الميلادى . الذى تشبه طرقه الجبرية الجبر البابلي الى درجة كبيرة بحيث حسب بعض مؤرخي الرياضيات انه من اصل بابلي ويقول مؤرخو الرياضيات

(١) Bell, The Development of Mathematics.

انه لو سار الرياضيون اليونانيون من حيث انتهى اليه رياضيو العراق القديم لوفروا مالايقل عن الف عام في تطور العلوم الرياضية وتقدمها ، وان هذا التطور لم يعد الى مساره في الاتجاه الصحيح الاعلى ايدى الرياضيين الهنـــود والعرب المسلمين من امثال الخوارزمي (القرن التاسع الميلادى) وغيره ممن سنذكرهم في عرضنا للرياضيات العربية .

ب من الخصائص العامة المميزة للجبر في العراق القديم انه كان قواعـد اودساتير مقررة بدون استعمال الرموز كما في الرياضيات الحديثة ، وسنتطرق الى بداية استعمال الرموز في كلامنا على الرياضيات العربية . فكانت العمليات الجبرية وصفية اوخطابية (Rhetoric) وسنذكر بعض النتائج التي نجمت عن خلو هذا الجبر من الرموز في ابتداع طرق جبرية بارعة في حل المعادلات كتمثيل المجهول بالوحدة اى الواحد (False Position) وادخال المجهول المساعد والتعويض والاختزال والتعبير عن مربع المجهول بالحقل اى مساحة حقل مربع والمجهول بضلع الحقل ، الى غير ذلك من الكلمات مما يضاهي مصطلحات الخوارزمي " المال " لمربع المجهول والجذر اوالشيء للمجهول كما سيمر بنا ذلك في كلامنا على الرياضيات العربية .

ج ــ وهناك ظاهرة في رياضيات العرق القديم لايزال تفسيرها غير واضح هي انه لانجد في النصوص الرياضية التي وصلت الينا لحد الان مايشبه البرهان اوالتدليل وتفسير الخطوات التي اتبعوها في استخراجهم القواعد والدساتير الجبرية التي عرفوها . فأن نصوص القضايا الرياضية التي وجدت لحد الان تقتصر كما قلنا على وضع المسألة المطلوب حلها ثم وصف خطوات الحل التي ينبغي اتباعها ، ويكون تفسير الاسس اوالقواعد التي سار عليها الحل من واجب الرياضي الحديث . وتوجد حالات مختلف في تفسيرها بين الباحثين ولعله يصح تفسير هذه الظاهرة في افتراض لابد منه هو ان اولئك الرياضيين القدماء كانوا قد توصلوا الى مبادئ ودساتير مدونة استنتجوها عن طريق

التحري والبرهان ولكن لم يصل الينا من براهينهم فيما اكتشف من الواح رياضية لحال التاريخ . فأن القضايا التي حلوها لاتدع مجالا للشك في انها حلت بموجب دساتير رياضية مقررة ، وليست من قبيل الحزر والتخمين وتكون صدفة الاكتشاف كما قلنا هي التي جعلتنا لانعرف شيئا عن تلك البراهين المدونة ، ولعل الاكتشافات المقبلة ستلقي الضوء على هذا الامر .

ومما يؤيد هذا الرأى ماسبق ان ذكرناه في كلامنا على اصناف النصوص الرياضية وكيف ان صنفا من نصوص المسائل الجبرية اقتصر على مجرد تعداد انواع المعادلات الجبرية مصنفة بحسب تدرجها من النوع العام القياسي الى الانواع المعقدة ، وبعبارة اخرى يمكن القول ان اساس التصنيف في هذه القضايا يستند الى القواعد والدساتير المتبعة في حلها . اما ماوصل الينا لحد الان فهو عبارة عن تمارين مدرسية حلها المتدربون والمبتدئون وفق اسس وقواعد نظرية معروفة لديهم فلم يذكروها في طرق الحل التي اتبعوها مثلما لايطلب من طلاب المدارس الان ان يفسروا كيفية استخراج القواعد والدساتير التي يسيرون عليها في حلهم المسائل الرياضية . ومما يجدر ذكره بهذا الصدد احتمال ان احد الالواح الرياضية الموجودة الان في المتحف البريطاني (١) يتضمن ماقد يكون برهانا نظريا على علاقات مساحات بعض الاشكال الهندسية بعضها ببعض .

د ــ خلاصة المبادئ الرياضية التي اكتشفها رياضيو العراق القديم

يتضح من القضايا الرياضية المكتشفة في الواح الطين والتي سنذكر نماذج منها ان رياضي العراق القديم عالجوا الكثير من المعادلات الجبرية المألوفة في العصر الحديث من المستوى الاعدادى قبيل مرحلة الرياضيات المتقدمة

---

(١) انظر : Saggs, The Greatness That was Babylon (1962).
P. 451, 453, Plas. 23,24.

في الكليات ، مثل المعادلات الآنية او الخطية (Linear equations) و معادلات الدرجة الثانية بمعظم اشكالها الحديثة وحلوها بموجب دساتير بارعة مثل الطريقة المعروفة في الرياضيات الحديثة بطريقة اكمال المربع حيث عرفوا المبدأ الرياضي العددى المهم الخاص بمربع مجموع عددين (أ + ب)^{٢} ومربع الفرق مابينهما (أ – ب)^{٢} ، واستعملوا طرقا اخرى تدل على حس جبرى متقدم مثل الحذف والتعويض والاختزال وتمثيل المجهول بالوحدة وادخال المجهول المساعد . كما عرفوا مبدأ المتواليات الحسابية والهندسية ، ورفع الاعداد وجذورها من القوى المختلفة ، وحساب الربح المركب المستند الى مبدأ اللوغاريتمات. وعرفوا عن الاشكال الهندسية مبادئ وخصائص مهمة ومساحات بعض الاشكال الهندسية المألوفة مثل المثلث والمستطيل ومتوازى الاضلاع والمعين والدائرة ، وأوجدوا قيمة تقريبية لابأس بها لما يسمى بالنسبة الثابتة بعدد $\frac{١}{٨}$ ٣ . وبالاضافة الى مساحة الدائرة عرفوا دستور مساحة قطعة الدائرة بعد معرفة قوسها ووترها ، كما وضعوا بعض القضايا عن علاقة بعض الاشكال الهندسية المرسومة داخل الدائرة وخارجها . وكانوا اول من عرف العلاقة مابين مربعات اضلاع المثلث القائم الزاوية . وهي النظرية المنسوبة الى فيثاغورس . وقد سبق ان نوهنا كيف انهم طوروا هذه العلاقة الى مجرد علاقة عددية جبرية. ونذكر على سبيل المثال مسألة الجذر التربيعي لعدد ٢ (قطر المربع = الضلع × $\sqrt{٢}$) وجذر ٢ على ماهو معروف من القضايا التي شغلت اهتمام رياضي اليونان وفلاسفتهم وحلوها حلا هندسيا كما فعل اقليدس في ايجاد $\sqrt{٢}$ بانه طول وتر مثلث قائم الزاوية طول كل من ضلعيه(١). على ان رياضي

(١) يجدر بنا ان نتسائل هل كانت طريقة اقليدس صحيحة من الوجهة الرياضية ؛ وماهو التناقض الرياضي الذى وقع فيه ؟ .

القديم اتبعوا طريقة عددية حيث حسبوا هذه القيمة بدستور جبرى حصلوا بواسطته على قيمة مقربة الى $١ + \frac{٣٤}{٦٠} + \frac{٥١}{٦٠^{٢}} + \frac{١٠}{٦٠^{٣}}$ وعرفوا كذلك مبدأ تشابه المثلثات وتناسب الخطوط المتوازية، والدساتير الخاصة بايجاد حجوم بعض الاجسام الهندسية مثل الهرم المقطوع الرباعي (Frustun) والمنشور والاسطوانة والمخروط والمخروط المقطوع .

وكانت الرياضيات البابلية اولى رياضيات ناضجة استخدمت الحسابات الرياضية في علـم الفلك (Astronomy) مثـل حساب الفصول والتقويم وتحديد اطوال الليل والنهار بحسب الفصول المختلفة ، ويظهر هذا جليا بصورة خاصة في النصوص الرياضية والفلكية التي ترجع في زمنهـا الى العصر السلوقي (القرن الثالث ق . م) ، فحسبوا كبس الشهور القمرية لجعل السنة القمرية (وطولها ٣٥٤ يومـا) مساوية للسنة الشمسيـة ($\frac{١}{٤}$ ٣٦٥ وبعض الثواني) ، حيث اكتشفوا بالحساب مبدأ كبس (اضافة ، سبعة اشهر قمرية في دورة زمنيـــة مقدرها ١٩ عاما كما سنشرح ذلك في مكان آخر

ويمكن القول ان المستوى العام الذى بلغته رياضيات حضارة وادى الرافدين كان مضاهيا لمستوى الرياضيات العام في المنتصف الاول من الالف الثاني الميلادى .

هـ ـــ نظام العدد

تمهيدا لفهم النصوص الرياضية التي سنذكرها ينبغي للقارئ ان يعرف نظام العدد أوالارقام الذى استعمل في هذه الرياضيات وموجز ذلك ان اساس العدد البابلي ، ولاسيما العدد المستعمل في الرياضيات ، كان الاساس الستيني

(Sexagesimal) (١) اى ان ٦٠ أساس العدد، كما هو مألوف لدينا من حساب الساعات والدقائق والثواني ودرجات الدائرة ، وهو من تراث الرياضيات البابلية في الحضارات الاخرى ومنها الحضارة الحديثة . أما في الشؤون الأخرى الاعتيادية ومن ذلك القياسات فقد استعملوا نظاما خليطا من النظام العشرى والستيني ولعل سبب اختيار البابليين للنظام الستيني كانت مرونته وفوائده في العمليات الحسابية والجداول الرياضية ويجدر أن ننوه بان نظام العدد الستيني استعمل على نطاق واسع في حسابات الحضارة العربية .

والمبدأ الثاني الذى يقوم عليه نظام العدد الستيني مبدأ المرتبة العددية (Positional Value)او(Place Value) اى ان قيمة العدد تتوقف على موقعه او مرتبته في الاعداد الاخرى كما في النظام العددى العشرى الان . وكان ايجاد هذا المبدأ من الانجازات المهمة في تطور نظام العدد في جميع الحضارات وقد اهتدى اليه الرياضيون البابليون منذ مطلع العصر البابلي القديم . وان هذا المبدأ ومرونة اساس العدد أى (٦٠) من حيث قابليته للتحليل الى عوامل عديدة اكثر من أى نظام عددى آخر معروف ، مكنت رياضي العراق القديم من التفنن في اجراء العمليات العددية وتنظيم الجداول الرياضية الكثيرة لاستخدامها في اجراء العمليات الرياضية المختلفة بدون حساب نتيجة كل عملية ،

---

(١) اتخذت الحضارات القديمة اسسا مختلفة لنظام العدد فيها . فبعضها استعمل النظام العشرى (Decimal) السائد الان ، مثل حضارة وادى النيل وحضارة الشرق الاقصى ، وفي حضارة وادى الرافدين الى جانب النظام الستيني الذى انحصر استعماله في الرياضيات واستعملت حضارات اخرى الاساس العشريني (Vigesimal)مثل حضارة ٠ المايا والازتيك في امريكية الوسطى ، والنظام الاثني عشرى (Duodecimal) الذي استعمل في بعض جهات افريقية وامريكا الشمالية ، والنظام الثنائي (Binary) المستعمل الان في اجهزة ٠٠ الكومبيوتر ٠٠ وقد استخدمته بعض القبائل الاسترالية البدائية . وسيمر بنا في كلامنا على الرياضيات في الحضارة العربية الاسلامية كيف ان بعض الرياضيين فيها وفي مقدمتهم الخوارزمي (القرن التاسع الميلادى) اخذوا النظام العشرى ومبدأ الصفر والا رقام الهندية بعد ان طوروها وحسنوا فيها ومنهم انتقلت الى اوربة والى الجميع انحاء العالم.

٢٩

مثلها في ذلك مثل المساطر الحاسبة وجداول اللوغاريتمات والاجهزة الحاسبة الاخرى في الرياضيات الحديثة . ولعل مما يدل على ابداعهم اوذهنيتهم الرياضية ادراكهم ان الكسور الستينية ليست الانوعا من الاعداد الصحيحة وتمكنوا من كتابة الكسور بالارقام كما يعبر عن الدقائق والثواني بالنسبة الى الساعات ، فالربع في النظام الستيني يعبر عنه بـ١٥ والثلث ٢٠ والخمس ١٢ والثلثان ٤٠ الخ . ولعل احسن دليل على مرونة النظام الستيني وصلاحيته في العمليات الحسابية ان الكثير من الفلكيين اليونان استخدموا الكسور الستينية في حساباتهم الفلكية ، مثل الفلكي الرياضي '' هبارخوس '' (القرن الثاني ق . م) والفلكي الشهير بطليموس (القرن الثاني الميلادى) ، كما استخدموا النظام الستيني في حساب الزوايا ودرجات الدائرة والاوتار والمثلثات .

الصفر والرموز المعبرة عن الارقام

مع اهمية مبدأ المرتبة العددية وصلاحية الاساس الستيني فأن نقصا خطيرا كان يشوب نظام العدد في حضارة وادى الرافدين ولاسيما في الدور القديم من رياضياتها (العصر البابلي القديم) ، ذلك هو خلوه من علامة اورمز للتعبير عن المرتبة العددية الخالية في كتابة الارقام ، اى الصفر (١) . فأدى ذلك الى وقوع الالتباس في قراءة قيم الاعداد ، على ان طبيعة القضايا الرياضية

(١) المرجح ان استعمال الصفر بدأ في حضارة وادى الرافدين قبل العهد السلوقي في الفترة الواقعة مابين ٧٠٠ و ٥٠٠ق.م . واستعمل الصفر في حضارة وادى النيل في العصر البطلمي (منذ القرن الثالث ق . م).ويبدو ان الرياضيين والفلكيين اليونان ممن استعمل الطريقة الستينية البابلية حسنوا في استعمال الصفر اكثر مما كان مستعملا في الارقام البابلية حيث استخدمو في استعماله في المراتب الوسطية . ويبدو ايضا ان الرياضيين اليونان استعملوا رمزا خاصا للصفر هو (ه) المأخوذ من الحرف الاول من الكلمة اليونانية التي تعني لا شيء (Ouden). واخذ الهنود مبدأ استعمال الصفر من اليونان وانتقل منهم مع الارقام العشرية الى العرب فحسنوا فيها ، فيكون التسلسل في تقدم كتابة الاعداد واستعمالها في العالم : البابليون – اليونان – الهنود– العرب .

وسياق حلها تقلل من ذلك الالتباس . واخيرا اهتدى رياضيو العراق القديم الى ملافاة ذلك النقص في الدور الثاني من رياضياتهم (الدور السلوقي) القرن الثالث ق . م حيث خصصوا علامة للدلالة على المرتبة العددية الخالية ولاسيما في وسط الاعداد على هيئة أو

ولكن لم ينضج استعمال الصفر الاعلى ايدى الرياضيين اليونان ثم الهنود وبلغ آخر تطور له على ايدى العرب .

وقبل ان يعم استعمال مبدأ الصفر كانت المرتبة العددية الدلالة الوحيدة لقيمة العدد بالنسبة الى الاعداد الاخرى . فمثلا العدد المرموز له بـ a,b,c,d,e,f تكون قيمة ارقامه بحسب النظام الستيني على الوجه الاتي :

$$a\times60^{N} + b\times60^{N-1} + c\times60^{N-2} + c\times60^{N-3} + e\times60^{N-4} + f\times60^{N-5}$$

حيث يمكن ان تكون قيمة الاس (N) صفرا اواية قيمة اخرى سالبة اوموجبة .

أما العلامات المسمارية المستعملة للتعبير عن الارقام المختلفة فكانت مقتصرة على علامتين فقط هما : العلامة للواحد والستين مرفوعا الى اية قوة سالبة اوموجبة ، وتكتب بها ارقام الاحاد من ١ الى ٩ بتكررها بعضها فوق بعض اوجنبا الى جنب . ثم العلامة للتعبير عن العشرة ومضاعفاتها الستونية والعشرية .

واحسن مثال يوضح لنا كيفية كتابة الارقام البابلية الجدول المكتوب في لوح طيني يتضمن كتابة معظم الارقام اعتبارا من الواحد نقتطف منه الارقام التالية :

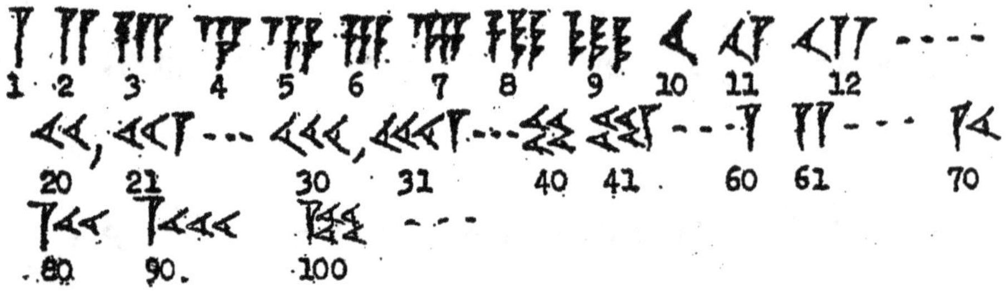

فمثلا لكتابة الرقم العشرى ١٥١ بالنظام الستيني نقسمه على ٦٠ فيكون الناتج وكتابته بالارقام المسمارية على الوجه الاتي ، من اليسار الى اليمين :

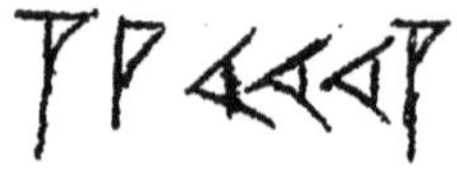

اى ٣١ + ٢ × ٦٠ ونكتب الرقم ٤٤٧٣٣ من بعد قسمته على مضاعفات الستين على الوجه الاتي :

أى : ٢٣+ ٢٥× ٦٠+ ١٢× ٦٠^٢

والرقـم ٤٠٠ : أى ٤٠+ ٦ × ٦٠

لاحـظ اننا فصلنا في الكتابة مابين مابين مراتب الاعداد المختلفة وهذا ماكان يفعله كاتبو الواح الطين في الغالب .

طريقة نقل الارقام الستينية الى ارقام عشرية :

بموجب مبدأ المرتبة العددية وخلو الطريقة الستينة من الصفر فأننا في كتابة الارقام الستينية نفصل المقادير المختلفة لـ (٦٠) بالفارزة ״و״ ونضع للمرتبة الخالية العلامة (فـ) ، والعلامة ״ف״ للفصل مابين الاعداد الصحيحة والكسور وما بين الكسور نفسها . فمثلا :

٠؛٤٠؛٦ أى ٤٠+ ٦× ٦٠ = ٤٠٠ واذا كان المراد من هـذا العدد $٦\frac{٢}{٣}$
فنكتبه ٤٠؛ ٦ أى $\frac{٤٠}{٦٠}$ + ٦ والرقم
يمكن ان يكون ٣٠+ ٣× ٦٠+ ١×$٦٠^{٢}$= ٣٨١٠ ونكتبه بالهيئةالاتية ٣٠,٣,١؛٠،
واذا كتبناه بهيئة ٣٠, ٣ ؛ ١ فيعني $\frac{٣٠}{(٦٠)^{٢}}$+ $\frac{٣}{٦٠}$+ ١ والرقم ٤٠؛٠= $\frac{٢}{٣}$ ولـكن
٤٥,=٤٥ و ٠, ٤٥ = ٤٥× ٦٠ وهكذا

(م ٣ — حضارة العلوم)

الفصل الثانى

نماذج من النصوص الرياضية

اولا : الجداول الرياضية

سبق ان صنفنا النصوص الرياضية التي وصلت الينا من حضارة وادى الرافدين الى صنف القضايا او المسائل الرياضية (Problem texts) وصنف الجداول الرياضية (Table Texts) وقد جاءنا زهاء مائتي لوح مدونة بالجداول الرياضية المختلفة وقد استخدمت استخداما واسعا في الحسابات والعمليات الرياضية والفلكية . ونعدد فيما يلي اشهر هذه الجداول :

١ – جداول الضرب : وقد جاء من جداول الضرب عدة نماذج من بينها جداول مطولة قد تصل الى اعداد كبيرة مثل ٣٦٠٠ وهي اما ان تكون جداول ضرب صرفة أي مجرد حاصل ضرب الاعداد المختلفة ، اوانها تنظم في حقل منفصل مع جداول معكوس الاعداد لغرض اجراء القسمة (حيث $\frac{أ}{ب} = أ \times \frac{١}{ب}$ (كما سنذكر ذلك في كلامنا على جدول معكوس الاعداد). ونذكر فيما يلي نموذجا مختصرا لاحدى جداول الضرب .

٢ – نماذج من جداول معكوس الاعداد :

سبق ان ذكرنا ان عملية القسمة كانوا يجرونها بضرب المقسوم بمعكوس المقسوم عليه أي $\frac{\text{أ}}{\text{ب}} = \text{أ} \times \frac{1}{\text{ب}}$ ، وكانوا يحصلون على النتيجة من جداول معدة لهـــذا الغرض ، والغالب ، كما نوهنا ، ان معكوس الاعداد كانت توضع في حقل خاص مع جداول الضرب . وعلى هذا فان معكوس الاعداد (Inverse) أو (Reciprocals) جداول باعداد من النوع بحيث يكون ب × بَ = ١ (bxb) = ١ اية قوة لرقم (٦٠) سالبة اوموجبة . ويمكن الحصول على $\frac{1}{\text{ب}}$ بتقسيم ١ أو(٦٠) على ب وتكون لذلك نتيجتان : أن $\frac{\text{أ}}{\text{ب}}$ ذات نتيجة تنتهي مثل $\frac{1}{9}$ = ٦,٤٠ ز (أي $\frac{40}{360} + \frac{6}{60} = \frac{1}{9}$) ، والنتيجة الثانية ان $\frac{\text{أ}}{\text{ب}}$ لاتنتهي مثل $\frac{1}{7}$ ، والشرط الذى يحقق الحالة الاولى ان لايحتوى ب على عدد اولي (Prime) غير موجود في الاساس ٦٠ .

ويمكن ان تكون ب × ب ـ١ على الاشكال الاتية

٢ × ٣٠ = ١,٠ (أى ٦٠)

٢ × ٠,٣٠ = ١ (أى ٢ × $\frac{١}{٢}$)

٢, ٠ × ٠,٣٠ = ١,٠ (أى ٢ $\frac{٢}{٦٠}$ × ٣٠) =

٠,٢ × ٠,٣٠ = ١ و (أى $\frac{٢}{٦٠}$ × $\frac{٣٠}{٦٠}$ = $\frac{١}{٦٠}$) وهكذا

وندرج فيما يلي نماذج من احدى جداول معكوس الاعداد المنظمة في الواح الطين .

b	b–1	b	b–1
2	30	25	2,24
3	20	27	2,13,20
4	15	30	2
5	12	36	1,40
6	10	40	1,30
8	7;30	45	1,20
9	6,40	50	1,12
10	6	54	1,6,40
12	5	1,12	50
15	4	1,20	45
16	3,45	1,21	44,26,40
18	3,20		
20	3		
24	2,30		

٣ ـ نماذج من الجداول الخاصة بجذور الاعداد التربيعية والتكعيبية

أ ـ جذور الاعداد التربيعية ـ وقد وجد منها جداول مطولة نظمت بالشكل الاتي

$1 \quad 1 \quad 1B\text{-}SI \quad \sqrt{1}) = 1)$

$4 \quad 2 \quad 1B\text{-}SI \quad (\sqrt{4} = 2)$

$9 \quad 3 \quad 1B\text{-}SI \quad (\sqrt{9} = 3)$

لاحظ المصطلح السومرى IB – SI المستعمل لللتعبير عن الجذر التربيعي .

ب — ونظمت جداول الجذور التكعيبية بالشكل الاتي :

$1 \quad BA - SI \quad (\sqrt{1} = 1)$

$8 \quad 2 \quad BA - SI \quad (\sqrt{8} = 3)$

$27 \quad 3 \quad BA - SI \quad (\sqrt{27} = 3)$

لاحظ ايضا المصطلح السومرى BA – SI المستعمل للتعبير عن الجذر التكعيبي .

جـ — جداول مركبة من مجموع مكعبات الاعداد مع مربعاتها بالشكل الاتي :

2	1	BA – SI	$(2 = 1^2 + 1^3)$
12	2	BA – SI	$(12 = 2^2 + 3^3)$
36	3	BA – SI	$(36 = 3^2 + 3^3)$
80	4	BA – SI	$(80 = 4^2 + 4^3)$

واستعملت هذه الجداول الغريبة في الغالب في حل بعض معادلات الدرجة الثالثة (Cubic equations) وقد جاءتنا امثلة على هذا النوع من المعادلات مثل المعادلة س٣ + ب س٢ = جـ وقد حلوها بطريقة بارعة تتضمن الاختزال بضرب حدود المعادلة في $\frac{1}{ب^٣}$ فينتج المعادلة :

$\frac{س^٣}{ب^٣} + \frac{س^٢}{ب^٢} = \frac{جـ}{ب^٣}$ ، فاذا رمزنا لـ $\frac{س}{ب}$ بـ ن ولـ جـ $\frac{جـ}{ب^٣}$ بعدد معلوم وليكن ع فتصبح المعادلة على هيئة ن٣+ ن ٢ = ع ، وكانوا يجدون قيمة ن ٣+ن ٢ من تلك الجداول التي ذكرنا نموذجا منها .

د ـ جداول غريبة فسرت على انها لوغاريتمات :ـ

١ ـ الجدول الاول (بعد تحويل ارقامه الى النظام العشرى)

$\frac{١}{٤}$ ٢ وقد فسرت هذه الارقام على انها :

$\frac{١}{٢}$ ٤ $١٦^{\frac{١}{٤}} = ٢$

$\frac{٣}{٤}$ ٨ $١٦^{\frac{١}{٢}} = ٤$

$١٦^{\frac{٣}{٤}} = ٨$

١ ١٦ $١٦^{١} = ١٦$

واذا تذكرنا تعريف اللوغاريتم لاى عدد من اساس معين بانه الاس اوالقوة التي اذا رفع اليها ذلك الاساس كانت النتيجة مساوية للعدد المفروض أي اذا كان أ^س = ن فان س لوغاريتم ن من الاساس أ اوالقاعدة أ ـ اى لوغ$_{أ}$ ن = س . وعلى هذا يكون تفسير الاعداد التي في جهة اليمين من الجدول بانها لوغاريتمات الاعداد التي الى جهة اليسار من القاعدة ١٦ :

أي : لوغ$_{١٦}$ ٢ = $\frac{١}{٤}$ ولوغ$_{١٦}$ ٤ = $\frac{١}{٢}$ ولوغ$_{١٦}$ ٨ = $\frac{٣}{٤}$ ولوغ$_{١٦}$ ١٦ = ١

ب ـ الجدول الثاني

(بعد تحويل ارقامه الى النظام العشرى)

٢ ١ وقد فسرت هذه الارقام على انها :

٤ ٢ $٢ = ٢^{١}$

٨ ٣ $٤ = ٢^{٢}$

١٦ ٤ $٨ = ٢^{٣}$

٣٢ ٥ $١٦ = ٢^{٤}$

٦٤ ٦ ٣٢ = ٢٥

٦٤ = ٢٦

وبموجب تعريف اللوغاريتم تكون ١ = لوغ $\frac{٢}{٢}$ ، و ٢ = لوغ $\frac{٤}{٢}$

و ٣ لوغ ٨ و ٤ = لوغ ١٦ و ٥ = لو ٣٢
٢ ٢ ٢

و ٦ = لوغ ٦٤
٢

أى ان الاعداد التي في يسار الجدول لوغاريتمات الاعداد التي الى جهة اليمين من الاساس او القاعدة ٢ .

واذا اضفنا دلالة مثل هذه الجداول الى دلالة بعض القضايا التي تتعلق بحساب الربح المركب والتي لايمكن حلها الاعلى مبدأ اللوغاريتمات امكننا الاستنتاج ان رياضي العراق القديم عرفوا مبدأ اللوغاريتمات وان الفرق مابين معرفتهم لها وبين اللوغاريتمات الحديثة ان الرياضيين في حضارة وادي الرافدين لم يخصصوا اساسا او قاعدة مثل الاساس عشرة المستعمل الان(١) ومن القضايا المتعلقة بحساب الربح المركب مسألة (٢) تدور على ايجاد الزمن اللازم لمبلغ معين من المال حتى يبلغ ضعفه بنسبة من الربح المركب قدرها $\frac{١}{٥}$ ، ويكون وضع المسألة بالشكل الاتي : $(١ + \frac{١}{٥})^{س} = ٢$ ...

جـ — ومن الجداول الرياضية التي يجدر الاشارة اليها ماسبق ان سميناه بجداول المعاملات (Coefficients) العددية التي تستعمل في

(١) عن ظهور الوغاريتمات الحديثة في مطلع القرن السابع عشر انظر نهاية الفصل المخصص لتاريخ الرياضيات العربية .

(٢) نص القضية في : Neugebauer, Op. Cit., III, p. 3

بعض الحسابات وبعضها من نوع "البراميتر" (Parameter) ، وقد وجدت نماذج متعددة منها في الالواح الطينية في جامعة "ييل" (Yale) الامريكية ، ومع ان الكثير منها لايعرف استعمالاتها الرياضية اوالحسابية على وجه التأكيد الاان بعضها كان كما قلنا كميات عددية (براميتر) لحساب بعض الحالات مثل المعاملات الخاصة بالطابوق والجدران والقير والمثلثات وقطعة الدائرة (Segment) والمعادن المختلفة مثل النحاس والفضة والذهب وحمولة السفن وكميات الشعير .

د — نظريات العدد : (Theory of Numbers

جدول غريب آخر فسر بانه اعداد فيثاغورية

ان الجداول الرياضية التي اوردناها وغيرها مما سنذكره تبين بجلاء ان رياضي العراق القديم عالجوا مبادئ مهمة وأساسية مما يعرف الان بنظريات العدد . فمن هذه الجداول ارقام مدونة في اللوح الموجود في متحف جامعة كولومبيا (نيويورك) ويعرف باسم صاحبه الذى حاز عليه من مهربي الاثار المسمى "بلمتون" (Plimpton) ، ويرجع في تأريخه الى العصر البابلي القديم ، وقد فسر بأنه يتضمن اعدادا فيثاغورية أى نسب مربعات اضلاع المثلث القائم الزاوية ، مما يحقق العلاقة الغددية :

أ ٢+ ب ٢ = ج٢ . وبموجب هذا التفسير (١) فأن رياضي العراق القديم

---

(١) راجع هذا الجدول وتحليله في

Neugebauer, The Exact
Siences in Antiquity , p. 35

وراجع ايضا :

E.M. Bruins, "Pythagorean Triads in Babylonion Mathematics " in Sumer, XI (1955), 117ff. Van der Waerden, Science Awakening (1954), 78ff.

بعد ان اكتشفوا المثلث الفيثاغوري صاروا يبحثون عن الاسس اوالدساتير التي تمكنهم من ايجاد الاعداد الفيثاغورية . ويجدر ان ننوه بهذا الصدد ان بعض الرياضيين اليونان بحثوا في ايجاد دستور للحصول على اعداد صحيحة تحقق العلاقة مابين مربعات اضلاع المثلث القائم الزاوية ويتضح من تحليل ذلك الجدول المتضمن اعدادا فيثاغورية ان الاعداد الفيثاغورية من النوع :

$$X^2 + Y^2 = Z^2$$

كانوا يحصلون عليها بالدساتير الاتية :

$$X = P^2 - Q^2$$

$$Z = P^2 + q^2 \qquad y = 2pq$$

ويعزى الى الرياضي اليوناني " بروقلس " (Proclus) ما بين القرنين الثاني والخامس الميلادى الدستور الاتي :

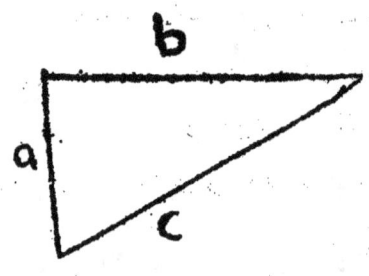

$$a = 2N + 1$$

$$b = 2N^2 + 2N$$

$$c = 2N^2 + 2N + 1$$

بفرض ان N أى عدد صحيح (١)

وندرج فيما يلي نماذج من تلك الجداول الفيثاغورية . حيث ان الحقلين الأولين ابتداء من اليسار أى a و b هما مقدارا الضلعين، والحقل الثالث اى c طول الوتر ، والحقل الرابع مجرد ارقام تسلسلية (+) :

O. Ore, Number Theory and its History (1948), 168.
b a c

(+) لقد اثبتنا بالأرقام الا نجليزية (العربية) القيم بالنظام الستيني ، وتحت الحقول ١ ، ١١ ، قيم الارقام بالنظام العشرى فمثلا في العمود رقم ١ قيمة a : $2x60 + 49 = 169$ $= 2,49$

وقيمة b : $1,59 = 1x60 + 59 = 119$

وان هذه الارقام تحقق الدستور الفيثاغورى اى : $a^2 + b^2 = c^2$ =

a	b	c	
2,0(120)	1,59(119)	2,49(169)	1
57,36	56,7	1,20,25	2
1,20,0	1,16,41	1,50,49	3
3,45,0	3,31,49	5,9,1	4
1,12	1,5	1,37	5
6,0	5,19	8,1	6
45,0	38,11	59,1	7
16,0	13,19	20,49	8
10,0	8,1	12,49	9
1,48,0	1,22,41	2,16,1	10
1,0(60)	45(45)	1,15(75)	11
40,0	27,50	48,49	12
4,0	2,41	4,49	13
45,0	29,31	53,49	14
1,30(90)	56(56)	1,46(106)	15

ونضيف الى الامثلة المختارة التي اوردناها عن الاعداد الفيثاغورية والدساتير التي اتبعت في ايجادها وتنظيمها الدساتير العددية التي سبق ان نوهنا بمعرفة رياضي العراق القديم بها ولاسيما الدساتير الاتية :

(أ+ب)٢ = أ٢ + ب٢ + ٢ أب

(أ ـ ب)٢ = أ٢ + ب٢ ـ ٢ أب

أ٢ ـ ب٢ = (أ+ب) (أ ـ ب)

= وبالارقام : $169^2 = 119^2 + 120^2$

(Van der Waerden, po. Cit., p. 78

ومما تجدر ملاحظته الاعداد الكبيرة التي تضمنها هذا الجدول فمثلا الحقل الرابع :

a = 3,45,0 = 3x60² + 45x60 + 13500

b = 3,31,49 + 3x60 = 31x60 + 49 = 12907

c = 5,9,1 = 5x60 + 9x60 + 1 = 18541

والمتواليات الحسابية التي يتعلق الكثير منها بتوزيع مبالغ على اخوة أو اشخاص اى تقسيم الارض بموجب متواليات حسابية . ووردت كذلك قضايا على المتواليات الهندسية (Geometrical Progressions) وقد اتبعوا في جمعها دستورا مضبوطا . ففي متوالية هندسية أساسها اونسبتها (٢) كانوا يجمعونها بالدستور (١) :

$$١ + ٢ + ٤ \ldots ٢^٩ = ٢^٩ + (٢^٩ - ١)$$

ويحتوى النص نفسه الذى وردت فيه هذه القضية معادلة في حساب مربعات اعداد صحيحة من ١ الى ١٠ بموجب الدستور الاتي(١) :

$$١^٢ + ٢^٢ + \ldots \ldots + ن^٢ = (١ \times \frac{١}{٣} + \frac{٢}{٣} \times ن)(١ + ٢$$

$$+ \ldots + ن)$$

ويجدر ان ننوه في ختام ملاحظاتنا عن الجداول الرياضية والاعداد في رياضيات العراق القديم بولع رياضي هذه الحضارة بالجداول والاعداد الكبيرة ، وقد جاء في بعض الالواح رقم (٦٠)٤ ، وهو يضاهي الرقم الذى ذكره الفيلسوف اليوناني الشهير افلاطون وعرف برقم افلاطون الهندسي وانه يمثل السنة الكونية العظمى والذى تسير بموجبه الحياة ونظام الكون .

ثانيا ــ نماذج من القضايا الرياضية :

سيتضح مما سنذكره من الامثلة عن القضايا الرياضية الجبرية وماسبق

(١) النص في لوح في متحف اللوفربرقم AO 6484 والبحث فيها في :

Neugebauer, Mathenmatische Keilschrifttexte, I, p. 99;
Van der Waerden, op. Cit. , p. 77.

وعن القضايا التي تتضمن الدستور (أ +ب) ٢ و (أ ــ ب) ٢ انظر النص الموجود في المتحف البريطاني BM 13901 والمنشور في

Neugebauer, op. Cit., III, p. 8, No. 14.
Van der Waerden, op. Cit., p,. 68.

ان قلناه عن انواع المسائل الّتي حلوها وطرق الحل الّتي اتبعوها انهم عرفوا المعادلات الجبرية الاساسية الى حد المستوى الاعدادى ، وانهم اتبعوا في حلها طرقا بارعة لاتكاد تصدق لمطابقة الكثير منها للاساليب الصحيحة المتبعة في الجبر الحديث .

وقبل ان نورد بعض الامثلة التي خلفها لنا رياضيو العراق القديم نكرر ما سبق ان نوهنا به من ان الجبر في العراق القديم كان جبريا خطابياً (Rhetoric) فلم يظهر استعمال الرمـــوز والاشــارات الجبرية استعمالا كاملا كما في الجبر الحديث ، ونجم كما قلنا عن خلو هذا الجبر من الرموز نتائج رياضية كبيرة في اساليب حل المعادلات الجبرية ووضعها وتمثيلها ومن ذلك ماسميناه بتمثيل المجهول بالوحدة اوالوضع الكاذب (False posion) وادخال المجهول المساعد والاختزال والتعويض كما اوجدوا كلمات وتعابير اصطلاحية على غرار الجبر العربي مثل مصطلح الزائد والناقص والضرب ومصطلح معكوس العدد،وبالسومرية IGI–N–GAL أى $\frac{I}{N}$ ، والمصطلح الخاص بالتربيع والتكعيب اى رفع الاعداد الى التسوى المختلفة واخذ جذورها والمجهول من القوى المختلفة مثل المصطلحين السومريين BA–SI , IB–SI وعبروا عن مربع المجهول أى س٢ بالحقل ، اى مساحة الحقل المربع (وفي البابلية Eqlum والسومرية A–SHAG ، والمجول (س) ضلع المربع ، وعبروا عن المجهولين س ص بطول المستطيل وعرضه (Putum. Shiddum) وفي وضع المعادلات التربيعية أى من الدرجة الثانية كانوا يضيفون مساحة المربع الى طول ضلعه اوحجم شكل الى مساحته أوطول ضلعه . في حالة المعادلات التكعيبية . ان هذا وغيره يشير الى اتجاههم الجبرى في الرياضيات . ولعله من المفيد ان نذكر للقارنة بهذا الاتجاه ان الرياضيين اليونان جعلهم اتجاههم الهندسي لايستسيغون بل يتحرجون من اضافة مساحات الاشكال الى اطوالها . ووضع الرياضيون

البابليون مصطلحات خاصة للاشكال الهندسية التي عرفوها ، كما خصصوا كثيرا من المصطلحات الفلكية المعقدة .

وسيقف القارئ من الامثلة التي سنذكرها على الكثير من هذه المصطلحات وعلى اتجاههم الجبرى العجيب .

١ — المعادلات الخطية :

من الامثلة على مايعرف الان بالمعادلات الخطية او الآنية (Linear equations) لوح رياضي يحتوى على نحو ٢٢ مسألة جبرية من الدرجة الاولى من نماذجها القضية التي تسأل : " وجدت حجرة لم أزنها ، ولكن بعد ان اضفت اليها سبع وزنها و $\frac{١}{١١}$ من وزنها ثم وزنتها كانت منا (١) واحدا فما هو الوزن الاصلي للحجرة ؟ . ومن هذه القضايا مايتضمن معادلات تدور على المتواليات الحسابية ، كما ان بعضها يتضمن أحد عشر مجهولا ومن امثلتها أيضا مسائل تدور على تقسيم الارض وتقسيم مساحات الحقول .

اشهر أنواع معادلات الدرجة الثانية وطرق حلها(٢) :

ا ـ معادلة من النوع س ٢+س = ج

أى عندما يكون معامل س٢ وس الوحدة ومثاله القضية : MB, No. 1

---

(١) المن او " المنا " البابلي وزن مقدار نحو $\frac{١}{٢}$ كيلوغرام ويساوى ٦٠ شيقلا أو شاقلا وهو $\frac{١}{٦٠}$ من الو نة (talent).

(٢) اخذ معظم هذه الا مثلة من المرجع الا ساسي :

Thureau-Dangin, Mathematiques babyloniens (1938)

وسيشار به مز اليالر MB مع رقم القضية المنشور فيه .

الترجمة :

جمعت الى مساحة مربع طول ضلعه فكان الناتج $\frac{٣}{٤}$ (٠,٤٥) فما طول الضلع ؟ . نصف الوحدة (١) واضرب الناتج $\frac{١}{٢}$ (٠,٣٠) بنفسه واضف الناتج وهو $\frac{١}{٤}$ (٠,١٥) الى $\frac{٣}{٤}$ فتحصل على ١ . خذ الجذر التربيعي لـ١ فينتج ١ ، اطرح منه الـ$\frac{١}{٢}$ الذى ربعته فيكون النتاج وهو $\frac{١}{٢}$ طول ضلع المربع .

نص المسألة بلفظها البابلي بالحروف اللاتينية :

eqlam u mi-it-har-ti ak-mu-ur-ma 45-e
1 wa-si-tam ta-sha-ka-an ba-ma-at 1 te-he-pe
30 U 30 tu-ush-ta-bal 15 a-na 45 tu-sa-ab-ma
1-e imtahar 30 sha tu-ush-ta-bi- lu lib-ba 1 Ta-na-sa-ah
30 mi-it-har-tum

التحليل والتفسير :

من وضع المسألة وحلها اذا فرضنا طول ضلع المربع س فيمكن وضع المسألة هكذا : $س^٢ + س = \frac{٣}{٤}$

اما الخطوات التي اتبعت في حلها فتستند الى مايسمى باكمال المربع باضافة مربع نصف معامل س وهو الوحدة أى :

$$س^٢ + س + (\frac{١}{٢})^٢ = \frac{٣}{٤} + (\frac{١}{٢})^٢$$

$$و (س + \frac{١}{٢})^٢ = ١ \quad وس + \frac{١}{٢} = \sqrt{١} = ١ \; وس = ١ - \frac{١}{٢} = \frac{١}{٢}$$

ب – معادلة من نوع س٢ – س = جـ والمثال الآتي القضية رقم ٢ من MB

الترجمـــــة :

طرحت من مساحة مربع طول ضلعه فكان الناتج ٨٧٠ (وبالطريقة الستينية ١٤،٣٠) فما طول الضلع ؟ ضع الواحد ونصفه واضرب الناتج وهو ١/٢ بنفسه فتحصل على ١/٤ ، اضف ١/٤ الى ٨٧٠ فيكون الناتج ١/٤ ٨٧٠ (١٤ ، ٣٠ ، ١٥) . خذ الجذر التربيعي لـ ١/٤ ٨٧٠ فتحصل على ٢٩ ١/٢ . اضف النصف الذي ربعته الى ٢٩ ١/٢ فتحصل على ٣٠ وهو طول ضلع المربع .

النص البابلي بالحروف اللاتينية :

mi-it-har-ti lib-bi eqlim as-su-uh-ma 14,30-e
1 wa-si-tam ta-sha-ka-an ba-ma-at 1 te-he-pe 30 U 30
tu-ush-ta-bal 15 a-na 14,30 tu-sa-ab-ma 14,30
14,30. 15-e. 29,30 imtahar. 30 sha tu-ush-bi-lu
a-na 29,30 tu-sa-ab-ma 30 mi-it-har-tum

التفسير ،

مثل القضية الاولى يكون وضع هذه المسألة بالشكل : س٢ – س = ٨٧٠ وباضافة مربع نصف معامل س أي (١/٢)٢ الى طرفي المعادلة لاكمال المربع ينتج س٢ – س + (١/٢)٢ = ٨٧٠ + (١/٢)٢ و (س – ١/٢)٢ = ٨٧٠ ١/٤

و س – ١/٢ = $\sqrt{٨٧٠ \frac{١}{٤}}$ = ٢٩ ١/٢ و س = ٢٩ ١/٢ + ١/٢ = ٣٠ وهو طول ضلع المربع .

جـ ـ معادلة من النوع :

$$س^{٢} + ب\,س = جـ$$

أى عندما يكون معامل $س^{٢}$ الوحدة ولكن معامل س غير الوحدة وقد حلت بالدستور $س = \sqrt{\left(\frac{ب}{٢}\right)^{٢} + جـ} - \frac{ب}{٢}$ ، وهو دستور يستند كذلك الى طريقة اكمال المربع .

مثال : (MB. No. 5)

الترجمة :

اضفت الى مساحة مربع طول ضلعه وثلث طول ضلعه فكان الناتج $\frac{١١}{١١}$ (٠,٥٥) فما طول الضلع ؟ . ضع الوحدة واضف اليها ثلث الوحدة فينتج $١\frac{١}{٣}$ (٠, ١٠,٢٠) ، نصف هذا الناتج فتحصل على $\frac{٢}{٣}$ (٠, ٤٠) ربع الـ $\frac{٢}{٣}$ فتحصل على $\frac{٤}{٩}$ (٠,٢٦,٤٠) . اضف $\frac{٤}{٩}$ الى $\frac{١١}{١٢}$ فتحصل على $\frac{٤٩}{٣٦}$ (١ , ٢١, ٤٠). خذ الجذر التربيعي لـ $\frac{٤٩}{٣٦}$ فتحصل على $\frac{٧}{٦}$ (١, ١٠) اطرح الـ $\frac{٢}{٣}$ التي ربعتها من $\frac{٧}{٦}$ فتحصل على $\frac{١}{٢}$ (٠,٣٠) وهوطول ضلع المربع.

التفسير والتحليل :

وضع المسألة بحسب الفرض $س^{٢} + س + \frac{١}{٣}\,س = \frac{١١}{١٢}$ أى $س + ١\frac{١}{٣}\,س = \frac{١١}{١٢}$

وباضافة مربع نصف معامل س الى طرفي المعادلة لاكمال المربع ينتج :

$$س + ١\frac{١}{٣}\,س + \left(\frac{٤}{٢\times٣}\right)^{٢} = \frac{١١}{١٢} + \left(\frac{٢}{٣}\right)^{٢}$$

أى $\left(س + \frac{٢}{٣}\right)^{٢} = \frac{١١}{١٢} + \frac{٤}{٩} = \frac{٤٩}{٣٦}$

$$\text{وس} + \frac{٢}{٣} = \sqrt{\frac{٤٩}{٣٦}} = \frac{٧}{٦} \text{ ، وس} = \frac{٧}{٦} - \frac{٢}{٣} = \frac{١}{٢}$$

واذا كانت المعادلة من النوع $\text{س}^٢ - \text{ب س} = \text{ج}$ فكانوا يحلونها بالطريقة نفسها مع تغيير الاشارة أى بموجب الدستور :

$$\text{س} = \sqrt{\left(\frac{\text{ب}}{٢}\right)^٢ + \text{ج}} + \frac{\text{ب}}{٢}$$

ونذكر مثالا على المعادلة من النوع $\text{س}^٢ - \text{ب س} = \text{ج}$ القضية الاتية :

يزيد عدد على معكوسه بمقدار ٧ فما العدد وما معكوسه ؟ عليك ان تنصف ٧ الذى يزيد بها العدد على معكوسه فتحصل على $\frac{١}{٢}$ ٣ ، اضرب $\frac{١}{٢}$ ٣ ب $\frac{١}{٢}$ ٣ فتحصل على $\frac{١}{٤}$ ١٢ . اضف $\frac{١}{٤}$ ١٢ الذى نتج لك إلى ٦٠ (وهو حاصل ضرب العدد بمعكوسه) فيكون الناتج $\frac{١}{٤}$ ٧٢ ، خذ الجذر التربيعي لـ $\frac{١}{٤}$ ٧٢ فتحصل على $\frac{١}{٢}$ ٨ واطرح من $\frac{١}{٢}$ ٨ − $\frac{١}{٢}$ ٣ واضف الى $\frac{١}{٢}$ ٨ − $\frac{١}{٢}$ ٣ ، فتحصل في الحالة الاولى على ٥ وفي الحالة الثانية على ١٢ وهما العدد ومعكوسه .

وتفسير القضية واضح فان وضعها الجبرى بحسب الفرض :

$$\text{س} - \text{ص} = ٧$$

$$\text{س} \quad \text{ص} = ٦٠$$

ومنها نحصل على المعادلة $\text{س}(\text{س} - ٧) = ٦٠$

أى $\text{س}^٢ - ٧\text{س} = ٦٠$

$$\text{فيكون س} = \sqrt{٦٠ + \left(\frac{٧}{٢}\right)^٢} + \frac{٧}{٢} = ١٢$$

$$\text{وص} = \sqrt{٦٠ + \left(\frac{٧}{٢}\right)^٢} - \frac{٧}{٢} = ٥$$

د معادلة — من النوع : $\text{أ س}^٢ + \text{ب س} = \text{ج}$

ومن النوع : $\text{أ س}^٢ + \text{س} = \text{ج}$

لهذا النوع من معادلات الدرجة الثانية التي يكون فيها معامل س٢ غير الوحدة اهمية تاريخية في تطور المعادلات الجبرية . وقد اتبع رياضيو العراق القديم طريقتين في حلها . فالطريقة الاولى ، وكانت اقل استعمالا ، هي الطريقة المعروفة في الجبر الحديث بطريقة الارجاع الى الوحدة (reduction to the nnity) (١) بتقسيم حدود المعادلة على معامل س٢ . وهذه هي طريقة الرياضي العربي الخوارزمي (٢) .

اما الطريقة الثانية ، وكانت اكثر شيوعا في الجبر البابلي ، فكانت تدور على جعل معامل س٢ مربعا بضرب طرفي المعادلة بمعامل س٢ نفسه. وتضاهي هذه الطريقة البابلية طريقة الرياضي اليوناني ديوفنتس (القرن الثالث الميلادى) . وهناك امثلة اخرى على التشابه الموجود بين الطرق الجبرية التي اتبعها ذلك الرياضي اليوناني وبين الجبر البابلي .

١ ــ فالمعادلة التي من نوع أس٢ + س = ج حلوها بالدستور :

$$\text{س} = \frac{\sqrt{\text{أ ج} + \left(\frac{\text{١}}{\text{٢}}\right)^{\text{٢}}} + \frac{\text{١}}{\text{٢}}}{\text{أ}}$$

٢ ــ والمعادلة من النوع أس٢ + ب س = ج ، حلت بالدستور :

$$\text{س} = \frac{\sqrt{\left(\frac{\text{ب}}{\text{٢}}\right)^{\text{٢}} + \text{أ ج}} - \frac{\text{ب}}{\text{٢}}}{\text{أ}}$$

---

(١) انظر :

Thureau-Dangin, Texts Mathematiques babyloniens (1938), p. XXII.

كما ورد لها مثال في لوح رياضي وجد فى تل جزمل (رقمه 5230) (مجلة سرمر ١٩٥٠ ، العدد الثاني ، القسم الا نجليزى الص ١٣١ فما بعد

(٢) أنظر المثال على ذلك في القسم الخاص بالرياضيات العربية

وقد استخرجوا دستور المعادلة الاولى أى أ س^٢ + س = ج بأنهم كانوا

يضربون حدود المعادلة بمعامل س ٢ أى أ فينتج :

$$أ٢ \ س٢ + أس = أج$$

وبطريقة اكمال المربع باضافة $(\frac{١}{٢})^٢$ الى طرفي المعادلة ينتج :

$$أ٢ \ س٢ + أس + (\frac{١}{٢})^٢ = أج + (\frac{١}{٢})^٢$$

أى $(أ س + \frac{١}{٢})^٢ = أج + (\frac{١}{٢})^٢$

وأس $+ \frac{١}{٢} = \sqrt{ أج + (\frac{١}{٢})^٢ }$

وس $= \sqrt{ أج + (\frac{١}{٢})^٢ } - \frac{١}{٢}$

وتتبع الخطوات نفسها في ايجاد دستور المعادلة :

$$أ س٢ + ب س = ج$$

فبضرب حدود المعادلة في أ ينتج : $أ٢ \ س٢ + أب س = أج$

وباضافة $(\frac{ب}{٢})^٢$ الى طرفي المعادلة لاكمال المربع ينتج :

$$أ٢ \ س٢ + أب س + (\frac{ب}{٢})^٢ = أج + (\frac{ب}{٢})^٢$$

أى $(أ س + \frac{ب}{٢})^٢ = أج + (\frac{ب}{٢})^٢$

وأس $= \sqrt{ أج + (\frac{ب}{٢})^٢ } - \frac{ب}{٢}$

وس $= \dfrac{ \sqrt{ أج + (\frac{ب}{٢})^٢ } - \frac{ب}{٢} }{ أ }$

مثال على المعادلة أ س^٢ + س = ج (من MB, No. 4)

١ ـ الترجمة :

طرحت من مساحة مربع ثلثها واضفت اليها طول الضلع (١) فكان الناتج

---

(١) هذا المثال والامثلة السابقة المتضمنة طرح طول ضلع المربع من مساحته أورضافته اليها

تشير كا قلنا الى الاتجاه الجبرى الذى كان يميز رياضيات حضارة وادى الرافدين بعكس الاتجاه

$\frac{٢}{٣}$ ٢٨٦ (٤٠ , ٤٦ , ٤) فما طول ضلع المربع ؟ ضع الوحدة واطرح منها ثلثها فتحصل على $\frac{٢}{٣}$ (٤٠ ,٠) . اضرب الـ $\frac{٢}{٣}$ في $\frac{٢}{٣}$ ٢٨٦ فتحصل على $\frac{١}{٩}$ ١٩١ (٤٠ , ٦ , ١١ , ٣)، خذ نصف الواحد وربعه فتحصل على $\frac{١}{٤}$ ، اضف الربع الى $\frac{١}{٩}$١٩١ فتحصل على $\frac{١٣}{٣٦}$ ١٩١ ، خذ جذره التربيعي فتحصل على $\frac{٥}{٦}$ ١٣ ، اطرح النصف الذى ربعته ، فتحصل على $\frac{١}{٣}$١٣ اضرب معكوس الـ $\frac{٢}{٣}$ الذى هو $\frac{١}{٢}$ ١ (٣٠ ,١) في $\frac{٥}{٦}$ ١٣ فتحصل على ٢٠ ، وهو طول ضلع المربع .

التفسير والتحليل :

وضع المسألة بحسب الفرض $\frac{٢}{٣}$ س٢ + س = $\frac{٢}{٣}$ ٢٨٦ وبضرب حدود المعادلة بمعامل س أى $\frac{٢}{٣}$ بجعله مربعا ينتج :

$$(\frac{٢}{٣})^٢ س^٢ + \frac{٢}{٣} س = ٢٨٦ \times \frac{٢}{٣} = ١٩١ \frac{٢}{٣}$$

ويأخذ نصف الواحد وتربيعه واضافته الى طرفي المعادلة لاكمال المربع ينتج :

$$(\frac{٢}{٣})^٢ س^٢ + \frac{٢}{٣} س + (\frac{١}{٢})^٢ = ١٩١ \frac{١}{٩} + (\frac{١}{٢})^٢$$

$$أى : (\frac{٢}{٣} س + \frac{١}{٢})^٢ = ١٩١ \frac{١٣}{٣٦}$$

$$و \frac{٢}{٣} س + \frac{١}{٢} = \sqrt{١٩١ \frac{١٣}{٣٦}} = ١٣ \frac{٥}{٦}$$

=الهندسي اليوناني الذى كان يتحرج من اضافة المساحة الى طول خط اوطرحه منها اذ كان الاهتمام في الجبر البابلي منصبا على تكوين المعادلات الجبرية بغض النظر عن المفاهيم الهندسية كما أن تعبير " مربع " اومساحة مربع وطول ضلعه كان كما ذكرنا يرمز الى مربع المجهول أى س٢ والمجهول س والجدير بالذكر في هذا الصدد أن بعض الرياضيين اليونان المتأخرين مثل " هيرون " الاسكندرى (القرن الأول الميلادى سار على الاتجاه البابلي .

(+) أى : ٣ × ٦ + ١١ + $\frac{٦}{٦٠}$ + $\frac{٤٠}{٣٦٠}$

و $\frac{٢}{٣}$ س = ١٣$\frac{٥}{٦}$ − $\frac{١}{٢}$ = ١٣$\frac{١}{٣}$

وس = ١٣$\frac{١}{٣}$ × $\frac{٣}{٢}$ = ٢٠

مثال على النوع العام :

أ س^{٢} + ب س = ج (من MB, No. 4)

الترجمة :

طرحت من مساحة مربع ثلثها واضفت ثلث طول الضلع فكان الناتج $\frac{١}{٣}$ (٢٠؛٠) . فما طول ضلع المربع ؟ ضع الوحدة واطرح منها ثلثا واضرب الباقي وقــدره $\frac{٢}{٣}$ (٤٠, ٠) بـ فتحصل على $\frac{٢}{٩}$ (٢٠ , ١٣ , ٠) فاحتفظ به . خذ نصف الثلث الذى طرحته وربع الناتج الذى هو $\frac{١}{٦}$ (١٠, ٠) فتحصل على $\frac{١}{٣٦}$ (٤٠, ١ , ٠) . اضف $\frac{١}{٣٦}$ الى $\frac{٢}{٩}$ فتحصل على $\frac{١}{٤}$ (١٥, ٠) ، خذ الجذر التربيعي لـ $\frac{١}{٤}$ فتحصل على $\frac{١}{٢}$. اطرح الـ $\frac{١}{٦}$ الذى ربعته من الـ $\frac{١}{٤}$ فتحصل على $\frac{١}{٣}$ ، اضرب معكوس $\frac{٢}{٣}$ الذى هو $\frac{٣}{٢}$ (١,٣٠ , ٠) بـ $\frac{١}{٣}$ فتحصل على $\frac{١}{٢}$ وهو طول ضلع المربع .

التفسير :

وضع المسألة بحسب الفرض : $\frac{٣}{٢}$ س٢ + $\frac{١}{٣}$ س = $\frac{١}{٣}$

وبعد ان يفترض الرياضي المجهول بالوحدة (أى يرمز لـ س بالوحدة) . يضرب حدود المعادلة بمعامل س^{٢} أى $\frac{٣}{٢}$ لجعل هذا العامل مربعا فينتج :

($\frac{٢}{٣}$)٢ س٢ + $\frac{١}{٣}$ س × $\frac{٢}{٣}$ = $\frac{١}{٣}$ × $\frac{٢}{٣}$ = $\frac{٢}{٩}$

أى ($\frac{٢}{٣}$)^{٢} س٢ + $\frac{٢}{٦}$ س = $\frac{٢}{٩}$ ، وباضافة مربع نصف معامل س الى طرفي المعادلة لاكمال المربع اى ($\frac{١}{٣ × ٢}$)^{٢} أى $\frac{١}{٣٦}$ ينتج :

$$\left(\frac{٢}{٣}\right)^{٢}\text{س}^{٢} + \frac{٢}{٣}\text{س} + \left(\frac{١}{٦}\right)^{٢} = \frac{٢}{٩} + \left(\frac{١}{٦}\right)^{٢}$$

$$\text{و}\left(\frac{٢}{٣}\text{س} + \frac{١}{٦}\right)^{٢} = \frac{٢}{٩} + \frac{١}{٣٦} = \frac{١}{٤}$$

$$\text{أى } \frac{٢}{٣}\text{س} + \frac{١}{٦} = \sqrt{\frac{١}{٤}} = \frac{١}{٢}$$

$$\text{و}\frac{٦}{٣}\text{س} = \frac{١}{٢} - \frac{١}{٦} = \frac{١}{٣}$$

$$\text{وس} = \frac{١}{٣} \times \frac{٣}{٢} = \frac{١}{٢}$$ وهو طول ضلع المربع

نماذج اخرى من المعادلات الجبرية يستند بعضها على خصائص بعض الاشكال الهندسية

١ — قضية ''جبرية — هندسية'' على مبدأ تشابه المثلثات :

وجدت مديرية الآثار العراقية في اثناء تنقيباتها في الموضع الاثرى المسمى تل حرمل (في منطقة بغداد الجديدة) عام ١٩٤٥ — ١٩٦١ مجموعات مهمة من الواح الطين المدونة بمختلف شئون الحياة ومن بينها مجموعة مهمة من المصنفات اللغوية ونسخة من شريعة مدونة تسبق شريعة حمورابي الشهيرة بأكثر من قرن واحد ، كما وجدت نحو ١٢ لوحا رياضيا تتضمن قضايا جبرية مهمة يرجع تاريخها الى مطلع الالف الثاني ق . م (١) . ونختار من هذه الالواح لوحاً على قدر كبير من الاهمية في تاريخ تطور الرياضيات وهو لوح صغير رسم في اعلاه مثلث قائم الزاوية وفي داخله وعلى اضلاعه ارقام بالطريقة الستينية في مقادير الاضلاع ومساحات المثلثات المرسومة التي التي سنصفها . ودون تحت هذا الشكل الهندسي نص القضية والخطوات المتبعة في حلها ، وخلاصة ترجمة القسم الرئيسي منها ان مثلثا (قائم الزاوية) طول كل من ضلعيه ٤٥ و ٦٠ وطول وتره (٧٥) . ومن مساحة المثلث الكبير اقتطعت اورسمت اربعة مثلثات صغيرة قوائم الزوايا ايضا باقامة عمود من الزاوية القائمة للمثلث الكبير على الوتر ثم تكرار رسم الاعمدة على اوتار المثلثات الصغيرة . واعطيت مساحة المثلث الاول برقم ٨,٦ بالنظام الستيني أى ٤٨٦ بالطريقة العشرية وكذلك اعطيت مساحات

---

(١) نشرها كاتب هذا البحث في مجلة ''سومر'' المجلدات ١٩٤٨، ١٩٤٩، ١٩٥١، ١٩٦٣

المثلثات الاخرى بارقام ستينية من الاعداد الصحيحة والكسور الستينية المطولة ولكن بقيم منتهية تدعو الى الدهشة . وفي ضوء المعلومات المعطاة أي مساحة المثلث الاول أ ب د وقدرها كما قلنا ٤٨٦ واطوال اضلاع المثلث ٤٥و٦٠ طلب ايجاد طول العمود المقام من الزاوية القائمة أ في المثلث الكبير أ ب ج على الوتر ب ج ثم طول ضلع المثلث الصغير أب د أي ب د و أ د وكذلك اطوال اضلاع المثلثات الصغيرة الاخرى .

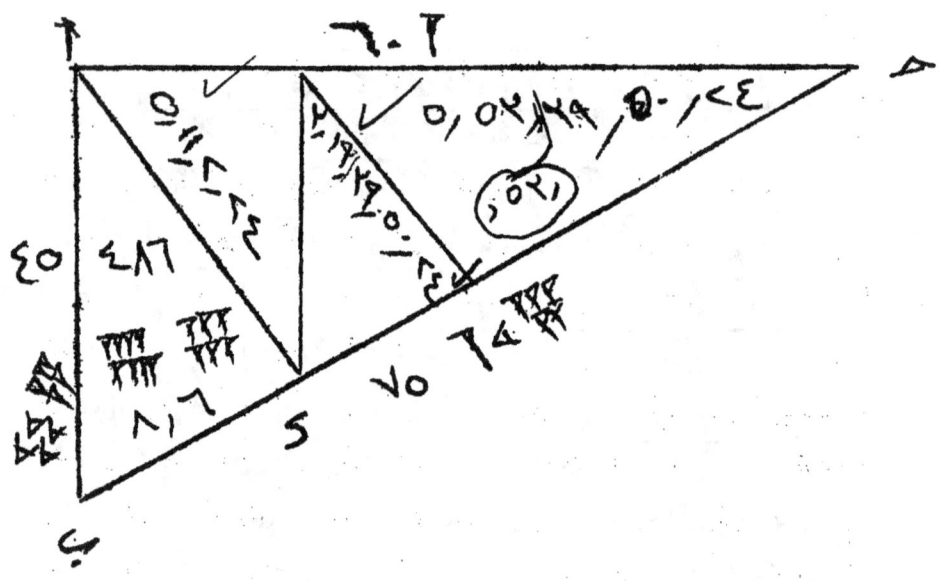

ولايجاد طول ب د في المثلث أ ب د باستخدام المعلومات المعطاة يسير الرياضي القديم في الخطوات الاتية :

يقسم ٤٥ على ٦٠ فيحصل على $\frac{٣}{٤}$ ثم يضرب $\frac{٣}{٤}$ في ٢ فيحصل على $١\frac{١}{٢}$

ويضرب مساحة المثلث الصغير أ ب د ومقدارها ٤٨٦ بالفرض في $١\frac{١}{٢}$ فيحصل على ٧٢٩ ، ويأخذ الجذر التربيعي لـ ٧٢٩ فيحصل على ٢٧ وهو طول ب د . ثم ينصف طول هذا الضلع أي ٢٧ ويقسم المساحة ٤٨٦ على نصف

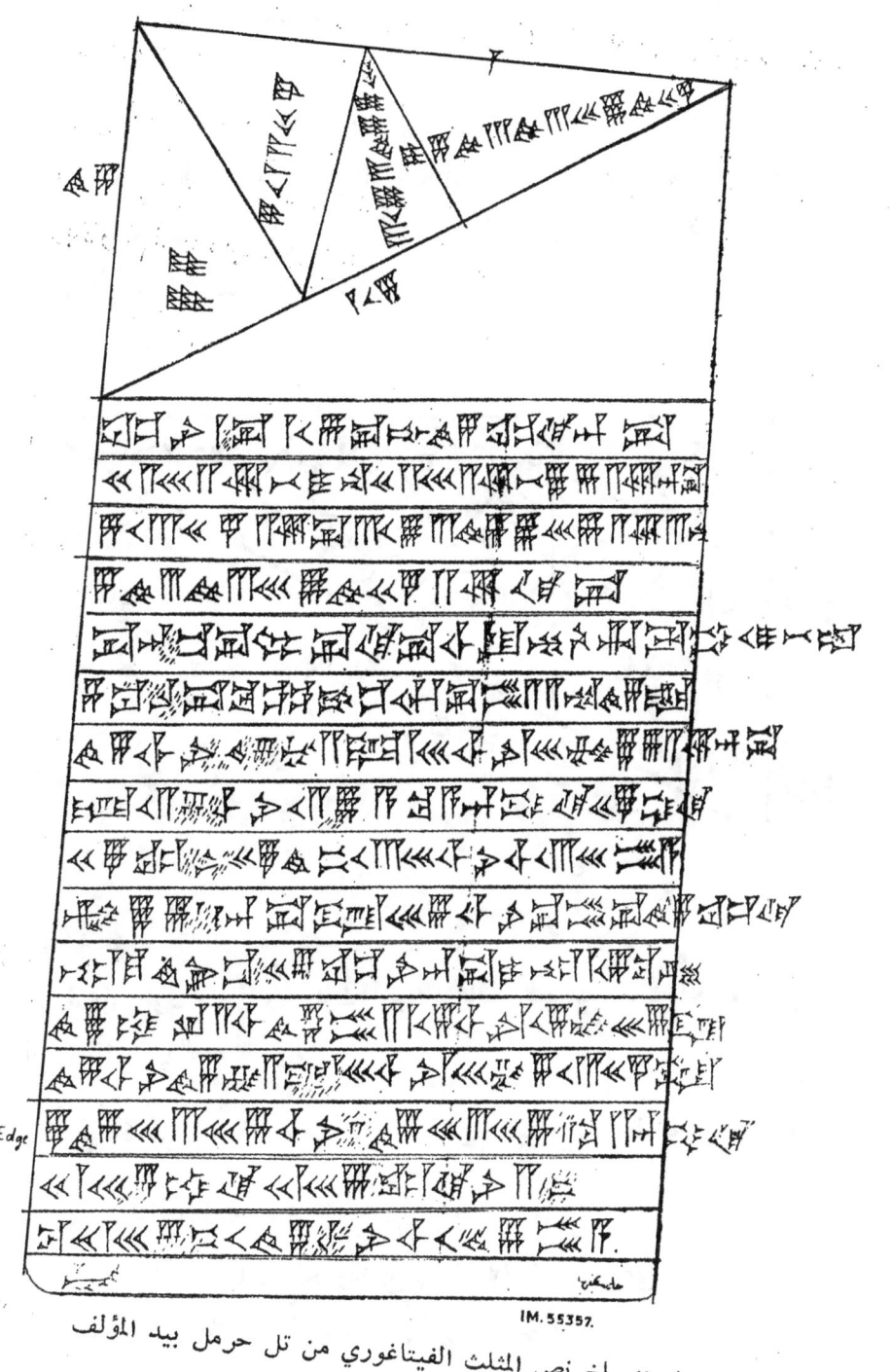

IM. 55357.

استنساخ نص المثلث الفيثاغوري من تل حرمل بيد المؤلف

٥٩

٢٧ فيحصل على ٣٦ وهو طول العمود الاول أ د المقام من الزاوية القائمة أ على الوتر ب ج

وبتعبير اخر يمكن ايجاز الحل الذى اتبعه الرياضي القديم بالمعادلة الاتية :

$$\text{ب د} = \sqrt{\frac{\text{أ ب}}{\text{أ ج}} \times ٢ \times \text{مساحة المثلث أ ب د}}$$

وبالارقام المعطاة $\text{ب د} = \sqrt{\frac{٤٥}{٦٠} \times ٢ \times ٤٨٦} = ٢٧$

وهنا نترك للطلاب تفسير المبادئ الهندسية التي أستند اليها ذلك الرياضي العراقي القديم الذى عاش في منطقة بغداد قبل نحو ٤٠٠٠ عام ، على انني فسرت الحل بانه يستند إلى مبدأ تشابه المثلثات ودلالة ب د× أ د (أي مساحة المثلث أ ب د) . وبوجه خاص حالة خاصة من تشابه المثلثات وضعها الرياضي اليوناني اقليدس (القرن الثالث ق . م) على هيئة نظرية تتعلق بتشابه المثلثين المحدثين على جانبي العمود المقام من الزاوية القائمة على وتر مثلث قائم الزاوية (+) وان كلا منها يشابه المثلث الاصلي وينتج ان اضلاعهما المتناظرة متناسبة. فاذا رجعنا الى الشكل المرسوم وجدنا ان المثلثين أ ب د و أد ج متشابهان (بحسب نظرية اقليدس السالفة الذكر) فتكون اضلاعهما المتناظرة متناسبة .

أي : $\frac{\text{أ ب}}{\text{أ ج}} = \frac{\text{ب د}}{\text{أ د}}$ وبما ان $\frac{\text{أ ب}}{\text{أ ج}} = \frac{٤٥}{٦٠}$ فيكون $\frac{\text{ب د}}{\text{أ د}} = \frac{٤٥}{٦٠}$ (١)

ومن دستور مساحة المثلث أ ب د أي $\frac{\text{ب د} \times \text{أ د}}{٢} = ٤٨٦$ (٢)

فاذا ضربنا المعادلة رقم(١) بالمعادلة رقم(٢) ثم ضربنا الناتج في ٢ حصلنا على المعادلة :

$$\frac{\text{ب د}}{\text{أ د}} \times \text{ب د} \times \text{أ د} = \frac{٤٥}{٦٠} \times ٤٨٦ \times ٢$$

أي $(\text{ب د})^{٢} = \frac{٤٥}{٦٠} \times ٤٨٦ \times ٢ = ٧٢٩$

$$\text{و ب د} = \sqrt{\frac{٤٥}{٦٠} \times ٤٨٦ \times ٢} = \sqrt{٧٢٩} = ٢٧$$

(+) راجع هندسة اقليدس المسمى " الاصول " . (Elements) الكتاب السادس النظرية الثامنة .

وهذا مافعله الرياضي القديم . اما تفسير الخطوة التي اتبعها في ايجاد أ د من بعد حصوله على مقدار ب د فواضح من العلاقة مابين أ د و ب د ومساحة المثلث أ ب د المعلومة .

ملاحظة :

لاحظ اطوال المثلث الكبير أى ٤٥، ٦٠، ٧٥ التي تكون مثلثا فيثاغوريا أى انها بنسبة ٣ ، ٤ ، ٥ وكذلك اضلاع المثلثات الاخرى ومنها المثلث أ ب د أى ٢٧ ، ٣٦ ، ٤٥ ولاحظ كذلك مقادير مساحات المثلثات الصغيرة الموضوعة في داخل كل منها بالارقام الستينية ، وانها مكونة من اعداد صحيحة وكسور ستينية طويلة ولكنها منتهية ومضبوطة . فمساحة المثلث القائم الزاوية الصغير وهو المثلث الاخير تساوى $٥ \times ٦٠ + ٥٣ + \frac{٥٣}{٦٠} + \frac{٣٩}{٦٠^{٢}} + \frac{٥٠}{٦٠^{٣}} + \frac{٢٤}{٦٠^{٤}}$

فكيف امكن حساب مثل هذه المساحات ؟

٢ – قضايا اخرى على معرفة رياضي العراق القديم بالمثلث الفيثاغوري :

من النصوص الرياضية الطريفة عدة قضايا جبرية حلت على المبدأ المنسوب الى فيثاغورس أى علاقة مربعات اضلاع المثلث القائم الزاوية نكتفي منها بالمثالين الاتيين :

أ – قضية في لوح من العصر البابلي القديم ترجمتها وحلها كما يأتي (١) : عصا طولها ٣٠ وضعت على جدار (قائم) ، ثم انزلقت النهائية العليا للعصا مسافة ٦ (على الجدار) ، فما مقدار المسافة التي تحركت فيها النهاية السفلى (للعصا) ؟

---

(١) اللوح محفوظ في المتحف البريطاني برقم BM 85196 ومنشور في :
Neugebauer, op. Cit., II, p. 53.
Van der Waerden, Science Awakening (1954), p. 75, 76-77.

ويمكن تمثيل القضية كما في الشكل ، بفرض ان طول العصا ″ و ″.
والارتفاع (الجدار) ع والمسافة الافقية ط ، حيث و = ٣٠

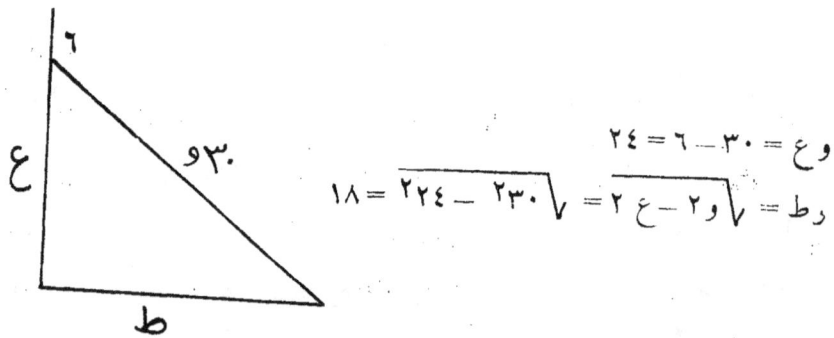

و ع = ٣٠ – ٦ = ٢٤

ط = $\sqrt{و^{٢} - ع^{٢}} = \sqrt{٣٠^{٢} - ٢٤^{٢}} = ١٨$

ب– ان هذا النوع من القضايا استمر ورده وتداوله من قبل رياضي العراق القديم الى العصر السلوقي (القرن الثالث ق . م) . ومن الامثلة على ذلك القضية التي تضمنها اللوح الموجود في المتحف البريطاني (رقم BM 34568) والمنشور في المرجعين المذكورين في الصفحة السابقة وهي مثل القضية الاولى تقريبا ونصها ان قصبة تستند على جدار (قائمة على جدار) فلو انزلقت في الاعلى (٣) أذرع فان النهاية السفلى تنزلق ٩ أذرع . فكم طول القصبة وما مقدار علو الجدار .

المفروض = و – ع = ٣ و ط = ٩

وقد وجد المجهولان « و » و « ع » بالمعادلتين:

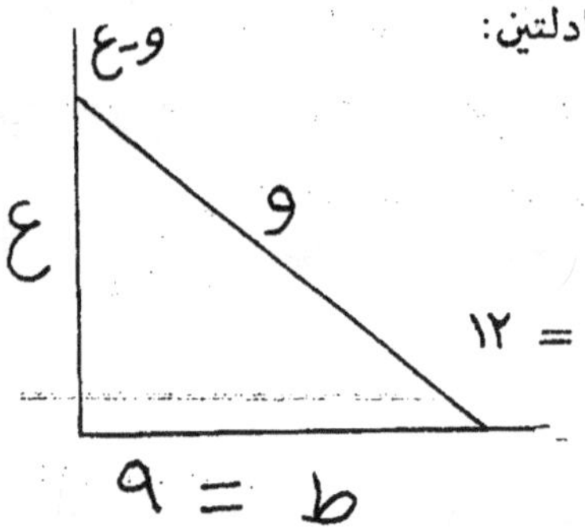

و = $\frac{١}{٦}(٩^{٢} + ٣^{٢}) = ١٥$

ع = $\sqrt{و^{٢} - ط^{٢}} = \sqrt{١٥^{٢} - ٩^{٢}} = ١٢$

ومما تجدر ملاحظته عن مثل هذه القضايا ان امثالها تعطى الى الطلاب في مستوى المدارس الاعدادية في العصر الحديث .

٣ ــ قضية جبرية هندسية من تل "الضباعي" :

والقضية الجبرية ــ الهندسية الثانية وجدت في احد التلول الاثرية الكائنة في منطقة بغداد الجديدة المسمى تل الضباعي بالقرب من تل حرمل السالف الذكر . فقد عثر على اللوح المدونة فيه في اثناء تنقيبات مديرية الاثار (١٩٦١) ، وسبق للمؤلف ان نشره في مجلة "سومر" (مجلد عام ١٩٦٣) وندرج فيما يلي ترجمة هذه القضية المهمة :

اذا سألوك عن مستطيل قطرة ١$\frac{١}{٤}$ (١٥, ١ , ٠) ومساحته $\frac{٣}{٤}$ (٠,٤٥) ، فما مقدار طو له وعرضه ؟ حلك للمسالة يكون كما يأتي :
أضرب طول القطر ١$\frac{١}{٤}$ بنفسه فينتج ١$\frac{٩}{١٦}$ (١,٣٣,٤٥) احتفظ به ، اضرب المساحة $\frac{٣}{٤}$ باثنين فينتج ١$\frac{١}{٢}$ واطرح هذا الناتج من ١$\frac{٩}{٣٦}$ فيكون الباقي $\frac{١}{١٦}$ (٠;٣,٤٥) خذ الجذر التربيعي لـ($\frac{١}{١٦}$) فينتج $\frac{١}{٤}$. خذ نصف الربع فينتج $\frac{١}{٨}$ اضربه في $\frac{١}{٨}$ (١٠,٧,٣٠) فينتج $\frac{١}{٦٤}$ (٠,٥٦,١٥) ، اضف المساحة $\frac{٣}{٤}$ الى $\frac{١}{٦٤}$ فينتج $\frac{٤٩}{٦٤}$ (١٥,٥٦,٤٥;٠) . خذ الجذر التربيعي لـ $\frac{٤٩}{٦٤}$ فينتج $\frac{٧}{٨}$ (٣٠,٥٢;٠) ضع $\frac{٧}{٨}$ أخرى مقابلها واضف الـ $\frac{١}{٨}$ الذى ربعته الى احدها واطرحه من الاخرى فتحصل في الحالة الاولى (أى $\frac{١}{٨}$ + $\frac{٧}{٨}$) على (١) وهو طول ضلع المستطيل وفي الحالة الثانية (أى $\frac{٧}{٨}$ ــ $\frac{١}{٨}$) ، تحصل على $\frac{٣}{٤}$ وهو مقدار عرض المستطيل .
ثم يحقق الرياضي القديم حل المسألة بأن يعكس وضعها فيسأل :

اذا كان طول المستطيل ١ وعرضه $\frac{٣}{٤}$ فما مقدار المساحة والقطر ؟ ربع الطول (١) فينتج (١) ثم ربع $\frac{٣}{٤}$ الذى هو العرض فينتج $\frac{٩}{١٦}$ ، اضف هـذا المقدار الى مربع الطول أى (١) فينتج ١$\frac{٩}{١٦}$. خذ الجذر التربيعي لـ ١$\frac{٩}{١٦}$ فنحصل على ١$\frac{٣}{٤}$ وهو طول القطر . اضرب الطول بالعرض فتحصل على $\frac{٣}{٤}$ وهي مساحة المستطيل. هكذا يكون الحل .

تفسير الحل (١) :

تدور القضية على ماهو واضح على مستطيل عرف منه قطره ومساحته والمطلوب ايجاد مقدار طوله وعرضه أى انها تتضمن ايجاد مجهولين فاذا فرضنا ان طول المستطيل س وعرضه ص فيكون وضع المسألة على الوجه الاتي :

س ص = $\frac{٣}{٤}$. ثم ان الرياضي القديم ربع القطر فنتج عنده : (٢)

$س^{٢} + ص^{٢} = ١\frac{٩}{١٦}$ ، ثم ضرب المساحة في ٢ فنتج عنده ٢ س ص = ٢ × $\frac{٣}{٤}$ = ١$\frac{١}{٢}$ ثم طرح ضعف هذا المقدار اى ضعف المساحة من مربع القطر اى $س^{٢} + ص^{٢}$ فنتج عنـــده $س^{٢} + ص^{٢} - ٢$ س ص = ١$\frac{٩}{١٦}$ − ١$\frac{١}{٢}$ = $\frac{١}{١٦}$

أى $(س - ص)^{٢} = \frac{١}{١٦}$ (٣) . ويأخذ الجذر التربيعي ينتج س − ص = $\frac{١}{٤}$

وهذا هو الفرق بين المجهولين س و ص . وهنا نتوقف قليلا عن متابعة خطوات الحل الاخرى التالية لنتساءل أنه بعد ان وجد س − ص = $\frac{١}{٤}$ وعنده س ص = $\frac{٣}{٤}$ فلماذا لم يتبع طريقة التعويض عن احد المجهولين من العلاقة

(١) راجع بحث المؤلف في مجلة سومر (١٩٦٣)

(٢) هذا من الامثلة الكثيرة التي ذكرنا بعضها مما خلفه رياضيو العراق القديم على معرفتهم بما يسمى نظرية " فيثاغورس في علاقة مربعي ضهعي مثلث قائم الزاوية بمربع وتره والتطبيقات " الهندسية – الجبرية " الكثيرة عليه .

(٣) سبق ان نوهنا في كلامنا على الخصائص العامة لرياضيات العراق القديم بانهم عرفوا الدستور $(أ + ب)^{٢}$ و $(أ - ب)^{٢}$ وكذلك عرفوا الدستور (أ + ب) (أ − ب) = $أ^{٢} - ب^{٢}$.

س $-$ ص $= \frac{1}{4}$ فيكون ص = س $- \frac{1}{4}$ وس (س $- \frac{1}{4}$) $= \frac{3}{4}$ ؟ ولـكـن الرياضي القديم تحاشى هذا الحل باتباع هذه الخطوة وفي رأى ان ذلك يدل على براعة رياضية تستحق الاعجاب لان التعويض عن ص يترتب عليه تكوين معادلة من الدرجة الثانية أى : س$^2 - \frac{1}{4}$ س $= \frac{3}{4}$ ولذلك عدل عن هذه الطريقة واستعمل الدستور الرياضي (أ + ب)^2 و (أ $-$ ب)^2 فاذا عدنا الى متابعة خطوات الحل وجدنا الرياضي القديم ينصف س $-$ ص = أى $\frac{س - ص}{2}$ $= \frac{1}{8}$ ويربع النتيجة أى $(\frac{س - ص}{2})^2$ أى $\frac{س^2}{4} + \frac{ص^2}{4} - \frac{1}{2}$ س ص $= \frac{1}{64}$ ثم اضاف المساحة اى س ص الى هذا المقدار فنتج عنده :

$\frac{س^2}{4} - \frac{ص^2}{4} + \frac{1}{2}$ س ص $= \frac{49}{64}$ أى ($\frac{س + ص}{2}$)$^2 = \frac{49}{64}$ ويأخذ الجذر التربيعي حصل على $\frac{س + ص}{2} = \sqrt{\frac{49}{64}}$ ثم اضاف $\frac{س - ص}{2}$ الى $\frac{س + ص}{2}$ أى $\frac{1}{8} + \frac{7}{8} = 1$ وهو مقدار طول المستطيل ثم طرح س $-$ ص من س + ص فنتج عنده : ص $= \frac{3}{4}$ وهو مقدار عرض المستطيل

٣ ــ الواح من تل حرمل تتضمن اصناف المعادلات الجبرية : ــ

من بين الالواح الرياضية المهمه المكتشفة في تل حرمل لوحان يتضمنان اصناف المعادلات الجبرية ولاسيما معادلات الدرجة الثانية(٢). وهما مسجلان في المتحف

---

(١) ومن القضايا الجبرية ــ الهندسية '' التي تدور على خصائص المستطيل القضية التي تسأل '' ما مقدار طول كل من ضلعي مستطيل اذا كان مجموع مساحته والفرق بين ضلعيه ١٨٣ ومجموع الضلعين يساوى ٢٧ '' اى ان وضع القضية :

س ص + س $-$ ص = ١٨٣

س + ص = ٢٧

وهذا ايضا من الامثلة الكثيرة على الجمع ما بين الهندسة والجبر والاتجاه الجبرى في الرياضيات في جمع المساحات الى الاطوال .

انظر : تراث العرب العلمي لقدرى طوقان ، ١٩٦٣ ، الص ٣٧ .

(٢) انظر : A. Goetze, in SUMER VII (1951), p.126

(م ٥ ــ حضارة العلوم)

العراقي تحت الرقمين 52916 , 52685 . فالأول مساحته ٢٨ × ٨ سم والثاني
١٢ × ٩ سم . ويوجعان في زمنهما الى العصر البابلي القديم (مطلع الألف
الثاني ق . م) ، ووجدت كذلك كسرة من لوح مرقمة تحت الرقم 52304.

ومما يؤسف له ان هذه الالواح غير كاملة ولكنها مع ذلك تتضمن
الاجزاء المحفوظة منها تضيفا مهما لانواع معادلات الدرجة الثانية مرتبة
بحسب انواع الحل المتبع في كل منها ، وهذا من الادلة المهمة على أن الجبر
البابلي كان ذا قواعد ودساتير معينة .

فمن الاصناف المهمة المعادلات الاتية :

$$x^2 + n \times = b$$

$$x^2 + x + \frac{x}{2} = b$$

باعتبار ان :

$$x^2 + mx + \frac{x}{n} = b$$

اعداد معلومة

$$x^2 - \times m = b$$

ومثل

$$x^2 \frac{x}{n} - b$$

وصنف آخر من معادلات الدرجة الثانية ناشئة من جمع مساحات مربعات
بعضها الى بعض أو طرحها بعضها من بعض مثل

$$x^2 + y^2 = a$$
$$x^2 + y^2 + z^2 = a$$
$$x^2 - y^2 = b$$

ومن تل حرمل ايضا وجد ايضا مالايقل عن اثني عشر لوحاً تتضمن معادلات
جبرية مختلفة من بينها معادلات الدرجة الثانية (انظر مجلة سومر ، ١٩٤٨
(١٩٥١

٤ ــ معادلة من الدرجة الثانية تتضمن ادخال مجهول مساعد (١) :

وناخذ مثالا ثالثا على مدى ماوصل اليه رياضيو العراق القديم من براعة

---

(١) المثال مأخوذ من المصدر المرموز له بـ MB No. 241

في الطرق الجبرية ومنها ادخال مايسمى بالمجهول المساعد مثل مجموع عددين او الفرق مابينهما مما يضاهي مايعرف في الرياضيات الحديثة بـ Parameter (x) وقد سبق ان نوهت بان مثل هذه الطرق الجبرية اقتصاها خلو الجبر البابلي من الرموز ونورد ترجمة النص :

ربعت زيادة طول مستطيل على عرضه وطرحتها من المساحة فكان الناتج ٥٠٠ (٨،٢٠) فاذا كان الطول ٣٠ فما هو عرض المستطيل ؟

ربع الـ ٣٠ فيكون الناتج ٩٠٠ (١٥ ، ٠) واطرح الـ ٥٠٠ من ٩٠٠ فنتج ٤٠٠ (٦،٤٠) نصف الطول ٣٠ فتحصل على ١٥ . ربع الـ ١٥ فتحصل على ٢٢٥ (٣ ،٤٥) . أضف ٢٢٥ الى ٤٠٠ فتحصل على ٦٢٥ (١٠،٢٥) خذ الجذر التربيعي لـ ٦٢٥ فتحصل على ٢٥ اطرح الـ ١٥ من ٢٥ فتحصل على ١٠ ، اطرح الـ ١٠ من ٣٠ فيكون ٢٠ وهو مقدار عرض المستطيل .

نص القضية بلغتها البابلية في الحروف اللاتينية :

(1) ma-la shiddum eli putim eteru ush-ta-bil i-na lib-bi eqlim assuh (2) 8,20,30 shiddum pussu minm
(3) 30 tushtabal-ma 15 tashakkan (4) 8, 20 i-na lib-bi
15 tanassah-ma 6,40 tashakkan (5) mishil 30 te-he-ep- pe-ma
15 Tashakkan (6) 15 tushtabal - ma 3,45 tashakkan (7) 3,45
a-na 6,40 tussab-ma 10,25 tashakkan (8) 10,25-e 25 imtahar
15 i-na 25 tanassah-ma (9) 10 tashakkan 10 i-Na 30 tanas -
sah-ma (10) 20 putam tashakkan.

التحليل والتفسير :

اذا فرضنا ان طول المستطيم ط والعرض ع فيكون وضع المسألة بحسب النص

(x) اى كمية تفترض ثابتة في حالة معينة ولكنها متغيرة في حالات اخرى وقد نوهنا في كلا منا على جداول المعاملات بأن بعضها كان بمثابة '' براميتر '' عددى لتسهيل ايجاد الكميات المجهولة .

ط ع – (ط – ع)٢ = ٥٠٠ وط بحسب الفرض = ٣٠

ومن هاتين المعادلتين نحصل على :

٣٠ (٣٠ – ط – ع) – (ط – ع)٢ = ٥٠٠

أى ٩٠٠ – ٣٠ (ط – ع) – (ط – ع)٢ = ٥٠٠

وبجبر هذه المعادلة اى نقل الحدود المتشابهة من طرف الى طرف آخر بتغيير اشاراتها نحصل على :

(ط – ع)٢ + ٣٠ (ط – ع) = ٩٠٠ – ٥٠٠ = ٤٠٠

وهنا يدخل الرياضي القديم مبدأ المجهول المساعد فيفرض ان ط – ع مجهولا نفرضه س فيكون وضع المسألة :

س٢ + ٣٠ س = ٤٠٠

٥ – معادلة على الدرجة الثانية تحتوى على مجهولين حلت كذلك بطريقة المجهول المساعد :

ونورد قضية جبرية اخرى على مبدأ ادخال مجهول اوعامل متغير (VARIABLE) لتسهيل عملية الحل وقدجاءت هذهالقضية في لوح وجد في بقاتا مدينة «لارسا» القديمة (سنكرة) (١) من العصر البابلي القديم في حدود ١٩٠٠ ق. م) .

وترجمة القضية : " طول وعرض (أى مستطيل) (٢) . ضربت الطول بالعرض فكونت المساحة . ثم اضفت الى المساحة زيادة الطول على العرض

---

(١) اللوح محفوظ في متحف اللوفر برقم AO 8862 ومنشور في :
Neugebauer, op. Cit., I,p. 113; Van der Waerden, op. Cit., p 63.
وكذلك انظر Thureau- Dangin, op.Cit.No. 135

(٢) وبالمصطلح الرياضي البابلي USH (وبالبابلية shiddum) وSAG (Putum)
والجدير بالملاحظة ان هذين المصطلحين بمثابة الرمزين للمجهولين س وص كما ذكرنا

فكان الحاصل ١٨٣ (٣ , ٣) ، وجمعت الطول مع العرض فكان الناتج ٢٧ . فما مقدار الطول والعرض والمساحة ؟ .

حلك للمسألة يكون باضافة ٢٧ ، وهو مجموع الطـول والعـرض الى ١٨٣ فتحصل على ٢١٠ (٣٠ , ٣) . أضف ٢ الى ٢٧ فتحصل على ٢٩ . نصف ٢٩ فتحصل على $\frac{1}{٢}$١٤ . اضرب $\frac{1}{٢}$١٤ في $\frac{1}{٢}$١٤ فتحصل على $\frac{1}{٤}$٢١٠ (٣, ٣٠,١٥) . اطرح ٢١٠ من $\frac{1}{٤}$ ٢١٠ فتحصل على $\frac{1}{٤}$ (٠,١٥) . وجذره التربيعي $\frac{1}{٢}$. اضف $\frac{1}{٢}$ الى $\frac{1}{٢}$١٤ فتحصل على ١٥ وهو الطول . اطرح $\frac{1}{٢}$ من $\frac{1}{٢}$١٤ فتحصل على ١٤ وهو العرض (المفروض أو الكاذب)[1]. اطرح(٢) التي اضفتها الى ٢٧ من ١٤ فتحصل على ١٢ وهو العرض الحقيقي . اضرب ١٥ وهو الطول ب ١٢ وهو العرض فتحصل على ١٨٠ وهي المساحة . كم يزيد ١٥ على ١٢ أى العرض ؟ انه يزيد عليه بـ٣ . اضف ٣ الى ١٨٠ ، المساحة . فتحصل على ١٨٣ وهي المساحة (زائدا الفرق بين الطول والعرض) .

ملاحظة : ان هذه الاسطر الاخيرة تحقيق لحل المسألة .

التحليل : نفرض الطول س والعرض ص فيكون وضع المسألة على الوجه الآتي :

$$س ص + س - ص = ١٨٣ ... (١)$$

$$س + ص = ٢٧ ... (٢)$$

وبجمع المعادلتين نحصل على س ص + ٢ س = ٢١٠

اى س × (ص + ٢) = ٢١٠

ثم يدخل الرياضي مبدأ المتغير او المجهول المساعد ، فأذا فرضنا ص + ٢ مجهولا واحدا ولنرمز له بالحرف م

فيكون س م = ٢١٠ ... (١)

وباضافة ٢ ايضا الى س + ص يكون س + (ص + ٢) = ٢٧ + ٢٠

اى س + م = ٢٩

---

(٢) هنا يدخل الرياضي القديم ماسميناه بالمجهول المساعد

٦٩

أى   س + م = ٢٩ ....(٢)   = ٢٩ =

ويحل المعادلتين س م = ٢١٠ وس + م = ٢٩ بالدستور

$$\frac{٢٩}{٢} + \sqrt{(\frac{٢٩}{٢})٢ - ٢١،٠}$$

$$= ١٤\frac{١}{٢} + \sqrt{٢١٠ \frac{١}{٤} - ٢١٠}$$

$$= ١٤\frac{١}{٢} + \frac{١}{٢} = ١٥$$ وهو الطول

و ١٥ + م = ٢٩   وم = ٢٩ - ١٥ = ١٤

وان ١٤ هي ص + ٢ والمقدار المتغير الذى سماه الرياضي القديم بالعرض الكاذب فتكون ص = ١٤ - ٢ = ١٢

وباتباع طريقة اكمال المربع باضافة مربع نصف معامل س الى طرفي المعادلة نحصل على س٢ + ٣٠ س + (٣٠/٢)٢ = ٤٠٠ + ٢٢٥ = ٦٢٥

أى (س + ١٥)٢ = ٦٢٥

و س + ١٥ = $\sqrt{٦٢٥}$ = ٢٥

و س = ٢٥ - ١٥ = ١٠ ، وبما ان ط - ع = ١٠

وط = ٣٠ بالفرض فيكون مقدار العرض ٣٠ - ١٠ = ٢٠

وهذا ما فعله الرياضي القديم .

ونختم هذا الموجز عن رياضيات حضارة وادى الرافدين بالتنويه في الاكتشافات الاثرية الفرنسية في سوسه (عاصمة بلاد عيلام في الاحواز) حيث عثر في عام ١٩٣٦ على مجموعات مهمة من الواح الطين المدونة بالخط المسمارى واللغة البابلية ، من بينها الواح رياضية من العصر البابلي القديم(الالف الثاني ق . م) (١) . ويتضمن بعض هذه الالواح قضايا هندسية مثل القضية

---

(١) انظر الدراسات الاولية عنها من جانب الاستاذ '' برونيس '' (Bruins) في مجلة الاكاديمية الهولندية في امستردام (١٩٥٠) ، وتحليلها ايضا في :

Neugebauer, The Exact Soiences in Antiquity (1951),
p. 45ff.

٧٠

التي تدور على ايجاد نصف قطر الدائرة المرسوم في داخلها مثلث متساوى الساقين (اضلاعه ٥٠ ، ٥٠ ، ٦٠) وقد وجد طول نصف القطر بانه ٣١ ١/٤

وقضية هندسية اخرى تتعلق بمضلع سداسي منتظم (hexagon) ومنها يستنتج انهم أوجدوا قيمة تقريبية لـ √٣ هي ١ ٣/٤ . ولوح آخر يتضمن جدولا بانواع المعاملات الحسابية (Coefficients) تشبه ماذكرناه في كلامنا على الجداول الرياضية ؛ ويحتوى هذا الجدول الجديد معاملات خاصة في حساب المثلثات المتساوية الاضلاع (equilateral) ؛ ومنه يستنتج ماسبق ان ذكرناه انهم قربوا √٣ الى ١ ١/٤ وقيمة √٢ بـ ١ ١/٤ .

وفي لوح آخر ذكرت كيفية تقسيم مثلث الى مثلث مشابه والى شبه منحرف (Trapzoid) بحيث يكون حاصل ضرب الاضلاع الجزئية (المقطوعة) والمساحات الجزئية مقادير معلومة وان وتر المثلث المشابه معلوم وهذا مثال آخر من الامثلة الاخرى التي عرفت من رياضيات العراق القديم على الاتجاه الجبرى المجرد من جمع المساحات مع الاطوال وضرب المساحقات بعضها ببعض ايضا . وتضمنت قضية اخرى مجاهيل مرفوعة الى الدرجة الثامنة وكانت الامثلة السابقة قبل هذا الاكتشاف تنحصر في القوة السادسة .

وخلف لنا رياضيو العراق القديم عدة قضايا رياضية هندسية حلت تطبقيا على نظرية فيثاغورس المعروفة من امثلتها قضية تطلب ايجاد قطر باب مستطيل الشكل عرضه ١٠ وطوله ٤٠ . وقضية اخرى طريفة طلب فيها حساب مساحة مساحة حقل على هيئة شبه منحرف منتظم من المعلومات (data) المعطاة على الوجه الآتي (انظر الشكل) :

القاعدة العليا الصغيرة (جـ) ١٤ والقاعدة السفلى (الكبيرة) (ب) ٥٠ وطول كل من الضلعين الجانبين ط ٣٠

وبعد ايجاد الارتفاع (ع) بالدستور :

$$ع = \sqrt{ط^{2} - \left(\frac{ب - ج}{٢}\right)^{2}} = \sqrt{٣٠^{2} - \left(\frac{٥٠ - ١٤}{٢}\right)^{2}} = \sqrt{٥٧٦} = ٢٤$$

استخرجت المساحه بالدستور الصحيح الآتي :

$$\frac{ب + ج}{٢} \times ع = \frac{٥٠ + ١٤}{٢} \times ٢٤ = ٧٦٨$$

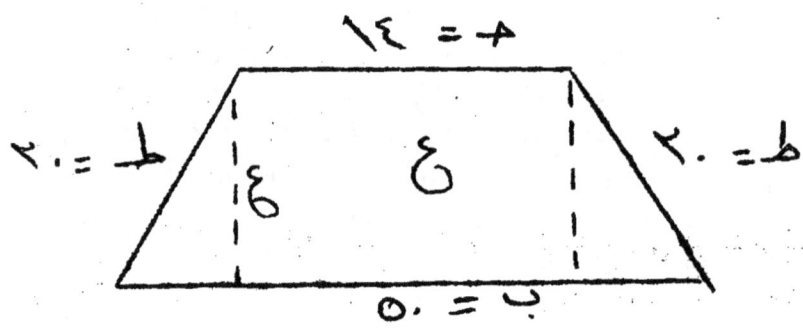

ومما يجدر ذكره في ختام هذا الموجز عن الجبر في العراق القديم بالتنويه بأنهم حلوا ايضا معادلات الدرجة الثالثة بالاضافة الى الانواع المختلفة من معادلات الدرجة الثانية التي اوردناها . فمن الامثلة على معادلات الدرجة الثالثة المثال الذى اوردناه في ص ٣٧ فيما يتعلق باستخدامهم الجداول الرياضية التي من النوع ن٣+ن٢ حيث نظموا مثل هذه الجداول لغرض حل معادلات الدرجة الثالثة . ومن الامثلة الاخرى النص الذى يتضمنه لوح المتحف البريطاني MB 85200 (رقم ٢٢) والمنشور في

Neugebauer, op. Cit., I,p. 204.
Van der Waerden ,op. Cit. ,p. 71.

٦ — قضية جبرية تؤدى الى معادلة من الدرجة الثالثة :

١ — المعادلة من النوع : س٣ + ب س٢ = ج

٢ - نص القضية(١) :

TUL-SAG mala shiddum shuplum epri-HI-A assuh
qaqqari U epir-HI-A akmur 1,10 shinipat shiddim
putum- ma shiddim putum minum.
atta 20 sha- usk-tam shuknm IGI ;20 putur
;30 ta-mar mishil ;3 he-pe ;1,30 ta-mar BAL-shiddim
IGI 1,30 putur ;40 ta-mar BAL-putim IGI 0,12
BAL-shuplim putur ;5 ta-mar a-na 1 ishi ;5 ta-mar.
a-na ;40 i-shi ;3,20 ta-mar :3,20 a-na ;5 i-shi
;16,40 ta-mar IGI ;16,40 putur ;3,36 ta-mar 3,36
a-na ;1,10 i-shi 4,12 ta-mar 6 imtahar 6 a-na
5i-shi 30 Shiddum 6a-na ;3,20 i-shi,20
putum ;6 a-na 1i-shi ; 6ta-mar shuplum
ki-a-am ne-pe-shum

الترجمة :

حفرة عمقها بقدر طولها ، استخرجت حجما من التراب واضفت الحجم إلى القاعدة
(مساحة القاعدة) فكان الناتج ١٠ , ٠,١ (١ $\frac{1}{6}$) ويساوى العرض ثلثي الطول .فما

مقدار الطول والعرض ؟ ضع ٢٠, ٠ وهو الثلث وخذ معكوس ٢٠ , فتحصل

على ٣ , (٣) . نصف الـ ٣ فتحصل على ١ , ٣٠ (١ $\frac{1}{2}$) وهذه نسبة الطول .

خذ معكوس ١,٣٠ (١ $\frac{1}{2}$) فتحصل على ٤٠, ($\frac{2}{3}$) وهذه نسبة العرض . خذ

معكوس العدد ١٢, (١٢) الذى هو نسبة العمق فتحصل على ٥, (٥) واضربه

في ١ فتحصل على ٥, (٥) ثم اضربه في ٤٠, ($\frac{2}{3}$) فتحصل على ٣,٣٦ (٢١٦) .

اضرب ٣,٢٠ في ٥, فتحصل على ١٦,٤٠ ($\frac{1}{216}$) ، خذ معكوس ١٦,٤٠

فتحصل على ٣,٣٦ (٢١٦) . اضرب ٣,٣٦ في ١٠, ٠,١ (١ $\frac{1}{6}$) فتحصل على

(١) نص القضية في : Thureau -Dangin, op Cit. No.22,p.II,
XXXV

٤,١٢ (٢٥٢) وهذا هو مجموع مكعب ومربع العدد ٠,٦ (٦). اضرب ٠,٦ في ٠,٥ فتحصل على ٠,٣٠ (١/٢) وهو الطول . اضرب ٠,٦ في ٣,٢٠ (١/٨١) فتحصل على ٠,٢٠ (١/٣) وهو العرض اضرب ٠,٦ في ٠,١ فتحصل على ٦ وهو مقدار العمق . هكذا يكون الحل .

تفسير الحل :

تدور القضية على جسم متوازى المستطيلات ، ولنفرض ان أبعاده الثلاثة س = الطول ، ص = العرض ، ع = الارتفاع . وكان الرياضيون البابليون يقيسون الابعاد الافقية بوحدة تسمى ال GAR ومقدارها ١٢ ذراعا بابليا ، أى ان ذراعاً واحدا = ١/١٢ من ''الكار'' ومن هنا منشأ ادخال الرقم ١٢ في المسألة.

ويكون وضع القضية بحسب الفرض

س ص ع + س ص = ١ ١/٦

ولكن ص = ٢/٣ س و ع = ١٢ س وبالتعويض :

س × ٢/٣ س × ١٢ س + ٢/٣ س٢ = ١ ١/٦

أى ٢/٣ × ١٢ س٣ + ٢/٣ س٢ = ١ ١/٦

ويضرب الرياضي القديم طرفي المعادلة في ١٢ ٢ / ٢/٣ اى في (١٢)٢ × ٣/٢

فتحصل على :

١٢ ٣ س٣ + ١٢ س٢ = ١ ١/٦ × (١٢)٢ × ٣/٢

= ٧/٦ × ١٤٤ × ٣/٢ = ٢٥٢

ومن الجداول التي ذكرناها لمجموع مكعبات ومربعات الاعداد أى

ن٣ + ن٢ = ع (عدد معلوم)

وجد ان ٢٥٢ هو مجموع مكعب ٦ ومربع ٦

أى ١٢ س = ٦ و س = ١/٢ وهو الطول

والعرض $= \frac{٢}{٣} \times \frac{١}{٢} = \frac{١}{٣}$

هذا وقد سبق ان بينا ان معادلة الدرجة الثالثة من النوع $\text{س}^{٣} + \text{ب}\,\text{س}^{٢} = \text{ح}$ كانت تختزل اولا بضرب طرفيها في $\frac{١}{\text{ب}^{٣}}$ فيكون على هيئية $\frac{\text{س}^{٣}}{\text{ب}^{٣}} + \frac{\text{س}^{٢}}{\text{ب}^{٢}} = \frac{\text{ح}}{\text{ب}^{٣}}$

واذا عبرنا عن $\frac{\text{س}}{\text{ب}}$ بالرمز ن فتكون المعادلة $\text{ن}^{٣} + \text{ن}^{٢} = \text{ع}$

(عدد معلوم) وفي هذه المعادلة $\text{ن}^{٣} + \text{ن}^{٢} = ٢٥٢$

ومن الجداول التي نوهنا بها : $٢٥٢ = ٦^{٣} + ٦^{٢}$

خلاصة المعلومات الهندسية :

مر بنا في كلامنا على خلاصة ما وصلت اليه الرياضيات في حضارة وادى الرافدين كيف انهم عرفوا مساحة بعض الاشكال الهندسية الاساسية وأوجدوا لذلك دساتير صحيحة مثل مساحة الاشكال الرباعية والمثلث والدائرة ، ودساتير صحيحة وتقريبية لحجوم بعض الاشكال الهندسية المنتظمة مثل الهرم المقطوع والمخروط المقطوع ومتوازى المستطيلات والاسطوانة كما عرفوا خصائص مهمة في الاشكال الهندسية مثل نظرية فيثاغورس بالنسبة الى علاقة مربعات اضلاع المثلث القائم الزاوية وقد اوردنا عليها جملة قضايا تدل دلالة واضحة على انه لم يقتصر الامر عندهم على معرفتها بل انهم وضعوا عليها عدة قضايا حلت بمعادلات جبرية ، ومثل مبدأ تشابه المثلثات وقد اوردنا عليها وعلى نظرية فيثاغورس القضية الخاصة بالمثلث القائم الزاوية المكتشف في تل حرمل (من العصر البابلي القديم ، مطلع الالف الثاني ق.م) وخلفوا لنا بعض القضايا على مبدأ التناسب الحاصل من خطوط متوازية ويجدر ان نورد بعض الامثلة الواضحة على مثل هذه المبادئ الهندسية :

في لوح طين(١) وردت القضية الهندسية التي تتعلق بشكل شبه منحرف

---

(١) نشرت في :
Neugebauer, op. Cit. I, p. 130
Van der Waerden, op. Cit. p. 72.

(Trapezoid) وفيه الخط س رسم موازيا للقاعدتين العليا والسفلى ويقسم مساحة شبه المنحرف الى قسمين متوازين وقد استخرجت قيمة س من المعادلة :

$$س٢ = \frac{1}{٢}(أ٢ + ب٢)$$

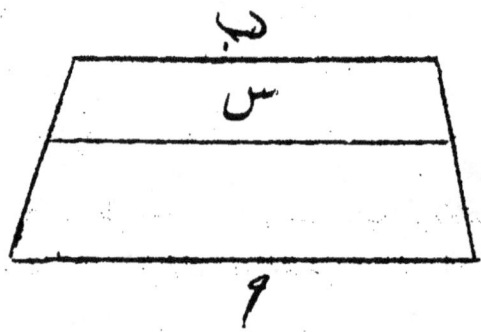

مثال ثان على الاشكال الهندسية ومبدأ التناسب والتوازى :

في لوح طيني من لارسا من العصر البابلي القـديم(١) وترجمتها مثلث طول قاعدته (عرضه) ٣٠ ، قسم في داخله بقاطع (مواز الى القاعدتين) الى قسمين . المساحة العليـا تزيد على المساحة السفلى بـ ٧,٠ (٤٢٠) ويزيد الارتفاع الاسفل على الارتفاع الاعلى بمقدار ٢٠ . فما مقدار الارتفاعين وما طول القـاطع وما طول (الموازى) (وما مساحة كل من الجزئين المقطوعين ؟

ضع ٣٠ وهي القاعدة ، و٤٢٠ وهو زيادة المساحة العليا على المساحة السفلى وضع ٢٠ وهي زيادة العمود الاعلى على العمود الاسفل . خذ معكوس ٢٠ ، وهي زيادة العمود الاعلى على العمود الاسفل . فتحصل على ٣ ، اضرب ٣ في ٤٢٠ ، وهي زيادة المساحة العليا على المساحة السفلى ، فينتج لك ٢١ . احتفظ

(١) المصدر الاول ص ٣٤٢ والمصدر الثاني ص ٠٧٤ (الصفحة السابقة)

في ٢١ في رأسك . أضف ٢١ الى ٣٠ ، القاعدة ، فتحصل على ٥١ . اضرب
٥١ في ٥١ فتحصل على ٢٦٠١ (٤٣ر٢١) . اضرب ٢١ الذى احتفظت به
به في رأسك بـ ٢١ فتحصل على ٤٤١ (٢١ ر ٧) . أضف ٤٤١ الى ٢٦٠١
فتحصل على ٣٠٤٢ (٤٢ر٥٠) قسم ٣٠٤٢ الى قسمين فتحصل على ١٥٢١
(٢١ ر٢٥) . (ما هو الجذر التربيعي لـ ١٥٢١) ؟ الجذر التربيعي هو ٣٩ .
اطرح من ٣٩ العدد ٢١ الذى ربعته فينتج ١٨ وهو مقدار القاطع (الموازى) .

حسن   اذا كان القاطع١٨ فما هما العمودان وما مساحة كل من الجزئين
المقطوعين (في المثلث) ؟

اطرح من ٥١ رقم٢١ الذى ربعته فيكون الناتج ٣٠ . قسم٣٠ الى قسمين
واضرب الناتج وهو ١٥ في ٣٠ الذى بقى ، والناتج ٤٥٠ (٣٠ر٧) احتفظ به
في رأسك . اضرب القاطع ١٨ بنفسه فتحصل على ٣٢٤ (٢٤ ر٥) اطرح ٣٢٤
من ٤٥٠ الذى احتفظت به في رأسك فحصل على ١٢٦ (٦ر٢) . ما يجب
ان افعل بـ ١٢٦ لكي احصل على ٤٢٠ وهو مقدار زيادة المساحة العليا على
المساحة السفلى ؟ ضع ٣⅓ واضربه في ١٢٦ فتحصل على ٤٢٠ .

ما مقدار زيادة القاعدة ٣٠ على القاطع ١٨ ؟ انها تزيد بـ١٢ . اضرب ١٢
في ٣⅓ ، وهو المقدار الذى وضعته فتحصل على ٤٠ . ويكون ٤٠ مقـــدار
العمود الاعلى .

حسن اذا كان العمود الاعلى ٤٠ فما هي المساحة العليا ؟

اجمع ٣٠ ، وهي القاعدة مع ١٨ ، طول القاطع ، فتحصل على ٤٨ .

قسم ٤٨ الى قسمين فتحصل على ٢٤ . اضرب ٢٤ في ٤٠ ، وهو طول
العمود الاعلى فتحصل على ٩٦٠ (١٦ , ٠) فيكون ٩٦٠ المساحة العليا .

حسن   اذا كان ٩٦٠ المساحة العليا فما مقدار العمود الاسفلى والمساحة
السفلى ؟ . اجمع ٤٠ ، وهو العمود الاعلى ، مع ٢٠ ، وهي زيادة العمود

الاسفل على الاعلى فتحصل على ٦٠ ، وهو مقدار العمود الاسفل . نصف ١٨ ، القاطع فتحصل على ٩ . اضرب ٩ في ٦٠ وهو العمود الاسفل . فتحصل على ٥٤٠ وهو مقدار المساحة السفلى .

التفسير والتحليل : —

يمكن وضع القضية بحسب الشكل المرسوم والمفروضات المعطاة على الوجه الاتي :

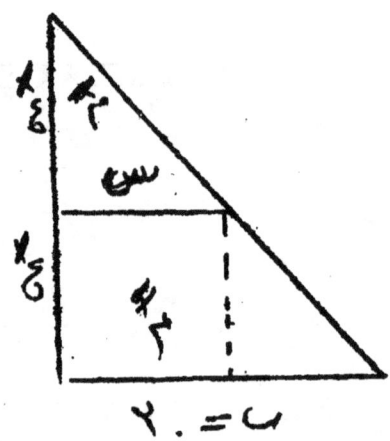

ب = ٣٠ قاعدة المثلث م—م = ٤٢٠ الفرق بين المساحتين المقطوعتين

ع—ع= ٢٠ الفرق بين الارتفاعين الحاصلين وبحسب دستور التناسب الحاصل

من الخط الموازي س :

$$\frac{\text{ع}'}{\text{ع}''} = \frac{\text{س}}{\text{ب} - \text{س}}$$

والمطلوب ايجاد القاطع س ، والارتفاعين ع′و ع″

وقد وجد الرياضي القديم مقدار س بالمعادلة

$$\text{س} = \sqrt{\frac{1}{2}\left\{\left(\frac{\text{م}_1 - \text{م}_2}{\text{ع}_1 - \text{ع}_2} + \text{ب}\right)^2 + \left(\frac{\text{م}_1 - \text{م}_2}{\text{ع}_1 - \text{ع}_2}\right)^2\right\}} - \frac{\text{م}_1 - \text{م}_2}{\text{ع}_1 - \text{ع}_2}$$

$$= \sqrt{\frac{1}{2}\left\{\left(\frac{420}{20} + 30\right)^2 + \left(\frac{420}{20}\right)^2\right\}} - \frac{420}{20} = 18$$

ومنه ايجاد عَ و عً من المعادلة

$$\text{عَ} = (\text{ب} - \text{س})\ \frac{\text{مَ} - \text{مً}}{\frac{1}{2}(\text{ب}^2 - \text{س}^2)}$$

$$= (30 - 18) \times \frac{420}{\frac{1}{2} \times 30^2 - 18 \times 18} = 40$$

$$\text{وعً} = \text{عَ} + (\text{عً} - \text{عَ})$$

$$40 + 20 = 60$$

$$\text{والمساحة العليا} = \frac{\text{ب} + \text{س}}{2} \times \text{عً}$$

$$= \frac{30 + 18}{2} \times 40 = 960$$

وبالدستور نفسه آوجد المساحة السفلى ، علما بانهم كانوا يحسبون مساحة شبه المنحرف بضرب الارتفاع بنصف مجموع القاعدتين السفلى والعليا .

حجوم بعض الاشكال المجسمة المنتظمة :

كانوا يستخرجون حجم المنشور (prism) والاسطوانة بضرب مساحة القاعدة بالارتفــــاع . وبالنسبة الى الدساتير المتعلقة بالمخروط والهرم المقطوعين (frustum) فقد جاءتنا كذلك قضايا من العصر البابلي القديم(١) فالدستور المتعلق بحجم المخروط المقطوع كان بضرب نصف الارتفاع في مجموع مساحتي القاعدتين السفلى والعليا أي :

---

(١) وردت مثل هذه القضايا في لوح في المتحف البريطاني (BM 85194) ونشرت في :
Neugebauer, op.Cit., I 176, 187.
Van der Waerden, op.Cit., p.75,81.

ح = $\frac{1}{2}$ (نق٢ + نق٢) وهو دستور تقريبي غير صحيح اما حجم الهرم المقطوع ذى القاعدتين المربعتين ــ فيستخرج بضرب بنصف الارتفاع في مجموع مساحتي القاعدتين العليا والسفلى أى :

$$ ح = \frac{1}{2} ع (أ٢ + ب٢) $$

ولكن بالاضافة الى هذا الدستور التقريبي الخاطئ توصلوا الى الدستور الصحيح الاتي :

$$ ح = ع \times \left\{ \left(\frac{أ + ب}{٢} \right)^٢ + \frac{1}{٣} \left(\frac{أ - ب}{٢} \right)^٢ \right\} $$

باعتبار ان ح = الحجم و ع = الارتفاع ، و أ ، ب ضلعا القاعدتين المربعتين العليا والسفلى .

لمحة عن العلوم الاخرى في حضارة وادى الرافدين :

سبق أن نوهنا بالعلوم والمعارف الاخرى او بالاحرى الاساليب ‟التكنولوجية˝ في حضارة وادى الرافدين في مقدمة كلامنا على نشوء الرياضيات فيها . وكيف ان ظهور الحضارة الناضجة في بلاد مابين النهرين في مطلع الالف الثالث استلزم تنظيم المجتمع المتحضر وضبط الاعمال والسجلات الاقتصادية وقياس الزمن وضبط الفصول واقامة المشاريع العمرانية واعمال الرى الواسعة والاعمال التجارية ، وصنع الادوات والاجهزة ومعرفة التعدين كل ذلك وغيره مما تطلبته حاجات ذلك المجتمع المتحضر استتبع عنه نشوء اولى المعارف العملية ، وقد تطور بعضها ولاسيما مايتعلق بالحسابات والمساحات الى رياضيات ناضجة بلغت طور العلم الصحيح كما مربنا في عرض

تلك الرياضيات ، ولكن المعارف العملية اوالتقنية الاخرى ظلت في دائرة المهارات الصناعية اوالاساليب الصناعية ولاسيما التعدين وعملياته المختلفة كالصب والسبك ومزج المعادن لتكوين معادن مركبة أو مزيجة (alloys) اقوى مثل البرونز (مزج النحاس بالقصدير اوالزنك والا إلكتروم (eleotum) (مزج الذهب بالفضة) ، كما تطورت طرق كيمياوية اساسية في صنع الخمور وصنع المواد المطهرة مثل الصابون والتزجيج وصنع الزجاج واستخراج الادوية من النباتات والاعشاب والمعدنيات الى غير ذلك من الاساليب التكنولوجية التي كانت اصل المعارف الكيماوية والفيزياوية ، وظهرت بذور علوم الحياة (Biology) بفرعيه المعروفين علم الحيوان (Zoology) وعلم النبات (Botany).

ويمكن القول ان تلك المعارف التفنية التي نشأت منذ ظهور الحضارة الراقية في وادى الرافدين انتقلت مرحلة اخرى في طريق صيرورتها علوما نظرية حين بدأ الكتبة من اهل المعرفة يدونون تلك المعلومات منذ مطلع الالف الالف الثاني ق . م . وبالاضافة الى المدونات الكتابية المختصرة خلف لنا أولئك الكتبة جداول مطولة وكثيرة بأسماء الحيوانات والنباتات والاحجار والموادالاخرى ، وكانت تلك الجداول تخدم كذلك اغراضا لغوية ، كما يتضح من دراستها بداية مبدأ التصنيف (Classification) اى تبويب وتقسيم المـــواد الطبيعية في اصنـــاف او مجموعات معينة . وكانوا في مثـــل هـــذا التصنيف يرمزون للانواع والاصناف المختلفة برموز مسمارية يتصدر كل رمز منها صنف المجموعة الخاصة ، مثل الرمز الدال على السمك والطيور والافاعي والحيوانات المفصلية وانواع الاعشاب والخضار . على انه لانتوقع منهم ان يكون تصنيفهم لتلك المفردات الطبيعية مطابقة للتصنيف العلمي الحديث ، بل نجد انهم كانوا في بعض الحالات يحشرون عـــدة افراد تحت نوع واحد وان لم تكن مابينها علاقة طبيعية صحيحة ، فتحت نوع الكلب مثلا كانوا يصنفون الاسد والضبع والذئب وانواع الكلاب الاليفة

والوحشية . ولعله من المفيد ان نورد امثلة مختارة على هذا التصنيف : فأن العلامة المسمارية التي تلفظ بالسومرية " أ ر " (UR) وبالبابلية " كلبو " (Kalbu) (أى كلب) درج تحتها الحيوانات الاتية :

اللفظ السومرى	اللفظ البابلي	
UR UR-KI	kalbu	كلب
UR-BAR-RA	kalab ursi	كلب اليف
	barbaru, zebu	ذئب (كلب البادية)
UR-MAH	neshu	أسد (كلب) كبير
UR-GUG	mandimmi	نمر

وكذلك يقال في عالم النبات فانهم ميزوا انواعا واجناسا كثيرة من الاشجار المثمرة وغير المثمرة وانواع الخضر والاعشاب والحبوب ودونوا كل مجموعة او صنف مسبوقة بالعلامة الدالة على الصنف اوالنوع .

أما الكيمياء العملية والمعارف التكنولوجية الاخرى بوجه عام فقد بذرت بذورها منذ عصور ماقبل التاريخ حين تعلم سكان العراق القديم صنع الفخار وتلوينه وتزويقه وما كان يتطلب ذلك من معرفة بخواص الحرارة وصنع الافران واستخراج الالوان من المركبات المعدنية والنباتية ، وازدادت المهارات التكنولوجية مراحل أبعد منذ معرفة التعدين في الالف الرابع ق . م ، وتقدمت الاساليب التقنية المتعلقة بذلك منذ الالف الثالث ق . م حيث اتقنت اساليب اساليب تركيب المعادن ومزجها وصهرها للحصول على معادن اقوى مثل البرونز الناشيء من صهر النحاس مع الزنك اوالقصدير ، ومثل المعدن الذى ذكرناه المزيج من الفضة والذهب المعروف بأسم " الكتروم " (eleotrum) وقد عثر في اثناء التنقيبات الاثرية على نماذج جميلة من الاوانى المصنوعة من هذا المعـدن المزيج (alloy) ولاسيما ماوجد في المقـابر الملكية

في أور " (من حدود ٢٦٠٠ ق . م) (١) واتقنوا طرق الصب والسبك في في قوالب لصنع التماثيل والادوات من المعادن المختلفة واستخدموا في ذلك الشمع والقوالب الفخارية (Cire perdu) . اما معـدن الحديد فلم تعم طرق تعدينه على نطاق واسع الامنذ اواخر الالف الثاني ق . م ومطلع الا ف الاول ق . م بعد أن عرفت طريقة "كربنته" (Carbonization) لاكسابه خصائص الصلب ، والمرجح ان فن تعدين الحديد نشأ عند الاقوام القديمة التي قطنت بلاد الاناضول ، واقتبس الاشوريون الاساليب التقنية الخاصة بالحديد واستغلوا هذا المعدن الى ابعد حدود الاستغلال منذ بداية العصر الاشورى الحديث ، في مطلع القرن العاشر ق . م ، فصنعوا منه انواعا كثيرة من الاسلحة الثقيلة والخفيفة كانت في مقدمة العوامل التي مكنتهم من اقامة اوسع مبراطورية عرفها العالم القديم . ونذكر من الاساليب التقنية الخاصة بالتعدين والتزجيج فن التمويه بالذهب ولا سيما تمويه الزجاج وصنع الزجاج الاحمر بطريقة اذابة الذهب ، الامر الذى يشير الى معرفة بصنع ذلك الحامض الخاص المركب من حامض الكبرتيك وحامض الكلوريك ، وهو الحـامض الذى عرف باسم المـاء الملكي (Aqua regia) الذى ذكرناه والمسمى عند العرب التيزاب ولعل معرفة استخراج هذا الحامض كانت من بين التراث العلمي الذى انتقل من الحضارات القديمة في الوطن العربي الى ا لحضارة العربية الاسلامية ، وسنرى من كلامنا على العلوم الطبيعية في هذه الحضارة كيف ان بعض مشاهير الكيمياويين فيها ولاسيما جابر بن حيان (القرن الثامن الميلادى) قد استخرج الماء الملكي .

وخلف لنا الكتبه في العراق القديم وصفات مدونة كثيرة فيما يتعلق بصنع بعض المواد والمركبات الكيمياوية ، ولكن لغة هذه المدونات يغلب عليها الغموض والتعابير المعقدة ، وسبب ذلك انها كانت عندهم من الاسرار المقدسة ، ومما لاشك

---

(١) عرضت منها نماذج جميلة في المتحف العراقي .

فيه ان الكثير من العمليات والطرق الكيمياوية كانت تنتقل بالتلقين والتعليم من المهرة والمتضلعين الى المتعلمين التابعين لهم .

ويؤخذ من هذه المدونات انهم عرفوا خواص الكبريت الطبيعي والمرجح أنهم صنعوا نوعا من الثقاب من الكبريت ، كما عرفوا بعض العمليات والطرق الكيمياوية الاولية مثل التصعيد (Sublimation) لاستخراج ملح الامونيا (Salammoniac) من السماد المحروق ، واستخراج الزئبق من الزنجفر (Cinnabar) وهو كبريتيد الزئبق الاحمر الموجود في بعض جهات العراق الشمالية مثل منطقة كركوك ، واستخرجوا عدة مركبات من الزرنيخ (arsenic) ، وعرفوا الرصاص الابيض وهو كاربونات الرصاص الناتجة من تفاعل الرصاص مع الخل ، وبتسخين هذه الكاربونات استخرجوا الرصاص الاحمر .

واستخدم العراقيون القدماء معارفهم في الكيمياء العملية فاستخرجوا انواعا كثيرة من الادوية من مصادر معدنية ، وقد ورد ذكر مالايقل عن (١٢٠) نوعا من هذه الادوية المستعملة في الطب (١) . واستخرجوا جملة أملاح كيمياوية مهمة مثل البورق (borax) والصودا (washing Soda) وملح الطعام وملح البارود (Salt peter) وملح الامونيا وكبريتات النحاس

---

(١)   C. Thompson, Dictioary of Assyrian Chemistry (1937)

وعن المعارف الكيمياوية في حضارة وادى الرافدين راجع المصادر الاساسية التالية :

Martin Levey, Chemistry and Chemical Technology
in Ancient Mesopotamia (1959)
Gadd and C. Thompson in LRAQ, 3(1936), p. 87ff.
Forbes, A History of Technology, Vol. ı., (1956)

الدكتور فرج حبه : '' الكيمياء في العراق القديم '' ، مجلة سومر ، ٢٥ (١٩٦٩) الص ٩١ فما بعد . وانظر كذلك

C. Thampsan, Dictionary of Assyrian Botany

ومقالات المؤلف في مجلة سومر (١٩٥١ – ١٩٥٣)

(الزنجارة) . وكان فن الدباغة وصناعة الجلود من أقدم الصناعات الكيمياوية التي ازدهرت في حضارة وادى الرافدين واستخدمت في دباغة الجلود عدة مواد كيمياوية ومعدنية ونباتية مثل الشب (alum) والزيت والعفص (gall) والبلوط (Oak) والسماق (Sumach) وبعض انواع الاسيتات (acetate) . ونذكر من الصناعات الكيمياوية المهمة صنع الصابون والمواد المطهرة الاخرى (detregent) مثل النباتات القلوية . وكانت الطريقة الشائعة لصنع الصابون غلي الزيوت او الشحوم مع بعض الاملاح القاعدية او القلوية وهيدروكسيد الصوديوم . واشتهرت منذ الالف الثاني ق . م صناعة كيمياوية مهمة هي استخراج الروائح والعطور (Perfumary) وجاءتنا عدة نصوص عن هذا الموضوع من الالف الثاني ق . م (١) . ومما تجدر الاشارة اليه عن موضوع صناعة العطور ان طريقة التصعيد لاستخراجها شبيهة بالاساليب العربية مثل تلك التي وردت في رسالة العالم العربي الشهير الكندى (القرن التاسع الميلادى) التي الفها عن " كيمياء العطور والتصعيدات .

ومن الصناعات المهمة التي اعتمدت على المعارف الكيمياوية العملية في حضارة وادى الرافدين صنع الخمور المختلفة والجعة ، وكانت من الصناعات الاساسية في تلك الحضارة منذ مطلع العصور التاريخية في الالف الثالث ق . م ، وكانت الخمور والجعة من المواد الغذائية الاساسية للعمال والجماهير وجميع الطبقات الاجتماعية الاخرى ، واستخدموا التمور والحبوب والفواكه المختلفة في استخراج انواع كثيرة من المشروبات الكحولية .

ونتهي هذه الملاحظات العامة عن الطرق الكيمياوية التكنولوجية في حضارة

---

(١) أنظر : E. Ebelling, Perfumrezpte... Aus Assur (1950)
ومجلة Orientalia ، المجلدات ١٧ ، الص ١٥٩ فما بعد ، ومجلد ١٨ ، الص ٤٠ فما بعد والمجلد١٩ ، الص ٢٥٦ فما بعد .

وادى الرافدين بالتنويه بالاجهزة والاوعية التي كانوا يستخدمونها في العمليات الكيماوية ، وقد وجدت نماذج متنوعة منها في اثنــــاء التنقيبات الاثرية التي اجريت في مدن العراق القديم ، وهناك ايضا اشارات كثيرة الى التكنولوجية في النصوص المسمارية القديمة وتمثيل البعض منها في الفن مثل المنحوتات وفي نقوش الاختام الاسطوانية (Cylinder Seals)(١) . فبالاضافة الى الادوات المنزلية المألوفة مثل المصافي والهواوين والمدقات . استخدموا اجهزة اخرى مطورة مثل جهاز الترشيح والبودتقة (Crucible) واجهزة لصهر المعادن وصبها وسبكها ، وعثر كذلك على نماذج مهمة من الافران ، وعرفوا الموازين المختلفة والاوعية التي استعملوها لقياس السوائل وملاعق خاصة بصنع المراهم (Salve) (٢) .

الفلـــــك :

من الامور التي اجمع عليها مؤرخو العلوم ان اسس علم الفلك مثل الرياضيات قد وضعت في حضارة وادى الرافدين قبل نحو ٤٠٠٠ عام وخلفت هذه العلوم تراثا مهما في الحضارات الاخرى ومنها الحضارة اليونانية، ومما لاشك فيه ان مراكز ثقافية مشهورة في شمالي مابين النهرين مثل منطقة حران في الجزيرة العليا قد حافظت على كثير من تراث الرياضيات والفلك البابلي واشتهر بوجه خاص في العصور المتأخرة في صدر الاسلام علماء مبرزون فيها من الصابئة الحرانيين . وكانت حران في العصور البابلية من اشهر مراكز حضارة وادى الرافدين حيث كانت من مراكز عبادة الاله القمر الشهير ومعبده فيها ، وان اصول الكثير من الرياضيات والفلك في الحضارة العربية الاسلامية ترجع الى تراث حضارة وادى الرافدين ولم تقتصر على المصادر

---

(١) انظر   Martin Levey, op. Cit.

(٢) انظر خلاصة ذلك في كتاب المؤلف '' مقدمة في تاريخ الحضارات القديمة '' ، الجزء الاول (١٩٥٥) الص ٣٥٦ فما بعد وانظر كذلك الكلام على الطب في هذا البحث .

اليونانية كما نوهنا بذلك مرارا . وقد اشتهر الفلك البابلي بين اليونان الذين عرفوا اسماء بعض الفلكيين البابليين كما مر بنا من امثال الفلك البابلي نبوريانس '' و '' كيدينو '' (كيدناس) (في القرن الرابع ق . م) واستقى الفلكيون اليونان الكثير من آرثهم وارصادهم الفلكية . كما سيمر بنا في كلامنا على اوائل العلماء اليونان مثل طاليس (القرن السادس ق . م) في تنبوئه عن كسوف الشمس وخسوف القمر .

والواقع ان اهل المعرفة في العراق القديم قد عنوا برصد الاجرام السماوية منذ اقدم الازمان لحاجاتهم الكثيرة في ضبط الفصول والمواسم الزراعية ، وأخذوا يدونون ملاحظاتهم وارصادهم منذ مطلع الالف الثاني ق . م فانتقلوا من طور المعسارف العملية الى طور البحث والعلم المنظم في الفلك(١) وقد سبق ان نوهنا بان الفلك في العراق القديم كان اول فلك رياضي في في تأريخ علم الفلك ، حيث استخدم الفلكيون المعارف الرياضية المتقدمة التي لحصناها في دراسة الفلك بحيث أنهم استعاضوا في القرون الأخيرة مما قبل الميلاد عن الارصاد المباشرة بالحسابات الفلكية مثل ضبط اوقات أوجه القمر والشهسر القمرى ومواعيد الكسوف والخسوف وحساب الفصول واطوال الليل والنهار والقرانات الفلكية مابين بعض الكواكب ، ومثـل النصوص الرياضية التي تكلمنا عنا خلف لنا الفكيون نصـوصا مهمة عن الحسابات الفلكية ، وهي تقسم الى صنفين صنف يتضمن القضايا الفلكية في كيفية الحسابات الفلكية واطلق الباحثون على هذا النصوص procedure texts والصنف الثاني جداول فلكية مطولة اوازياج فلكية هي نتيجة تلك الحسابات ويطلق على هذه الجداول ephemeris أو ephemerides وخلف الفلك البابلي

---

(١) عن خلاصة الفلك البابلي والبحوث الا صلية التي نشرت عنه انظر المصدر الا تي :

O. Neugebauer, The Exact Saences in Antiquities (1951), p.7 ff.

تراثا ضخما في الحضارات الأخرى لايزال بعض آثاره الى الان مثل استعمال النظام الستيني في قياس الزوايا والساعات وقد استخدم الفلكيون اليونان ولاسيما بطليموس (القرن الثاني الميلادي) الارقام الستينية والكسور الستينية في حساباته الفلكية ..

ومن الاوهام الشائعة انمنشأ علم الفلك (Astronomy) في حضــــارة وادى الرافدين من التنجيم (Astrology) اى رصد الكواكب والاجرام السماوية لمعرفة المستقبل ومصائر الناس بتأثير تلك النجوم في احداث الارض على مايرى المعتقدون بالتنجيم ، ولكن ذلك وهم كبير اذا الواقع ان العكس هو الصحيح فان التنجيم كان من النتائج الثانوية لعلم الفلك الذى نشأ كما قلنا من الحاجات لضبط الفصول والتقويم والزمن وقياسه . وقد ساعدهم تقدمهم في الرياضيات التي اوجزناها في تطوير المعلومات الفلكية وجعلها علما منظما مضبوطا ولاسيما انهم في عصورهم المتأخرة (منذ القرن السادس ق.م) استبدلوا الرصد المباشر للاجرام السماوية بالحسابات الفلكية فنشأ الفلك الرياضي وبلغ أوج تقدمه في العصر السلوقي في العراق (القرن الرابع ق . م) كما ذكرنا حيث دخلت الحسابات الرياضيات في الفلك . والمرجح ان الفلكيين البابليين كانوا اول من رأى ان الشمس مركز الكون والاجرام السماوية الاخرى وأن للقمر تأثيرا على المد . ومما يقال عن الارصاد البابلية الفلكية انها اطول ارصاد في جميع الحضارات ، فان اطول ارصاد في الوقت الحاضر هي التي بدأت في انكلترا في مراصد " غرينوش " في العام ١٧٥٠ م ولكن طول هذه الارصاد لاتكاد تقارن بطول الارصاد البابلية التي بدأت منذ مطلع الالف الثالث ق . م واستمرت الى آخر عهود حضارة وادى الرافدين . فكانت الارصاد الفريدة الاسس التي اقيم عليها علم الفلك ، ونذكر من امثلة الارصاد البابلية المسجلة ارصاد كوكب الزهرة التي دونت في عهد الملك

البابلي "عمى ـ صادوقا " (١٦٤٦ ـ ١٦٢٦ ق . م (١) . وعنى الفلكيون البابليون في مسألة رؤية الكواكب اى اوقات طلوعها ، واستعملوا معارفهم الفلكية والرياضية تحديد زمن رؤية الهلال في اول الشهر القمرى بحيث يصح القول انهم كانوا أول من اوجد النظرية الكوكبيه او القمرية (planetary Theory) (٢) .

ومن حساباتهم الفلكية المهمة التوفيق بين مجموع الاشهر القمرية والسنة الشمسية حيث تنقص السنة القمرية ، ومعدل طولها ٣٥٤ يوما عن السنة الشمسية زهاء ١١¼ يوما ، فكانوا يكبسون شهرا قمريا ثالث عشر للتوفيق بين الاشهر القمرية والدورة الشمسية وتوصلوا الى معادلة ان ٢٣٥ شهرا قمريا تساوى ١٩ سنة شمسية ، فاضافوا ٧ شهور كبيسة في دورة مقدارها ١٩ سنة (٣) ، وقد صار هذا التقويم

---

(١) وقد نشرت

Langdon and Fortheringham, The Venus Tablets of
Ammizaduga (1928)

وتدور ارصاد كوكب الزهرة هذه على اول ظهورها في غروب الشمس وشروقها وطول مدة اختفائها ويرافق ذلك التنبؤات النجمية لكل حالة ، كما عرفوا مدة الثماني سنوات التي تظهر فيها فيها الزهرة خمس مرات في نفس المواضع من السماء ، كما تشاهد من الارض ، وحسبوا مدة قران كوكب عطارد بخطأ لا يتجاوز الخمسة أيام (فكان تقديرهم ١١١ يوما في حين المدة الصحيحة ٨,١١٥ يوما)

(٢) انظر

O.Nevgebauer. The Exact Sciences in Antigvity(1951)
_____, The Transnuission of The planetory Theores
in Scripta Mathematica; (1955)

(٣) بموجب الجدول الآتي الذى يرجع في تأريخه الى القرن الرابع ق.م ولعله اقدم من هذا التاريخ فالا رقام التي جهة اليمين هى السنين التي يضاف اليها الشهر الكبيسى في دورة ١٩ عاماً ، حيث يضاف في آخر العام فيكون الشهر الثالث عشر ، باستثناء السنة الأولى التي يضاف الشهر القمري في منتصفها وليس في نهايتها .

١		٢
٣	٤	٥
٦	٧	٨
٩	١٠	
١١	١٢	١٣
١:	١٥	١٦
١٧	١٨	١٩

Saggs. The Greatness That was Balylon   انظر
(1962r. p.458

نموذجا واساسا لتقاويم شعوب اخرى كالتقويم العبراني واليوناني والروماني قبل ادخال التقويم الجولياني (في عام ٤٥ ق . م) .

وقسم الفلكيون البابليون دائرة السماء الى ١٢ ساعة من ساعاتهم (والساعة البابلية ، تساوى ساعة مضافة من ساعاتنا) ، وقسموا سمت الشمس او دائرة البروج (ecliptic) الى اثنى عشر قسما بواسطة مجموعات من النجوم الثوابت سموا كل مجموعة منها باسم حيوان او شكل متخيل ، وهـــذا مايعـــرف بالبروج الاثنى عشر (Zodiac) حيث تمـر الشمس في كل شهر من الاشهر الاثنى عشر في مدارها السنوى باحدى تلك المجموعات ، وهذا اصل البروج الاثنى عشر المستعمل الى هذا اليوم . وقسموا كل برج منها الى ٣٠ درجة تطابق عدد أيام الشهر . واستخدم الفلكيون البابليون معلوماتهم الرياضية المتقدمة في حساباتهم الفلكية حتى انهم استعملو المتواليات الحسابية والهندسية في تعيين الاوقات واطوال الليل والنهار بحسب فصول السنة المختلفة ، وكذلك استعملوا المتواليات الحسابية المتصاعدة والمتناقصة في معرفة ازمان طلوع القمر وغروبه ، وفي رصد بعض الكواكب مثل كوكب الزهرة .

ومع ان كلمة الاسطرلاب (+) ترجع الى اصل يوناني الا ان الفكرة

(+) الاسطرلاب (Astrolabe) اى قياس ارتفاع النجوم اورصدها . ويتألف من قرص معدني اوخشبي مدرج المحيط ومعلق في وضع رأسي بحلقة وفي مركزه مؤشر متحرك يسمى العضادة ، وكان شائع الاستعمال في رحلات الاستكشافات البحرية من القرن الخامس عشر الى ان اخترعت آلة '' السدس '' (Sextant) في القرن الثامن عشر ، وكان اول اسطرلاب عند اليونان هو الذى صنعه '' هبارخوس '' (Hipparchus) (في حدود ١٩٠ ق.م) او ''ابولونيوس '' وان اول فلكي عربي صنعه وكتب عنه ابراهيم الفزارى المتوفي في ٧٧١م . وادخل الفلكيون العرب تحسينات مهمة فيه واصبح من اهم الا لا ت الفلكية العربية .
وعن الا سطرلا بات في حضارة وادى الرافدين انظر :

O.Neugebauer, The History of Ancient Astronomy
in Journal of Ancient Near Eastern Texts. IV.
(1944), I ff.

والمبدأ ترجعان الى فلكي العراق القديم ، فكان الاسطرلاب البابلي اولى محاولة علمية في التاريخ لوضع المعلومات الفلكية عن النجوم التي تظهر في الفصول المختلفة من السنة في نظام وترتيب علمي و كانت فكرة الاسطرلاب البابلي انه كان جدولا (سجلا) بعدد من الكواكب التي تظهر في الاشهر الاثنى عشـر وقد خصصوا لكل شهر ثلاثة نجوم تظهر فيه وعدد نجوم اشهر السنة ٣٦ نجما . وقد خلفوا لنا نماذج من هذه الاسطرلابات على الواح الطين وقوامها قرص دائرى رتبت النجوم فيه في ثلاثة دوائر ذات مركز واحد وقسم القرص الى اثنى عشر قطاعا خصصص كل قطاع الى شهر من الاشهر ووضع في كل قطاع النجوم الثلاثة التي تظهر فيه .

واستعمل البابليون آلات خاصة لقياس الزمن ، هي الساعات المائية (Clypsydra) لقياس الساعات في الليـل والساعات الشمسية (المزاول polos. gnomon في المصطلاح اليوناني) ، وقسموا اليوم كما قلنا الى اثنى عشرة ساعة كل منها ساعة مضاعفة (البيرو البابلية) (١) .

وقد سبق ان نوهنا كيف ان بعض علماء اليونان وفلاسفتهم قد أستخدموا الارصاد والازياج البابلية للتبؤ بوقوع الخسوف والكسوف ، وقد اثر ذلك تأثيرا بالغا في الاتجاه العلمي عند اليونان وغير آراءهم الاسطورية في الظواهر الكونية ولعل طاليس (من اهل مليطية في آيونيا في القرن السادس ق . م) كان اول من استعمل الارصاد الفكلية البابلية فتنبأ لاهل مدينته بوقوع الخسوف فاستطاع ان يبرهن لهم ان مثل تلك الظواهر الطبيعية انما تحدث بموجب قوانين طبيعية وليس بتأثير الارواح والشياطين والقوى العلوية .

ولايخفى ماكان لهذا من اثر بالغ في ظهور التفكير الفلسفي والعلمي عند اوائل فلاسفة اليونان من الايونيين في القرن السادس ق . م .

---

(١) حول اصل النومون اليوناني (gnomon) من البابليين انظر :

G.Sarton, A History of Science, 174-5.

الطـــب (١) :

تأخر اهتمام الباحثين بالنصوص المسمارية المتعلقة بالطب وفهمها وتفسيرها الى مابعد رحل موز الخط المسماري في القرن الماضي بعدة عقود من السنين ، كما كان الحال في النصوص الرياضية التي ذكرناها في كلامنا على الرياضيات . ونشطت الدراسات في النصوص الطبية بوجه خاص الى فترة مابين الحربين العالميتين ويرجع الفضل في ذلك الى مانشر من نصوص طبية مهمة محفوظة في المتحف البريطاني وقـد اكتشفت في مكتبة الملك الاشوري « آشوربانيبال » (القرن السابع ق . م) ومعظمها نسخ عن نصوص قديمة يرجع عهدها الى الالف الثاني ق . م (٢) ، ووجدت مجموعات أخرى من النصوص الطبية في العاصمة الاشورية القديمة « آشور (قلقة الشرقاط) ، وترجع في عهدها الى مطلع الألف الأول ق . م ، ومجاميع اخرى مهمة من العاصمة الحثية «حاتوشا» (بوغاز كوي الآن) وتأريخها في حدود القرن الرابع عشر ق . م .

على ان نظرة الباحثين الى الطب في حضارة وادى الرافدين ظلت حتى الخمسينات يطغى عليها الكثير من الوهم في عدم التمييز مابين الطب والممارسات الطبية وبين السحر والممارسات السحرية ، أى مابين عمل الساحر المعوذ وبين الطبيب في حين ان الواقع التأريخي يشير الى انه على الرغم من ان الممارسات السحرية والممارسات الطبية قد وجدت جنبا الى جنب منذ اقدم العصور التاريخية بيد ان الطب لم يتطور عن السحر مطلقا اذ ظهرت الممارسات الطبية منذ اقدم الازمان وهي مستقلة منفصلة عن الممارسات السحرية . وليس ادل على ذلك من ان المصطلحين اللذين اطلقا على الطبيب والساحر مصطلحان

---

(١) احدث بحث في الموضوع وفيه الا شارات الكثيرة الى الدراسات والبحوث السابقة في المرجع الاتي : R.Biggs. Medicine in Ancient Mesopot amia: History of Science, 8.(1969). 94 ff.

(٢) انظر C.Thompsom, Assyrian Medical Texts (1923)

مختلفان ومتميزان ان في جميع العصور فاطلقوا على الطبيب مصطلح أسو (asu) ومنه كلمة « استو » أى الطب الذى يرجح انه من السومرية (A-ZU) الذى ظهر في الاستعمال في العصر الاكدى منتصف الألف الثالث ق . م وقيل في معناه انه يعني العارف بالماء او العارف بالزيت (IA-ZU) ، في حين المصطلح الخاص بالساحر المعوذ هو « آشيبو » وكان العمل الرئيسي للساحر طرد الشياطين والارواح الخبيثة بالتعزيم (exorcisim) وكان من صنف الكهنة في حين أن الاطباء كانوا من ذوى المهن الطبية وهكذا ذكروا في شريعة حمورا بي (المواد ٢١٥ - ٢٢٦) واختصوا بالعلاج والتداوى أى الممارسات الطبية الصرفة . ويعزى منشأ هــــذا الوهم الذى ساد أراء الباحثين القدماء الى انهم وجسدوا في الواقع حالات مرضية غير قليلة كانت تعالج بالطرق السحرية بالاضافة الى طرق العلاج الطبي الصرف . وقـــد عزوهــا الى غصب الالهـــة وتسليطها للشياطين والارواح الخبيثة على المذنبين والعصاة من الناس فاستخدموا لدرئها وشفاتها الرقى والتعزيم والتعويذ الى غير ذلك من الاساليب التي تدخل في دائرة السحر . ولعله يمكن مضاهاة هذا الجمع مابين الطب والسحر في طب العراق القديم بممارسات الطب الحديث للطرق النفسية والعلاج النفسي في الامراض النفسية والعصبية بالاضافة الى العـــلاج الطبي الصرف (Therapeutic) والى هـــذا فاننا اذا اعتبرنا اثر الدين والمعتقدات الدينية في الحضارات القديمة ومنها حضارة وادى الرافدين وزمنها الموغل في القدم فلاينبغي لنا ان نستغرب اذا عزى القوم أسباب العلل والامراض الى الالهة على انها من بين العقوبات التي توقعها بالبشر لذنوبهم . وكان فن التطبيب والشفاء نفسه ، مثل سائر شؤن الحياة والكون، يرجع الى الالهة ، فخصصوا بعض الالهة لشؤن الطب وفي مقدمتهم (اله الحكمة والماء « أيا » وفي السومرية انكي) ، ويليه في المرتبة آلهة أخرى اشهرهم الاله « ننازو » (Ninazu) (ويعني اسمه سيد الاطباء).

ومع أن النصوص المسمارية المدونة قد بدأت بالظهور في حضارة وادي الرافدين منذ المنتصف الأول من الالف الثالث ق . م ، وظهور المصطلح الخاص بالطبيب « اسو » (A-ZU) في العصر الاكدى ، فان اقدم ماجاء الينا من نصوص تتعلق بالطب والادوية لاتتعدى في ازمانها مطلع الالف الثاني ق. م . ولكنها تكاثرت من بعد هذا الزمن سواءكان ذلك ما وجد منها في العراق أم في مراكز الحضارات القديمة المجاورة ةمثل لحضارة الحثية التي ازدهرت في الاناضول في منتصف الالف الثاني ق . م مما يشير الى اقتباس الحضارات القديمة معارفها الطبية مع العناصر الحضارية الأخرى من العراق القديم ، وكثرت الاشارات في النصوص الأخرى الى الاطباء والشؤون الطبية ويستدل منها على ان بدايات التخصص قد ظهرت في طب العراق القديم ، فهناك الجراحون ومجبرو العظام والبياطرة واطباء العيون ، كما كان الاطباء على مراتب مختلفة مثل كبير الاطباء (راب آسي) وفي السومرية (azugallu) يتزيون بازياء خاصة ويحملون على الدوام حقائب يودعونها الاتهم وادواتهم الجراحية وادويتهم ، وقـد صور الكثير منها في بعض الاختام الاسطوانية ومنها ختم احد الاطباء عاش في زمن جودية في لجش ووردت اشارات كثيرة الى شهرة الاطباء في العراق القديم وفي الشرق الادنى وانهم كانوا يتجولون وبعضهم كان ملحقا بقصور الملوك اى انهم كانوا أطباء رسميين . ويحتمل ان نقابات او جمعيات خاصة بالاطباء قد ظهرت منذ الالف الثاني ق . م .

ويمكن تصنيف النصوص الطبية بوجه عام الى صنفين رئيسين هما :

(١) النصوص الخاصة بالتشخيص (DIAGNOSIS) والانذار او التنبؤ (PROGNOSIS)

(٢) النصوص الخاصة بالادوية والعلاج (THERPEUTIC) ونقتصر نصوص الصنف الأول على مجرد فحص المريض واصدار الرأى اذا كان سيشفى اولا يشفى ، وانها كثيرا ماتختلط بالاساليب السحرية

ويقوم بها الساحر المعوذ . اما نصوص الصف الثاني فهي على قدر كبير من الاهمية في تاريخ تطور الطب وقد وجدمنها مئات من الواح الطين ومعظمها نسخ في العصور المتأخرة مثل العصر الاشوري الحديث (القرن السابع ق . م) ولكنها ترجع في اصولها الى ازمان اقدم . والغالب على هذا الصنف في النصوص انها لاتسمى المرض بل تقتصر على وصف الاعراض المرضية والادوية الخاصة بها . فكانت بمثابة مراجع أو ادلة للاطباء الممارسين (medical maunal) وهناك طائفة مرتبة على هيئة جداول أو اثبات مقسمة في الغالب الى حقول (خانات) يذكر فيها اسم الدواء واسم المرض الذى يستعمل فيه وارشادات في كيفية الاستعمال على النحو الاتي :

عرق السوس دواء للسعال يسحق ويشرب مع الزيت والخمر .

ورد عين الشمس دواء لوجع الاسنان يوضع على الاسنان .

كما ان الكثير من هذه النصوص رتبت فيها وصفات الادوية بحسب اعضاء الجسم الانساني اى بحسب الامراض التي تصيبها كامراض الرأس والعيون والانف والحنجرة والصدر والرئه والمجارى البولية والامراض الجلدية ومما يقال بهـذا الصدد أنهم عرفوا معظم الامراض الشائعة في العراق الان وغيره . وهناك اسماء امراض لم يستطع الباحثون ان يعينوها ومنشأذلك غموض الرموز المسمارية التي كتبت بها.ومما يؤسف عليه في موضوع تشخيص الامراض القديمة في العراق ان المنقبين الاوائل عن حضارة وادى الرافدين لم يهتموا في فحص العظام التي كانوا يعثرون عليها في اثناء التنقيبات فلم يدرسوها دراسـة تشريحية طبية بل اقتصر اهتمامهم على القياسات الانثروبولوجيه وبالمقابلة مع ذلك كانت المومياء في حضارة وادى النيل على قدر كبير من الاهمية في تشخيص الامراض القديمة .

ويستدل من النصوص الطبية والمصادر المسمارية الأخرى مثل شريعة حمورابي على مانوهنا به على بدايات تنوع الاختصاصات الطبية مثل الجراحة

وتجبير العظام وبداية طب الاسنان وطب العيون وبعض العمليات الجراحية كازالة الماء الازرق (انظر شريعة حمورابي المواد ٢١٥ ــ ٢٢٦) وعرفوا مايسمى بالعملية القيصرية (Caesarian Sectin) ولكنها اجريت في حالة تخليص الجنين من بطن الام المتوفاة . وهناك اشارات تدل على معرفة فن القبالة (midwifery) ، كما ذكرت حالات لبعض الامراض العصبية وحالات للضعف الجنسي والعنة وقد جمعت في معالجتها الطرق السحرية التعويذية وطرق العلاج الطبي بالادوية . اما التشريح فانه لم يمارس بوجه عام في الجسم الانساني . والمرجح انهم افادوا بعض الاشياء عن حقائق التشريح من الممارسات السحرية المتعلقة بالفأل بفحص احشاء الحيوانات التي تضحي لهذا الغرض . ومع ان الاطباء مارسوا في تشخيصهم للامراض طريقة جس النبض الاانه لايعلم على وجه التأكيد هل عرفوا بعض الحقائق عن الدورة الدموية . . ونذكر بهذا الصدد بعض المصطلحات الخاصة بالاوعية الدموية الواردة في المصادر المسمارية ومن ذلك كلمة « شريانو » المرادفة للعربية شريان .

أما الادوية والمفردات الطبية التي استعملوها في علاجاتهم الطبية فيمكن حصرها في ثلاثة مصادر رئيسية هي بحسب كثرتها في الاستعمال (١) الادوية النباتية (٢) الادوية الحيوانية (٣) الادوية الكيمياوية المستخرجة من المعدنيات وتأتي الأدوية المستخرجة من النباتات كما قلنا في مقدمة المفردات الطبية (materia medica) ومما يدل على كثرة استعمال الادوية النباتية ان كلمة العشب او النبات في اللغة البابلية وهي « شمو » (Shammu) اطلقوها على الدواء بوجه عام . ومما تجدر ملاحظته عن الادوية النباتية ان استعمالاتها في طب العراق القديم تضاهي الى حد كبير استعمالاتها عند الشعوب القديمة اللاحقة ولاسيما الطب اليوناني الذي كان له اثرات كبير في الحضارات الأخرى اللاحقة

_____

(١) اوسع وأحسن مالف في اسماء النباتات والادوية المستخرجه منها تجده في المرجع الاتي :ـ

C. Thompson Dictionary of Assyrian Botany (1948)

ومنها الحضارة العربية الاسلامية . وبلغت صحه استعمالات المفردات الطبية ومنها الادوية النباتية في طب العراق القديم ، ومضاهاة ذلك للاستعمالات الطبية اليونانية والعربية درجة كبيرة بحيث ان الباحثين المحدثين الذين كتبوا في المفردات الطبية النباتية البابلية استندوا الى تلك المضاهاة والتشابه في تعيين اسماء الكثير من النباتات الواردة في المصادر المسمارية (١) . واثبت اليحث الحديث ان طائفة مهمة من اسماء النباتات والمواد الأخرى في قد دخلت الى اللغة اليونانية التي اقتبستها من اللغة السومرية والبابلية .

وتأتي من بعد الادوية النباتية في كثر الاستعمال والمواد المستخرجة من المملكة الحيوانية وفي مقدمتها بعض الحيوانات اللبونة كالبقر والغنم والمعز والخزير والكلب والحمار والأسد والذئب والغزال ، ومن الطيور النعامة والصقر والنسر والغراب والبومة والحمام والدجاج وغيرها ومن الزواحف والحشرات الحية والسرطان ويلي ذلك الادوية المستخرجة من المواد المعدنية والكيمياوية ، وخلفوا لنا في ذلك جداول (اثبات) وارشادات في كيفية تهيئتها واستعمالاتها . وانهم استخدموا معارفهم الفنية العملية في الكيمياء في تحضير تلك الادوية بطرق كيمياوية مختلفة مثل الخلط والسحق والتركيب مع مواد أخرى و كذلك التسخين والتقطير والترشيح والتصعيد ، كما هيئوا مراهم ودهونات واشربة . وقد عثر في التنقيبات على نماذج من الاجهزة والالات والادوات التي استخدموها في مثل هذه العمليات الكيمياوية (١) .

---

(١) عن المعارف الكيمياوية في حضارة وادي الرافدين انظر :

M.Levey, Chemistry and Clemical Technology. in Ancient
Mesoptamia (1959).

واحسن ما كتب عن المواد المعدنية والا حجار الكتاب الا تي :

C.Thompson, Dictionary of Assytian Chemistry and
Geology (1936)

(٧ م ـ حضارة العلوم)

القسم الثاني

موجز تاريخ العلوم في الحضارات القديمة الاخرى

مصر ــ الهنــد ــ الصــين

الفصل الثالث

حضارة وادي النيل والهند والصين

حضارة وادي النيل

(١) مقدمة في التعريف بحضارة وادي النيل :

تضاهي حضارة وادي النيل حضارة وادي الرافدين التي اوجزنا تاريخ الرياضيات والعلوم الاخرى فيها من حيث اصالتها وقدمها وضخامة تراثها الحضارى في الحضارات الاخرى . ووجه الاصالة فيها ، كما نوهنا سابقا ، انها تمتد في جذورها واصولها الى عصور ماقبل التاريخ في وادى النيل نفسه ولم تشتق من حضارة سابقة لها ، وتبدأ عصور ماقبل التاريخ هذه هذه منذ العصور الحجرية القديمة والحديثة ثم الادوار التي اطلقنا عليها مصطلح العصر الحجرى – المعدني (Chalcolithic) الذى مهــــد لظهور الحضارة الناضجة في وادى النيل منذ مطلع الالف الثالث ق . م حيث ظهرت السلالات أى الاسرات الحاكمة ونضجت الكتابة التي اطلق عليها الكتابة الهيروغليفية (١) واصبحت صالحة لتدوين شئون الحياة المختلفة

---

(١) مصطلح '' هيروغليفي '' (Hieroglyphic) كلمة يونانية مركبة من كلمتين (hieros) ومعناها مقدس و (glyphein) التي تعني نقش اوكتب في الحجر واقدم اشكال هذه الكتابة النوع الهيروغليفي وقد ظل في الاستعمال منذ نحو ٢٩٠٠ الى ١٠٠ ق . م ثم الازمان المتأخرة . وهناك نوع اخر من كتابة وادى النيل تطور عن الهيروغليفي ويسمى '' هيراطيقي '' (Hieratic) (اى خط الكهنة) وقد نشأ من تبسيط واختزال الخط الهيروغليفي القديم واستعمل بالدرجة الاولى لتدوين شئون الحياة الاعتيادية ، ونشأ ايضا خط ثالث اسمه '' ديمطيقي '' (Demotic) منذ القرن العاشر ق . م وبقى في الاستعمال مع الهيروغليفي القديم الى آخر ادوار الحضارة المصرية .

١٠١

ومنها العلوم والمعارف (١) ، مثل الممارسات الطبية والمعلومات الرياضية ولاسيما منذ الالف الثاني ق . م حيث لم يصل الينا من الادوار الاقدم نصوص رياضية . وكانت الرياضيات في حضارة وادى النيل مثل حضارة وادى الرافدين ، نتيجة الحاجات الاقتصادية والشئون العملية المختلفة من بعد نشؤ الحضارة ، ومنها اعمال البناء الضخمة وفي مقدمتها الاهرام الشهيرة التي اختصت بها هذه الحضارة وكانت قبورا لفراعنتهم في عصر الاهرام (الالف الثالث ق . م) ، مثل الاهرام الكبيرة كهرم الفرعون " خوفو " و " خفرع " في الجيزة (بالقرب من القاهرة ، وهي من اهرام الاسرة الرابعة) وكانت اقامة مثل هذه الابنية الضخمة تتطلب اعمالا هندسية معقدة وحسابات مضبوطة ، وكذلك ضبط مواسم فيضان النيل الذى لولاه لاصبحت ارض مصر جزءا من الصحراء الافريقية ، وتحديد مواعيد الفصول ومواسم الزراعة وفيضان النيل الى غير ذلك من الاعمال العمرانية .

---

(١) لا يسعنا الكلام في هذه المقدمة الموجزة على ادوار حضارة وادى النيل فنحيل القارئ المهتم الى كتاب المؤلف الموسوم : "مقدمة في تاريخ الحضارات القديمة" الجزء الثاني (١٩٥٦) ونكتفي بتعداد هذه الادوار :

(١) عصور ماقبل التاريخ ، منذ اقدم الازمان في العصور الحجرية القديمة الى حدود ٣٠٠٠ ق.م

(٢) عصر المملكة القديمة وبضمنه عصر الاهرام (٣١٠٠ – ٢٢٧٠ ق . م)

(٣) عصر الاقطاع والنبلاء (٢٢٧٠ – ٢١٠٠ ق . م)

(٤) عصر المملكة الوسطى (٢١٠٠ – ١٧٨٨ ق . م)

(٥) عصر الهكوس (١٧٨٨ – ١٥٧٣ ق . م)

(٦) عصر المملكة الحديثة (١٥٧٣ – ١٠٨٥ ق . م) : – الاسرات الثامنة عشرة (١٥٥٥ – ١٣٥٠ ق . م) التاسعة عشرة (١٣٥٠ – ١٢٠٠ ق . م) الاسرة العشرون ١٢٠٠ – ١٠٨٥ ق . م .

(٧) الاسرات الأخيرة (١٠٨٥ – ٥٢٥ ق . م)

(٨) العهد الفارسي الاخميني (٥٢٥ – ٣٣٢)

(٩) الاسكندر والعصر البطلمي (٣٣٢ – ٣٠ ق . م)

(١٠) العهد الروماني (٣٠ ق . م – ٦٤٠ م)

(٢) اشهر النصوص الرياضية :

مما يقال عن مصـــادرنا عن الرياضيات في حضارة وادى النيـــــل انها
قليلة ومن عهود متأخرة من هذه الحضارة بالمقارنة مع مصادرنا عن الرياضيات
في حضارة وادى الرافدين . وتأتي البردية (Papyrus) المسماة بردية رند "
(Rhind) في مقدمة النصوص الرياضية المطولة وقد سميت باسم حائزها
رند ُ وهي الان في المتحف البريطاني ، واكتشفت في عام ١٨٥٧ ،
ويرجع تاريخها الى عصر الهكسوس في حدود ١٦٥٠ ق . م ولكن
يرجح انها نسخة من اصل اقدم عهدا من هذا التاريخ ، وهي تحتوى
على (٨٥) مسألة رياضية . ثم " بردية موسكو " التي تتضمن ٢٥ قضية رياضية ويرجح
انها تسبق زمن البردية الاولى بنحو قرنين من الزمان . وهناك نصوص بردية
اخرى مثل " بردية برلين " و بردية كاهون " وبعض الالواح الخشبية
المكتوبة (في متحف القاهرة) ، وجاءتنا من العهـــود المتأخرة عدة نصوص
رياضية بالخط الديموطيقي والاغريقي (١)

(٣) ايجاز الخصائص العامة ونظام العدد :

أ ــ لم ينظر مؤرخو الرياضيات الى رياضيات حضارة وادى النيل على انها
وصلت الى المستوى العالي الذى بلغته رياضيات العراق القديم ، وان تراثها
الرياضي في الحضارات الاخرى التالية كان قليلا بالنسبة الى ضخامة تراث
حضارة وادى الرافدين الرياضي ، باستثناء الـ نظام الكسور المصرية التي
انتشر استعمالها في العصر الهنلستي (من بعد فتح الاسكندر للشرق في عام

---

(١) راجع المصادر المثبتة في آخر هذا البحث عن الرياضيات المصرية نذكر منها :

I.T.E. Peet, in Bulletin of John Rylands Library, 15
(1931)

2.O.Neugebauer, The Exact Sicences in Antiquity (1951).

٣٣٢ ق . م) وبين الرومان ايضا ولاسيما في حساباتهم الادارية . وسنتطرق الى موضوع التعبير عن الكسور في الحضارة المصرية .

ب – يتميز الحساب في الرياضيات المصرية بما يصح ان نسميه حسابا جميعا (Additive) اى انها تعتمد على عملية الجمع في معظم العمليــات الحسابيــة ، ففي عمليــة الضرب مثلا لم يعرف الرياضيون المصريون جداول الضرب بخلاف رياضي العراق القديم الذين خلفوا كما بينا جداول رياضية مطولة ومتنوعة ومنها جداول الضرب . فكانت عمليات الضرب عند الرياضيين المصريين باضافة المضروب الى نفسه بقدر عدد المرات المراد ضربه فيها ، أي أنها كانت تجرى على اساس "جمعي". مثلا لضرب ١٢ × ١٢ كانوا يحصلون على النتيجة على الوجه الاتي :

١	١٢
٢	٢٤
٤ +	٤٨ +
٨ +	٩٦ +
١٢	١٤٤

أى بوضع ١ أمام المضروب به ثم تضاعف اعداد كل جهة حتى نصل في الحقل الايمن على اعداد مجموعها بقدر المضروب فنؤشر في حالة ١٢ على ٤, ٨ ، ونجمع مايقابلهما في الحقل الايسر اى ٤٨ و ٩٦ فيكون الناتج ١٤٤ وهو حاصل ضرب ١٢ في ١٢ .

وفي حالة القسمة تنعكس العملية ولكنها تجرى كذلك على اساس الجمع فلقسمة ١٨ على ٣ نعد ثلاثة ثلاثة حتى نصل الى ١٨ ، على الوجه الاتي :

٣	١
+ ٦	+ ٢
+ ١٢	+ ٤
ــــــــ	ــــــــ
١٨	٦

وفي حالة وجود باق في القسمة اى كسر فان العملية مشابهة مع وجود الكسر . فمثلا لقسمة ١٦ على ٣ تجرى العملية كما يأتي ص

+ ٣	+ ١
٦	٢
+ ١٢	+ ٤
ــــــــ	ــــــــ
١٥	٥

وبما ان حاصل القسمة ٥ الذى يقابل ١٥ لايحقق النتيجة بل ينقص (١) عن المقسوم ١٦ فيجعل الباقي وقدره (١) كسرا من ٣ أى $\frac{1}{3}$.

٥ ــ الكسور :

والكسور في رياضيات حضارة وادى النيل احدى الميزات اختصت بها هذه الرياضيات . وباستثناء الكسر $\frac{2}{3}$ فان الكسور مهما كانت مقاماتها (denomerators) ترجع الى كسور مقامها الوحدة أى (Unit fractions) . وللتعبير عن الكسور التي مقاماتها الوحدة توضـــيح العـــلامة الهيروغليفية التي تلفظ R وتعني جزءا او كسرا وتوضع تحت الرقم وللتعبير عنها بالارقام الحديثة يوضع خط فوق العدد مثل ٥̄ = $\frac{1}{5}$

$\frac{1}{v}$ ، $\frac{1}{r}$ = $\overline{r}$ ، $\overline{v}$ = $\frac{1}{v}$. اما السكور التي مقاماتها اكثر من الوحـــدة فكان يعبر عنها بجمع عدة كسور مقاماتها الوحدة ويكون مجموعها مساويا للكسر المراد التعبير عنه . فمثلا $\frac{r}{v}$ كان يعبر عنها بـ $\overline{\varepsilon}$ + $\overline{r\wedge}$ (أى

$\frac{1}{\varepsilon}$ + $\frac{1}{r\wedge}$)

اما $\frac{r}{r}$ الذى قلنا انه مستثنى من نظام السكور فيعبر عنه بـ $\frac{1}{r}$ + $\frac{1}{r}$ ويعبر علامة هيروغليفية خاصة . وكانوا يستخرجون "كسور الوحدة" هذه من جداول أعدت لهذا الغرض وقد جاء في " بردية رند " السالفة الذكر مايعادل " كسور الوحدة لمجموعة من الاعداد الفردية (odds) من (٥) الى (٣٣١) .

ان هذا يرينا البون الشاسع في اتجاه الرياضيات في كل من حضارتي وادى الرافدين ووادى النيل ، بحيث اعتبر مؤرخو الرياضيات اثر الطرق العددية والحسابية في حضارة وادى النيل من معوقات تطور العدد في الحضارات القديمة

(٥) نظام العدد :

كان اساس العدد في حضارة وادى النيل الاساس العشرى ولكن بدون مبدأ المرتبة العددية . وقد وضعت رموز خاصة للوحدات العددية مثل الواحد والعشرة والمائة والالف وتكرار هذه الرموز جنبا الى جنب او الواحدة فوق الاخرى للتعبير عن الارقام المختلفة الاكبر قيمة فمثلا :

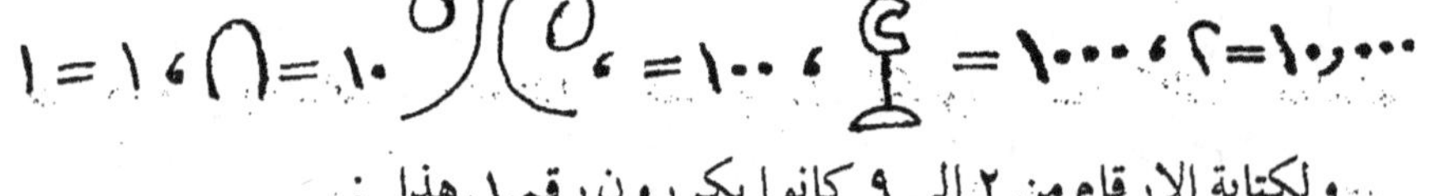

١ = ١ ، ∩ = ١٠ ، ٩ = ١٠٠ ، ₴ = ١٠٠٠، ٢=١٠٠٠٠ ، ١=١٠٠٠٠٠

ولكتابة الارقام من ٢ الى ٩ كانوا يكررون رقم ١ هذا :

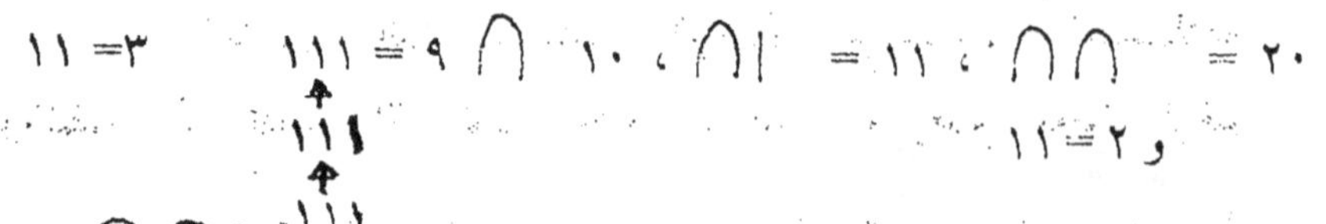

٢٠ = ∩∩ ، ١٠ ، ٩ = ١١١ ∩ ، ٣ = ١١١

و ٢ = ١١ ، ١١١ ، ١١١

وهكذا ٢٠٠ = ٩٩ ، ٣٠ = ₴₴

١٠٦

(٦) نماذج من المسائل الجبرية والهندسية :

نكرر ماسبق ان نوهنا به من ان المستوى الذى بلغته المعارف الجبرية في
في حضارة وادى النيل كان دون المستوى الذى تتبعناه في حضارة وادى
الرافدين ، ولم يتعد النواحي العملية بصورة واضحة . ويمكننا الوقوف على
نوع القضايا الرياضيــة العمليــة التي اهتــم بهــا رياضيو مصر
القديمة من بعض المسائل التي خلفوها لنا ، فقد كتب بعضها باسلوب
ساخر يتحدى فيه الرياضيون والكتبة بعضهم بعضا مثل المسألة التي نصها
«انت تقول انا الكاتب الذى يصدر الاوامر الى جموع الجنود والعمال . فلو
طلب منك ان تنشئ مخزنا ولكنك جئت الي تستفهم مني عن مقدار الجرايات
للجنود . لقد تركت مقر وظيفتك ووقع العبء علي لاعلمك واجبات وظيفتك»
ومثل المسألة الاتية : انت ايها الكاتب الماهر على رأس جمع من العمال
واريد منك بناء منحدر طوله (٧٣٠) ذراعا وعرضه (٥٥) ذراعا وفيه (١٢٠)
حفرة مملوءة بالقصب والقضبان . وقد طلب من قواد الجيش معرفة عدد الاجر
لتشييده ، ولم يستطع احد من الكتبة ان يعرف الجواب بل انهم اعتمدوا عليك
قائلين أنت الكاتب الماهر فاجبنا كم عدد الاجر الذى نحتاج اليه .

وخلف لنا الرياضيون في مصر القديمة نماذج من المعادلات البسيطة الخطية
(Linear) ، مثل المسألة التي تطلب ايجاد العدد الذى مجموع
$\frac{2}{3}$ و $\frac{1}{2}$ منــه يساوى ٣٣ . وكانت مثــل هــذه القضايا تحل
بطريقة وصفيه اى بدون استعمال الرموز الجبرية على غرار مامر بنا
في طرق حل المعادلات الجبرية في حضارة وادى الرافدين وجاء اسم احد
الرياضيين القدماء في ″بردية رند″ على هيئة ″احمس″ (Ahmes) .

وهناك بعض المسائل التي يمكن اعتبارها قضايا نظرية ويستند البعض منها
على مبدأ المتواليات الحسابية والهندسية مثل المسألة التي تدور على تقسيم (١٠٠)

رغيف من الخبز على خمسة اشخاص بحيث تكون الحصص وفق متوالية حسابيـــة ، وان $\frac{١}{٧}$ مجموع الحصص الثلاث الكبيرة يساوى مجموع الحصتين الكبيرتين . وهناك قضية طريفة تتضمن متوالية هندسية عن سبعة بيوت ، في كل بيت منها ٧ قطط وكل قط يراقب سبعة جرذان وقدام كل جرذى سبع سنابل فما المجموع ، وهذا يشير الى معرفة بدستور مجموع المتوالية الهندسية .

وتؤدى القضية التالية الى معادلتين آنيتين من الدرجة الثانية(١) : اذا طلب منك ان تقسم مساحة ١٠٠ ذراع بين مربعين بحيث يكون ضلع احد المربعين ثلاثة ارباع ضلع المربع الثاني " . وقد حلت هذه القضية بوضعها على الشكل الاتي : س ٢ + ص ٢ = ١٠٠ و ص = $\frac{٣}{٤}$ س ، وافترض الرياضي القديم ان ضلع احد المربعين الوحدة وطول ضلع المربع الاخر $\frac{٣}{٤}$ فيكون مجموع المساحتين $\frac{٢٥}{١٦}$ ، وجذره $\frac{٥}{٤}$ ، وجـــذر ١٠٠ هــو ١٠ ، وتكون نسبة ١٠ الى طول الضلع المطلوب كنسبة $\frac{٥}{٤}$ الى ١ ، ومن ذلك يكون طول ضلع احد المربعين ٨ وطول ضلع الاخر ٦ .

تشير هذه القضية الى معرفة بالعلاقة الفيثاغورية ٢٣ + ٢٤ = ٢٥ لان ٢٦ + ٢٨ = ٢١٠ .

(٧) الهندسة :

اما عن المعارف الهندسية فقد جاءتنا من رياضي مصر القديمة عدة قضايا يـدور معظمها على مساحات بعض الاشكال الهنـــدسية وحجوم بعض الاشكال المجسمة المألوفة فقد عرفوا مثلا مساحة المثلث بالدستور الصحيح أى نصف حاصل ضرب القاعدة بالارتفاع ، واستخرجوا مساحة الدائرة

---

(١) انظر " كتاب حساب الجبر والمقابلة » للخوارزمي (تحقيق على مصطفى مشرفة ومحمد احمد ١٩٣٩ ، ص ٢ - ٣) .

بالدستور (ق - $\frac{ق}{٩}$)٢ ، (ق = القطر) ، وهذا ينتج قيمة للنسبة

الثابتة مقدارها = $\frac{٢٥٦}{٨٢}$ = ١٦٠٥٬٣ أو ٣٬١٦ .

وبالنسبة الى خصائص المثلث الفيثاغورى الذى سبق ان رأينا معرفة رياضي العراق القديم بها في مطلع الالف الثاني ق . م فلا توجد ادلة صريحة او مباشرة على معرفة رياضي وادى النيل بها وهناك الاسطورة القائلة بأن احد القدماء منهم استطاع ان يرسم مثلثا قائم الزاوية بحبل فيه عقد بالاطوال ٣ ، ٤ ، ٥ . وخلفوا لنا دساتير عن حجوم بعض الاشكال المجسمة مثل المكعب ومتوازى المستطيلات (parallelepiped) والاسطوانة ، ودستور حجم الهرم الرباعي المقطوع (frustum) على الوجه الاتي :

ح = $\frac{١}{٣}$ع (٢أ + أ ب + ب٢) وهي المعادلة الصحيحة باعتبار ع ارتفاع الهرم وأ ب ، طول ضلع كل من القاعدتين المربعتين السفلى والعليا . ويرجع تاريخ هذا الدستور الى حدود ١٨٥٠ ق . م ولكن لا يعرف كيف توصل الرياضيون المصريون الى هذا الدستور العجيب ، علما بانه كما قلنا لا توجد ادلة اكيدة على معرفتهم بخصائص المثلث القائم الزاوية، كما انه لم يقترن هذا الدستور ببرهان او كيفية ايجادهم للحل (١) ولا توجد كذلك دلالة على معرفتهم بحجم الهرم الكامل الذى يعزى ايجاد دستوره المعروف أى $\frac{١}{٣}$ مساحة القاعدة مضروبا بالارتفاع الى الرياضي اليوناني "ديمقرطيس" (٦٤٠ ق . م) .

ونورد فيما يلي نص الحل الوصفي لحجم الهرم المقطوع :

"هرم مقطوع (ناقص) ارتفاعه ٦ أذرع ، و٤ أذرع للجانب الاسفل وذراعان للجانب الاعلى فما مقدار حجمه ؟ ربع ٤ فتحصل على ١٦ .

---

(١) انظر :   Struik, op. Cit., p. 323

اضرب ٤ في ٢ فتحصل على ٨ ، ربع ٢ فتصحصل على ٤ واجمع ١٦ و ٨ و ٤ فتحصل على ٢٨ . خذ $\frac{1}{3}$ الـ ٦ فتحصل على ٢ . أضرب ٢٨ في ٢ فتحصل على ٥٦ . وقد حصلت على الجواب

(٨) الفلك :

مما يقال عن علم الفلك (Astronomy) في حضارة وادي النيل انه لم يكن ذا أثر كبير خارج هذه الحضارة ، وانه مثل الرياضيات (١) فيها من حيث قلة تراثه في الحضارة " الهلنستية " (منذ القرن الثالث ق . م) التي ازدهر فيها الفلك الرياضي ازدهارا كبيرا ، وقد سبق ان لاحظنا تقدم هذه الناحية في حضارة وادى للرافدين في العصر السلوقي (ويقع ضمن عصر الحضارة الهلنستية السالفة الذكر) ، حيث نوهنا باستعمال الفلكيين اليونان للازياج ونظام العدد الستيني البابلية . على انه مع ذلك كان للفلك المصرى القديم اثر محسوس من ناحية التقويم عند الفلكيين في العصر الهلنستي ، فالتقويم المصرى كان من انضج التقاويم في الحضارات القديمة لانتظامه وسهولة فهمه . والسنة المصرية في هذا التقويم كانت من أثنى عشر قسما اوشهرا كل شهر ٣٠ يوما وكانوا يضيفون (٥) أيام أعياد في نهاية كل عام ليكون مجموع ايام السنة ٣٦٥ يوما. ومع ان منشأ هذا التقويم كان من الحاجات العملية الزراعية (+) الا ان عدم اعتماده على الاشهر القمرية كما في السنة البابليــــة ، يجعله افضــل التقاويم القديمة ، فشاع استعماله لدى الفلكيين في العصر الهلنستي وفي اوربة في

---

(١) O.Neugebauer, op. Cit. 80-81.

(+) يرجع الباحثون منشأ التقويم المصرى الى تسجيل رصد فيضان النيل ربط مواعيده بظهور كوكب الشعرى (Sirius) (الشعري اليمانية او كلب الجبار) . وكانت السنة المصرية المكونة من ٣٦٥ يوما تتألف من ثلاثة فصول ، كل فصل من اربعة أشهر ، يدعى الفصل الاول " الفيضان " (اخيت بالمصرية القديمة) ويبدأ من اول يوم يرتفع فيه النيل في شهر حزيران وبعد اربعة اشهر يبدأ الفصل الثاني وهوموسم الزرع فيرويت) ثم اخيراموسم الحصد او الشح واسمه " شومو " (انظر . O.Neugebauer, IBID., p. 80.

العصور الوسطى ، واستعمله الفلكي الشهير « كوبرنيكس » (Copernicus) واسهم الفلك المصرى القديم ايضا في مبدأ تقسيم اليوم الى ٢٤ ساعة ، ١٢ ساعة لكل من النهار والليل . اما العراقيون القدماء فكانت الساعة عندهم مضاعفة أى ان مقدار اليوم ١٢ ساعة ، ولكن تقسيم الساعات الى اجزاء ستينية كان تراثا من العراق القديم . واستعمل المصريون القدماء مبدأ الظل أى المزولة لحساب ساعات النهار ونوعا من الساعات المائية لقياس الوقت في الليل بطريق قياس مقادير الماء التي تجرى اوتتساقط في وعاء مدرج . وعرف المصريون القدماء الفروق بين اطوال الليل والنهار في فصول السنه المختلفة واستخدموا نسبة ١٤ الى ١٢ لطول ليالي الشتاء بالنسبة الى طول النهار . ومثل الفلكيين في حضارة وادى الرافدين قسموا السماء الى مناطق ورصدوا وعينوا مجموعات النجوم الخاصة في كل منطقة ، ودونوا بذلك جداول خاصة ، كما صنفوا النجوم الى مجموعات خاصة . اما مبدأ " الابراج الاثنى عشر " (Zodiac) الذى سار عليه الفلكيون في العراق القديم فلم يعرف في مصر قبل العصر اليوناني البطلمي (القرن الثالث ق . م) . واستعمل الفلكيون المصريون بدلا من الابراج الاثنى عشر مبدأ الديكان (Decan) اى العشرة لتقسيم السنة الشمسية حيث كانوا يعينون مجموعة خاصة من الكواكب بارزة تطلع في ساعات معينة من الليل في خلال ٣٦ ساعة ولمدد متعاقبة قوام كل مدة عشرة ايام ودونوا عن مثل هذه النجوم جدوال خاصة ، واستطاعوا بواسطتها ان يحددوا الوقت في الليل اذا علم تاريخ التقويم لليوم المعين من شهر خاص وبالعكس لمعرفة مجموعة النجوم الخاصة اذا علمت الساعة المعينة في الليل .

وبرع المصريون القدماء بممارسة الطب والجراحة ، على الرغم من ان الوصفات الطبية كان يتخللها الطرق السحرية . وخلفوا لنا مدونات طبية مهمة كان الكثير منها اشبه مايكون بسجلات " الوقائع والحالات الطبية " وعلى الرغم من معرفتهم بالتحنيط واعضاء الجسم وجوارحه الاانه لم يصل

الينا منهم تأليف عن التشريح ووظائف اعضاء الجسم الانساني ،
كما ان اسماء الكثير من هذه الاعضاء مستعارة من اسماء اعضاء الحيوانات
واشتهر اطباء مصر القديمة لدى اليونان بمهارتهم وحذقهم .

واشتهر من المدونات الطبية التي جاءت الينا النص المدون على البردى
والمعروف باسم بردية "أبيرس" (Ebers Papyrus) نسبة الى الشخص
التي اقتناها ، وهي الان محفوظة في جامعة "ليبزك" بالمانية . وهذا هو أشهر
واطول تأليف طبي ويرقى في زمنه الى عهد الاسرة الثامنة عشرة (القرن
السادس عشر ق . م) ، وهو عن وصفات طبية والعقاقير المستعملة وارشادات
في كيفية اشتعمالها . وذكرت فيها بعض الامراض الشائعة منها امراض خاصة
بالمعدة والقلب والاوعية ، كما ذكرت بعض العمليات الجراحية الخاصة
بالمثانة " ومن المدونات الطبية أيضا نص آخر عرف بأسم "بردية إدون سمث"
الموجـــودة الان في حيازة الجمعية التأريخيـــة في "نيويورك (١)
ويحتوى على بعض العمليـــات الجراحيـــة في عـــلاج الكسـور
والجروح وطرق التجبير والطريف ذكره عن هذين النصين انهما يتضمنان
وصفا لوظائف القلب وان " القلب يتكلم " بواسطة اعضاء الجسم المختلفة ،
فيستطيع الطبيب الماهر ان يجس القلب عن طريق فحصه تلك الاعضاء .
ولعل هذا يشير الى معرفة اولية بالدورة الدموية ، وان معرفتهم بعلاقة القلب
العضوية بجوارح الجسم وادراك اهميته على انه مصدر الحياة كانت بحد
ذاتها ذات اهمية كبيرة في تاريخ التشريح والفسلجة .

―――――――――――――

(١) عن العلوم والمعارف في حضارة وادى النيل ومنها الطب انظر المراجع الاتية :

1) The Legacy of Egypt (1942)

2) H. Ranke, Medicine and Surgery in Ancient Egypt
   in Bulletin of The Institue of History of Medicine
   Vol. I No. 7 (1933).

الصــــين والهنـــد

معرفتنا بالعلوم الرياضية في الحضارتين الشرقيتين ، الصين والهند ،
قليلة ناقصة لقلة ماجاء الينا عنها من مصادر قديمة ، كما ان تاريخ النصوص
التي دونت هذه العلوم غير مضبوط . وهناك سبب آخر لجهلنا باطوار هذه
المعارف الرياضية واصولها القديمة منشؤه من ان المواد التي استعملت في
تدوينها كان معظمها قابلا للتلف والاندثار مثل لحاء الشجر واعواد الخيزران
(bamboo) . وبدأ الصينيون بصنع الورق واستعماله منذ القرن الثاني
الميلادى ، ولكن لم يسلم من النصوص المدونة في الورق الا القليل
مما يمكن ارجاع زمنه الى ماقبل عام ٧٠٠ للميلاد . على ان الاجيال
المتأخرة من ابناء هاتين الحضارتين تعزو الى العلوم الرياضية فيها ازمانا
متطاولة في القدم ، ولكن الواقع لم يصل الينا نص رياضي يمكن ارجاع
زمنه على وجه التأكيد الى ماقبل العهد الميلادى . ولعل اقدم نصوص هندية
(هندوسية) تلك التي ترجع الى القرون الاولى الميلادية ، وكذلك يقال
بالنسبة الى النصوص الرياضية الصينية . والماثور في تاريخ الرياضيات ان
الرياضيين الصينيين كانوا أول من اشتغل بما يعرف باسم " المربعات السحرية
(Magic Saures) مثل المربع :

٤	٩	٢
٣	٥	٧
٨	١	٦

والمعروف عن الرياضيات الهندية انها استعملت الاساس العشرى ، ثم اهتدت
الى مبدأ المرتبة العددية في ازمان لاحقة ، ولعل ذلك كان بتأثير الرياضيات البابلية
وكانت اقدم ارقام استعملت في الهند القديمة الارقام التي يطلق عليها الطريقة

١١٣

"البراهمية" التي استعملت رموزا خاصة لكل رقم من ١ ، ٢ ، ٣ ، ٠٠ ، ٩ ، ١٠ ، ٢٠ ، ٣٠ ، ٤٠ ٠٠٠ ، ١٠٠ ، ٢٠٠ ، ٣٠٠ ٠٠ ١٠٠٠ ، ٢٠٠٠ ، ويرجع تاريخ هذه الرموز الى زمن الملك الهندى الشهير (اصوكا Asok) (٣٠٠ ق . م) . واشتهرت في الرياضيات الهندية ايضا النصوص التي عرفت باسم «سلفا ستراس» (SULVASUTRAS) والتي يرجع تاريخ بعضها إلى حدرد ٥٠٠ ق. م . وهي تتضمن بعض الاشكال الهندسية مثل المربعات والمستطيلات ، وبيان العلاقات مابين اجزاء مثل هذه الاشكال مثل نسبة قطر المربع الى ضلعه والمكافئةمابين المربع والدائرة وتوجد حالات تشير الى معرفتهم بنظرية فيثاغورس وانهم قربوا قيمة جذر ٢ التربيعي الى مقدار ١٥٦، ٤٢، ١٤، ١ وقيمة النسبة الثابتة الى ١٨ (٣ — ٢ $\sqrt{٢}$) ، كما اوجدوا قيمة اخرى للنسبة الثابتة وهي $\sqrt{١٠}$ في النصوص "الجانية" (Jainian) (في حدود ٥٠٠ ق . م) .

ويبدو ان مركز البحوث الرياضية القديمة انتقل من بعد سقوط الامبراطوية الرومانية الى الهند ثم انتقل مرة اخرى الى العراق في العصر العربي الاسلامي كما سيأتي تفصيل ذلك في القسم المخصص للرياضيات العربية .

ويعد مؤرخو الرياضيات ان اولى مؤلفات علمية عن الرياضيات الهندية قد دونت في النصوص المعروفة باسم (سدهانتاس Siddhantas) (وقد حفظت منها نسخة عرفت باسم "سوريا" (Surya) في حدود ٣٠٠ — ٤٠٠ م) ، وكانت المواضيع الغالبة في مثل هذه المؤلفات فلكية واستعملت فيها الكسور الستينية التي يرجح انهم اخذوها من الرياضيات البابلية اما مباشرة من بعد فتح الاسكندر اوعن طريق الفلكيين اليونان مثل بطليموس . واشتغل الرياضيون والفلكيون الهنود في المثلثات حيث يحتوي الكتاب السالف الذكر على جداول بمقادير جيوب الزوايا بدلا من الاقواس (Chords) . وقد اطلقوا على الجيب (Sine) كلمة "جيفا" (JYVA)

وبلغوا في الجبر مراحل محسوسة من التطور ، وتميزوا في بعض الحالات على رياضي اليونان مثل " ديوفانتس " الشهير (القرن الثاني الميلادى)الذى اشتهر في الجبر وسيرد الكلام عليه في موضوع الرياضيات اليونانية . ومن مظاهر ادراكهم الجبرى انهم اخذوا بالقيم السالبة لمعادلات الدرجة الثانية فمثلا اوجدوا قيمتين للمعادلة : س٢ – ٤٥ س = ٢٥٠ احداهما موجبة وهي س = ٥٠ ، والثانية سالبة وهي س = – ٥ ولعل ابرز ماتدين به الرياضيات الحديثة الى الهند انتقال النظام العشرى في العدد مع مبدأ المرتبة العددية والصفر من الرياضيات البابلية عن طريق اليونان ، وحسنوا في استعمال الصفر وسموه " سونيا " (Sunya) ، واستعملوا للتعبير عنه النقطة او الدائرة الصغيرة . وسنرى في كلامنا على الرياضيات العربية كيف حسن الرياضيون العرب ولاسيما الخوارزمي (القرن التاسع الميلادى) في نظام العدد الهندى فقد اختار من أشكال الارقام الهندية نوعين : الغبارى والهوائي (، وهما اللذان انتقلا مع الصفر والاساس العشرى الى العالم وعرفا باسم (الخوارزم Algorism) . وقد ترجم الفزارى كتاب " السدهانتاس " الى العربية (٧٧٣م) قبل الخوارزمي وكانت هذه الترجمة اقدم كتاب في الرياضيات الهندية ينتقل الى العربية وبه ابتدأت معرفة العرب بالرياضيات الهندية .

وظهر في حدود القرن الخامس الميلادى الرياضي الهندى الشهير " اربابهاتا " الذى اوجد دستورا لحساب عدد حدود المتوالية الحسابية اذا عرف منها الحـــد الاول والاساس ومجموع الحدود ، وعرفوا حل معادلات الدرجة الثانية . واشتهر في القرن السابع الميلادى الرياضي " برهما جوبتا " الذى اوجد القاعدة الاتية لحل معادلة الدرجة الثانية :

" اجمع الى الحد المطلق مضروبا في معامل المربع نصف معامل المجهول ثم اطرح من الجذر التربيعي لهذا المجموع نصف معامل المجهول واقسم النتيجة على معامل المربع فتحصل على قيمة المجهول " . وهذا مبدأ مايسمى

١١٥

باكمال المربع الذى اتبعه الجبريون البابليون كما مربنا وكذلك طريقة الارجاع الى الوحدة حين يكون معامل س ٢ غير الوحدة ، وسيمر بنا في كلامنا على الرياضيات العربية كيف ان الخوارزمي (القرن التاسع الميلادى (اتبع هذه القاعدة واذا حللنا قاعدة « برهما جوبتا » فيكون وضعها على الوجه الاتي :

$$أ س^{٢} + ب س = ج$$

$$س = \frac{\sqrt{\left(\frac{ب}{٢}\right)^{٢} + أ ج} - \frac{ب}{٢}}{أ}$$

وفي عصر الخوارزمي الذى سيمر بنا اشتهر رياضي هندى أهر هو "مهافيراكاريا" الذى وضع ايضا قواعد لحل معادلات الدرجة الثانية ، وانه استعمل المجهول وجذره في المعادلات بدلا من المجهول ومربعه كما هو معروف الان .

وخلاصة القول استمر اشتغال الرياضيين الهنود بالجبر من زمن "أريابهاتا" السالف الذكر (القرن الخامس الميلادى) الى مابعد زمن الخوارزمي (١) .

---

(١) انظر المراجع المذكورة في "كتاب حساب الجبر والمقابلة للخوارزمي (علي مصطفى مشرفة ومحمد مرسي احمد ١٩٣٩) ، ص ٧ – ٨ .

الفصل الرابع

الحضارة اليونانيـــة

حينما كانت الحضارة التي سميت بالحضارة الايجية « او المينية » مزدهرة في الاجزاء الغربية من حوض البحر المتوسط في الالف الثاني ق . م (١) ، بدأت تغزو البلاد التي عرفت ببلاد اليونان بعدئذ اقوام " هندية — اوربية (Indo-Europeans) تتكلم بما سمى باللغة الاغريقية او اليونانية وهي من اقدم فروع عائلة اللغات " الهندية — الاوربية " وكانت اولى الهجرات اليونانية الى هذه البلاد قد تأثرت بالحضارة الايجية (١) السالفة الذكر فتعلمت منها الحضارة بمرور الازمان وظهر مايعرف بالثقافة " المسينية " او " الميكينية " (Mycenaean) نسبة الى اشهر مراكزها في جزيرة " مسينة " (Mycenae) وقد اشتهرت بفنونها ونشاطها التجارى ، وكان عهد ازهارها مابين ١٦٠٠ و ١٢٠٠ ق . م والمرجح كثيرا ان الحروب التي جاء ذكرها

_____

(١) ازدهرت الحضارة الايجية (Aegean) في جملة جزر في بحر ايجة اشهرها واكبرها جزيرة " كريت " (اقريطش في المصادر العربية) وعاصمتها كنوس (Knosus) وقد كشفت التنقيبات الاثرية فيها عن بقايا مهمة مثل قصور ملوكها وآثارها الفنية الجميلة ، وسميت ايضا بالحضارة المينية (Minoan) نسبة الى احد ملوكها الاسطوريين " مينوس " (Minos) ، وقد بدأ ازدهارها منذ الالف الثالث ق . م وكانت على مايرجح من الحضارات الاصلية اى الحضارات التي لم تشتق من حضارة سابقة لها وانما تطورت ونمت من بدايات عصور ماقبل التأريخ . وكانت تعتمد في ازدهارها على الملاحة والتجارة البحرية بالدرجة الاولى ، وهي ذات صلة وثيقة بنشوء الحضارة اليونانية حيث استقت منها هذه الحضارة عناصر حضارية اساسية و كانت القبائل اليونانية هي التي قضت على الحضارة الايجية .

في الياذة هوميروس وفي الاوديسة ايضا ترجع في عهدها الى هذا الزمن وتصور لنا اتساع الاغريق التجارى وبداية استيطانهم لسواحل آسية الصغرى الغربية . وصار هؤلاء '' المسينيون '' الطبقة الحاكمة في بلاد اليونان ، ولكنهم سرعان ما اختفوا من مسرح الاحداث التاريخية لاسباب لا تزال غير معروفة تماما ، ولعل ذلك كان من جراء هجرات قبائل يونانية جديدة ، وكانت اولاها القبائل التي عرفت في تاريخ اليونان باسم الدوريين (Dorians) ثم اعقبهم الاخيون (Achaeans) ثم الايونيون (Ionians) وبعد فترات مظلمة في تاريخ بلاد اليونان ظهرت بلاد اليونان التاريخية على هيئة وحدات او تنظيمات سياسية بحكمها الملوك وهذا اقدم دور في تاريخ اليونان (١١٠٠ – ٧٥٠ ق . م) ثم يلي ذلك دور ثان تميز بحكم النبلاء او الارستقراطيين (٧٥٠ – ٦٢٥ق.م) ثم اعقبه الدور الدور الذى عرف في تاريخ اليونان بعصر الطغاة (Tyrants) (٦٢٥ – ٥٢٥ ق . م) وتلاه عصر اليونان الكلاسيكي (Classical Age) الذى ساد فيه النظام السياسي الديموقراطي (Democratic) ولاسيما ديموقراطية دولة مدينة اثينة (٥٢٥ – ٤٠٠ ق . م) ، واعقب ذلك دخول بلاد اليونان تحت سلطان الملك فيلب المقدوني وابنه الاسكندر الكبير (٣٥٦ – ٣٢٣ ق . م) ، وكان هذا عصر ماسميناه بالحضارة الهلنستية والعصر الهلنستي (Hellenistic) منذ القرن الثالث ق . م ، وسيأتي الكلام عن الرياضيات اليونانية في هذا العصر .

وازدهرت بلاد اليونان بوجه خاص في القرنين السابع والسادس ق . م ، فاتسع نشاطها التجارى واقامت عدة مستوطنات او مستعمرات في الخارج مثل شمالي افريقية (في اقليم برقة من ليبيا الان) وفي جنوبي ايطالية والاجزاء الغربية من الاناضول وجملة اقاليم في منطقة البحر الاسود . وظهرت تنظيمات سياسية كثيرة ، وكان النظام السياسي السائد ة نظام دول المدن (City-States) الذى رأيناه يظهر لاول مرة في تاريخ الحضارات في وادى الرافدين

في مطلع الالف الثالث ق . م واشتهرت من دول المدن اليونانية دولة مدينة " اثينة " واسبارطة (Sparta) وطيبة (Thebes) وعدة دويلات اخرى في البلاد التي عرفت باسم « ايونية » في الجزر والسواحل الغربية من بلاد الاناضول ، وكان لهذه الدويلات اتصالات تجارية مع حضارة وادى الرافدين ووادى النيل . وفي بلاد آيونية هذه ظهرت العلوم والمعارف في الحضارة اليونانية ومنها العلوم الرياضية منذ مطلع القرن السادس ق . م ، كما سنشرح ذلك .

(٢) ادوار تاريخ الرياضيات والعلوم اليونانية ومصادرنا عنها :

وإلكي يسهل علينا تتبع تطور العلوم والرياضيات في الحضارة اليونانية يمكن تقسمها الى الادوار التاريخية المتميزة الاتية :

١ ـ الدور القديم :

من مطلع القرن السادس ق . م الى مطلع القرن الثالث ق . م

٢ ـ الدور الهلنستي :

أ ـ الدور الهلنستي الاول :

من بداية القرن الثالث ق . م الى القرن الاول الميلادى .

ب ـ الدور الهلنستي الثاني :

ويصح ان نسميه الدور الروماني من القرن الاول الى القرن الخامس الميلادى (١).

---

١ ـ ويمكن تقسيم تطور العلوم والمعارف والفلسفة عند اليونان وفق ترتيب آخر الى الادوار الآتية :

١ ـ **الدور الايوني** : أو ما قبل عصر سقراط . من مطلع القرن السادس ق . م الى ظهور سقراط .

٢ ـ **عصر سقراط وتلاميذه** : من القرن الخامس ، ويدخل فيه سقراط وافلاطون وارسطو .

٣ ـ **عصر ما بعد ارسطو** : من القرن الثالث ق . م الى سقوط روما (٤٧٦) وهذا هو عصر الحضارة الهلنستية .

اما مصادرنا عن الرياضيات اليونانية من اطوارها القديمة اى الى الدور الذى سميناه الدور القديم فانه لم تصل الينا المصادر الاصلية وان اعتمادنا في معرفتنا بها على الاقتباسات التي اوردها بعض الفلاسفة اليونان مثل افلاطون (plato) (٤٢٧ – ٣٤٨ ق.م) وارسطو (Aristotales) (٣٨٤ – ٣٢٢ ق . م) وماذكره ايضا بغض قدامى المؤرخين مثل "هيرودوتس (Herodotus) (٤٨٠ – ٤٢٥ ق . م) فلا تعرف اشياء مؤكدة عن اصولها وبداياتها : ولكن مما لا شك فيه ان الحضارة اليونانية اقتبست اشياء كثيرة من الحضارات التي ازدهرت في الوطن العربي ولاسيما حضارتي وادى الرافدين ووادى النيل ومن بين ذلك الاساطير والقصص والادب والعلوم والمعارف كما اظهرت ذلك نتائج التنقيبات والتحريات الحديثة .

ومثـــل هـــذا يقـــال بالنسبة الى مؤلفات مشاهـــير الرياضيين من الادوار التالية ،فان اول ما عرفته اوربه من مؤلفاتهم الرياضية قدجاء بالدرجة الاولى من العهود المسيحية ومن المصادر العربية . فمثلا عرفت اوربة هندسة "اقليدس" (Euclid) (القرن الثالث ق . م) عن طريق الترجمات والتعليقات العربية قبل ان يعثر على النصوص اليونانية الاصلية في القرن السادس العشر الميلادى وكذلك عن طريق بعض النصوص البردية . ثم اعقب ذلك اكتشاف الكثير من النصوص الاصلية ، مثل هندسة اقليدس ورياضيات "ارخميدس" و "ابولونبوس" وغيرهم من مشاهير الرياضيين الذين سيأتي الكلام عنهم. ولكن مع ذلك لاتمثل لنا مؤلفات هؤلاء العلماء الاالاطوار التي نضجت فيها الرياضيات اليونانية ، اما بداياتها واصولها فهي كما قلنا تكاد تكون مجهولة وتقتصر معرفتنا الناقصة بها على اقوال المؤرخين والرياضيين اليونان المتأخرين .

(٣) الميزات والخصائص العامة :

مع انالرياضيات اليونانية كانت تختلف بالنسبة الى ادوارها التاريخية التي

ذكرناها وبالنسبة الى اتجاهات الرياضيين المختلفة فيها بيد انها تشترك بميزات وخصائص مشتركة عامة يمكن ايجازها في النقاط الاتية :

أ – ولد العلم اليوناني ومعه الرياضيات في المستوطنات "الايونية" (سواحل آسية الصغرى الغربية كما ذكرنا ما بين القرنين السابع والسادس ق . م .) ومع ان مفكرى اليونان في هذه المستوطنات اقتبسوا اشياء كثيرة من حضارتي وادى الرافدين ووادى النيل بيد انهم تميزوا في اتجاهات تفكيرهم ونظرهم الى الحياة وظواهر الكون فعللوا وبرهنوا و "تفلسفوا" ، فكان فضلهم واسهامهم كبيرا في نشوء العلوم العقلانية (Rational) . انهم شغلوا بالبحث عن الاشياء والاجابة عن "لماذا" وليس كيف وهو نمط التفكير الذى طغى على الحضارات الشرقية القديمة . وكان من الاهداف الرئيسية لدراسة الرياضيات في الدور القديم التي بدأت بطاليس الايوني وغيره من اوائل المفكرين الايونين فهم مكانة الانسان وموقعه في الكون وتعليل الاشياء تعليلا عقلانيا وليس غيبيا (Metaphysical) وذلك لان الرياضيات كانت عندهم اكثر المعارف البشرية منطقية وعقلانية ، فان دراستها والبحث فيها تستلزم التعليل والتفكير المجرد والبرهان .

ب – يمكن القول انهم اتجهوا اتجاهين في المعارف التر ياضية(١) سواء تلك التي اقتبسوها من وادى الرافدين ووادى النيل او تلك التي اكتشفوها بانفسهم ،

---

(١) ظهرت الكلمة اليونانيــة « Mathematike " (Mathematikos) التي هي اصل مصطلح (Mathematics) في اللغات الاوربية الان في القرن السادس ق . م لعله في زمن « فيثاغورس » الشهير . وقد اشتقت الكلمة اليونانية من المادة Mathema (من الجذر – Math الذى يعني تعلم) وتعني « مايتعلم » اى مايحصل عليه بالتعلم « وقد تعني كذلك « مايجدر بالانسان ان يتعلمه من المعارف » فكان استعمال المصطلح عند مفكرى اليونان اوسع من استعمالاته الان ، اذ كان عند افلاطون ، الذى شاع في عهده استعمال الكلمة في اللغة اليونانية ، وغيره من الفلاسفة « موضوع الدرس والتعلم « . وكانت الموضوعات التي يجدر ان يتعلمها المواطن الحرار أى ماتدخل تحت مصطلح Mathema المواضيع التاليـة :
(١) الحساب (Arithmatike)

فالاتجاه الاول هو الذي نوهنا به ، اي الاتجاه المنطقي العقلاني
(Rationalistic) المتميز بالتعليل والبرهان واستخراج القوانين والقواعد
العامة ، وكان لهم في هذا الاتجاه فضل كبير على العلوم
الحديثة والمعرفة الانسانية بوجه عام . اما الاتجاه الثاني فكان في
رأى جمهور النقاد من مؤرخي العلم مدعاة للأسف وانه كان سببا في انحراف
السير الصحيح في تطور العلوم الرياضية ، فانهم ساروا عكس الاتجاه الرياضي
الصحيح في حضارة وادى الرافدين في الاهتمام بالعدد (الجبر) اوالاصح
الجمع مابين العدد والشكل (الجبر والهندسة) مما سبق ان بيناه في كلامنا
على تاريخ الرياضيات في العراق القديم . اما الاتجاه الرياضي اليوناني العام
ولاسيما في الادوار القديمة فكان منصبا على الشكل (الهندسة) وكادوا ان
يهملوا علم العدد . ولعله من المستحسن ان نعيد ماسبق ان اشتشهدنا به من
قول احد مؤرخي الرياضيات : '' ان الرياضيين اليونان لوساروا من حيث انتهى
اليه الرياضيون البابليون وواصلوا تطوير الرياضيات في الجمع مابين العدد
والشكل (الجبر والهندسة) لوفروا مدى الف عام اويزيد في تقدم الرياضيات
(Bell, op. Cit.) . ولم تعد الرياضيات اليونانية الى مسار تطورها
الصحيح من الاهتمام بعلمي العدد والشكل الامن بعد العصر الهلنستي

_____

(٢) علم الهندسة (Geometrica)
(٣/ الفلك (Astronomy) ويوجد موضوع رابع يتفرغ من الحساب هو الحساب
العلمي الذى اطلقوا عليه مصطلح (Logistics) ، كما كان يتفرغ من
الهندسة موضوع عملي هو المساحة (Survey) أو (Geodesy)
اما الجبر فكان يدخل في الحساب النظرى اى '' ارثما طيقي '' . وفي عهد ارسطو
ادخلت موضوعات تطبيقية في علم الرياضيات (Mathematics) مثل
البصريات (Optics) والانغام والموسيقى (Harmonics) . ويتضح
من ذلك ان اليونان لم يطلقوا على '' الجبر '' اسما خاصا بل انه كان يدخل ضمن علم
العدد او الحساب النظرى (Arithmatics) وكذلك عده الرياضيين
العرب حتى ان الخوارزمي سمى رسالته الشهيرة بعنوان '' حساب الجبر والمقابلة '' ،
ومن هذا العنوان اخذ اسم الجبر (Algebra) لدى الاوربيين
انظر : An Outline of Modern Knowlege (1931) , p. 158.

١٢٢

(منذ القرن الثالث م) حيث ظهرت جماعة من رياضيهم اهتموا بالجبر والعدد مثل هيرون (Heron) (القرن الاول الميلادى) و "ديوفانتس" (القرن الثالث الميلادى) وغيرهما ممن سنذكرهم في مكان آخر من هذا القسم . ومن المرجح ان يكون هذا الاتجاه الجديد الصحيح انما حدث بتأثير الرياضيات البابلية في العصر الهلنسّي وهو العصر الذى قلنا انه كان دور الازهار الثاني في رياضيات وادى الرافدين .

جـ – ولعله يمكن تعليل الاتجاه الهندسي في رياضيات اليونان، أي الاهتمام بالشكل دون العدد، بان الخطوط والاشكال وخصائصها وتناسبها تلائم التفكير المنطقي الفلسفي الذى تميزت به الحضارة اليونانية ، وان احساسهم الجمالي بالخطوط والاشكال والطرز يبدو واضحا في ابنتيهم المتميزة بالجمال والتناسب . فاذا كانت الاشكال الهندسية تلائم اذواقهم الجمالية وتفكيرهم المنطقي فان العدد لايخضع للقواعد المنطقية الصارمة ولاسيما المنطق اليوناني اوالقياسي كما وضعه ارسطو وسماه (Syllogism) ، كما ان نتائج بعض المعلومات العددية لاتبدو معقولة من وجهة نظر المنطق ، وقد بلغ ولع مفكريهم وفلاسفتهم بالشكل (الهندسة) مثل افلاطون درجة بحيث انه رأى ان سبب مقاربة رأس الانسان الى الشكل الكروي انما كان لانه اهم عضو في الجسم الانساني فينبغي ان يأخذ الشكل المتسم بالكمال ، فصار كرويا لان الكرة اكمل الاشكال الهندسية (+) . وخلاصة القول ان منشأ اهتمام اليونان بالرياضيات انها كانت جزءا مهما اومتمما لبحوثهم الفلسفية فبحثوا في الرياضيات لانهم وجدوا فيها مايعينهم على تفهم القضايا الفلسكية التي شغلوا بها .

ان هذا الاتجاه العام لايناقضه ماسيمر بنا من اهتمام المدرسة الفيثاغورية

(+) انظر : H.Lloyd and Jones ,The Greek World (Pelican, 1965), p. 120.

بالعدد ، لان الواقع كانت نظرة مفكرى هذه المـــدرسة الفلسفية وغيرهم الى العدد وبحثهم فيه نظرة فلسفية وتكاد ان تكون نظرة صوفية ، فقد جعلوا العدد اساس الاشياء والوجود الى غير ذلك مما سنذكره بعد قليل . كما ان الرياضيين اليونان في اواخر العصر الهلنستي اهتموا في بحثوثهم بعلم العدد ومنها الجبر ونظريات العدد ، كما سنرى فيما بعد .

د – الارقام اليونانية :

لم يضع اليونان رموزا خاصة مطردة للتعبير عن الاعداد المختلفة وقد استعملوا لذلك طريقتين : (١) الطريقة الاولى ، وهي الاقدم عهدا ، استعمال الحروف الهجائية في اتخاذ اصواتها المطابقة لاصوات بعض الارقام مثل استعمال الحرف "دلتا" للتعبير عن الرقم (١٠) لان لفظ هـذا العـدد باليونانية اى "ديكا" يبـدأ ا بالحرف "دلتـا" واستخدام الحرف "باى" للتعبير عن رقم (٥) الذى يلفظ باليونانية "بنتا" (Penta) والحرف E (ه) للتعبير عن رقم (١٠٠) الذى يلفظ هيكاتون (Hekaton) ، وهذا هو المبدأ المعروف بالمبدأ الصوتي (Acrophony)(١) اما الطريقة الثانية فكانت استعمال الحروف اليونانية اما متسلسلة للتعبير عن الارقام من ١ الى ٢٤ اوحسبما يسمى الان بالحساب الجملي او "حساب الجمل" في الحروف العربية (١). فكان يعبر بموجب هذه الطريقة عن الارقام من ١ الى ٩ بالحروف

---

(١) سيأتي ذكر استعمال الحروف الهجائية للتعبير عن الارقام في الحساب العربي قبل ادخال الارقام الهندية وذيوع استعمالها ونذكر بهذه المناسبة طريقة العدد والارقام الرومانية(اللاتينية) التي لا تزال تستعمل في التعبير عن بعض الارقام والتواريخ : من ١ الى ٨ .
I, II, III, IV, V, VI, VII, VIII. ورقم ٩ XI و ١٠ X ورقم ١١ XI ،
وتكرار واضافة الآحاد اليه للتعبير عن الارقام عن ١١ الى ٤٩ مثل ١١ XI XII (١٢) ،
XX (٢٠) xxx (٣٠) و XXXI (٣١) و XXXIV (٣٤) و XXXV (٣٥)
والحرف L لرقم (٥٠) وحرف C لرقم ١٠٠ وحرف D لرقم ٥٠٠ و M لرقم ١٠٠٠ فمثلا

اليونانيـة من الحرف الاول " الفا " a الى الحرف التاسع " فيتا "
وعن الارقام من ١٠ الى ٩٠ من حرف " الايوتا " الى " الباى "
وللارقـــام من ١٠٠ الى ٩٠٠ من حــرف " الرو " (p) الي
الحرف الاخير من الحروف اليونانية " اوميكا " .

هـ ــ وننهي هذه الملاحظات العامة عن الاقام والحساب في الرياضيات
اليونانية في التنويه بان الرياضيين اليونان استعملوا مصطلحين للحساب
والجبر هما : (١) مصطلح " أرتميطيقا " (Arthmetica) او ارثموس
(Arithmos) وكان يعني عندهم كما نوهنا سابقا " الحساب النظرى "
(٢) ومصطلح " لوجستك " (logistic) ويعني الحساب العملي اى
العمليات الحسابية في شئون الحياة العملية . وكان الكثير من الرياضيين
اليونان يستنكفون من ممارسة هذا النوع من الحساب العملي ، مثل الرياضي
الشهير " اقليدس " (القرن الثالث ق . م) ، ولكن استعمله ارخميدس
وهيرون الاانهما لم يؤلفا فيه . وسيمر بنا في كلامنا عن الرياضيات العربية
ان الرياضيين العرب استعملوا مايضاهي هذين المصطلحين اليونانيين وهما
الحساب الغبارى للحساب النظرى ، والحساب " الهوائي " للحساب
العملي .

لمحة عن العلوم الطبيعية في الحضارة اليونانية :

وقبل ان نتكلم عن الرياضيات اليونانية وادوار تطورها ومشاهير
الرياضيين فيها نذكر شيئا موجزا عن طبيعة العلم في الحضارة اليونانية

MCCMLXXV = ١٩٧٥ واستعمل الفينيقيون والعبرانيون الحروف الهجائية للتعبير
عن الارقام وما تجدر ملاحظته هنا ان استعمال الحروف للارقام ظل زمنا طويلا حتى من بعد
ادخال الارقام في القرنين الرابع عشر والخامس عشر في اوربه . ولا يزال حساب " الجمل "
يستعمل في الاقطار العربية في تاريخ الحوادث وفي حساب الطالع (التنجيم) .

ولاسيما مايسمى الان بالعلوم الطبيعية (physical Sciences) (١) لاننا
سنخصص بقية مادة هذا القسم للكلام على الرياضيات . فمما يقال بوجه عام
عن العلوم الطبيعية ان مفكرى اليونان ظلوا طوال ادوار تاريخ الحضارة
اليونانية لايميزون تقريبا بين مانسميه الان علما (Science) وبين الفلسفة
(philosophy) ، وان كلمة علم المستعملة الآن في اللغات الاوربية(+)
ليست من اصل يوناني مع كثرة المصطلحات التي لاتكاد تحصى والتي
اخذتها من اليونانية ومنها كلمة الفلسفة . وكانت الفلسفة عند مفكرى اليونان
تشتمل على جميع الموضوعات والمفاهيم التي تدخل الآن تحت كلمة علم في
الحضارة الحديثة . وهناك مصطلحان يونانيان يقاربان مفهوم العلم او بالاحرى
المعرفة هما المصطلح الذى استعمله ارسطو أى (episteme) ومنها المصطلح
الفلسفي المستعمل الآن أى(epistemology) الذى يعني درس المعرفة والبحث
في طبيعتها واصلها ، ثم مصطلح (physicoi) الذى اطلقه اليونان على
اولئك المفكرين والباحثين وبوجه خاص الفلاسفة الايونيين (القرن السادس
ق . م) ممن بحث في اصل الاشياء والظواهر الطبيعية اى الباحثين
الطبيعيين او الفيزياويبيين ، ومنه مصطلح (physics) الان . على ان
بحث اولئك المفكرين في الظواهر الطبيعية كان مجرد تفكير او تأمل فلسفي

(١) حول ابحاث العلوم الطبيعية عند اليونان راجع :

1) The Legacy of Greece,
2) H.L.Jones, The Greek World (Pelican, 1965) p.
    p. 117 ff.

(+) كلمة علم في اللغات الاوربية اى Science مشتقة من الجذر اللاتيني Scire بمعنى
'' عرف '' ومنه الكلمة اللاتينية Scientia) اما مصطلح فلسفة (philosophy)
اليوناني فمركب من كلمتين هما السابقة – phil التي تعني « حب » وكلمة (sophia) حكمة،
ويكون المعنى العام المركب حب الحكمة ''او'' طلب الحكمة ''ولعل اول من لقب باسم فيلسوف
اتباع المدرسة الفيثاغورية ممن سنذكرهم ، ونسب اصل المصطلح الى '' فيثاغورس '' مؤسس
تلك المدرسة .

لايستند الى التجربة والاختبار واستخراج النظريات والقواعد العامة . ولذلك يمكن القول انه باستثناء الرياضيات لم تبلغ المعارف الطبيعية كالفيزياء والكيمياء عند اليونان وفي الحضارات القديمة السابقة طور العلم الصحيح لانها كانت كما قلنا تفتقر الى عنصر التجربة والمختبر . وسنرى من كلامنا على العلوم العلوم في الحضارة العربية الاسلامية كيف طور العلماء فيها هذه الموضوعات الطبيعية واوصلوها الى مرحلة العلم الصحيح لانهم ادخلوا التجارب والمختبر فيها .

ومهما كان الامر فان معظم القضايا التي عالجها اولئك المفكرون الطبيعيون في الحضارة اليونانية قد تطرق اليها واضعو الاساطير ورجال الدين في حضارتي وادى الرافدين ووادى النيل ، ولاسيما موضوع اصل الكون والاشياء وخلق الانسان وجوهر المادة ، ولكن بحثهم فيها كان تفكيرا اسطوريا شعريا في حين ان المفكرين اليونان بحثوا فيها باسلوب التفكير المنطقي الفلسفي والعبرة في ذلك ليس في صحة النظريات والاراء التي توصلوا اليها بل في نهج البحث المستند الى التدليل والتعليل والاستنتاج ، وهذا مايميز كون التفكير خياليا اوفكرا منظما فلسفيا ، والى ذلك فان مفكرى اليونان لم يشغلوا تفكيرهم وبحثهم عن اصل الاشياء بقضية من اوجدها اوكيف خلقت بل بحثوا في خصائص المادة الطبيعية وجوهر الاشياء اواصلها وكيفية تركيبها . وهذا هو جوهر ماادخله الفلاسفة اليونان على الاراء الكثيرة التي انتقلت اليهم من الحضارات القديمة ولاسيما حضارتا وادى الرافدين ووادى النيل .

واشتهر من الفلاسفة الطبيعيين في القرن السادس ق . م الفلاسفة الذين اطلق عليهم اسم "الذريين" (Atomists) القائلين بالنظرية الذرية (Atomic Theory) التي تنسب الى الفيلسوف لوسيبوس (Leucippus) (حوالي ٥٠٠–٤٣٠ ق.م)، ولكنها اشتهرت باسم تلميذه المسمى "ديموقريطس" (Democritus) (القرن الخامس ق . م) الذى يلقب بانه "أبو الفيزياء"

فقد رأى هذا المفكر الطبيعي أنه لا توجد حقائق نهائية في الوجود سوى الذرات(١) والفراغ ، وتختلف الذرات حجما وشكلا وان جميع الاجسام المركبة مؤلفة منها ، وان ما نشاهده من فروق بين الاجسام المختلفة انما ترجع الى الفروق في حجوم واشكال الذرات المركبة منها . وان الذرات ليست ساكنة راكدة بل هي جزيئات متحركة وانها تتحرك في جميع الاتجاهات فتتحد بعضها ببعض ويحصل من اجتماع هذه الذرات الاشياء المادية وجميع المواد المركبة التي نشاهدها في الكون .

ارسطـــو :

ولما كنا سنقف على آراء بعض الفلاسفة الطبيعيين الاخرين من اهل القرن السادس ق . م ممن بحث في اصل المادة والاشياء في عرضنا لمشاهير الرياضيين فاننا نخصص بقية ملاحظاتنا عن العلوم اليونانية للكلام عن الفيلسوف الشهير ارسطو (٣٨٤–٣٢٢ق.م) الذى يعد بحق من كبار مفكرى العالم، ويهمنا منه ليس فلسفته بل بحوثه في العلوم ولاسيما العلوم الطبيعية فكان بذلك جماع اوخلاصة الجانب العلمي في الحضارة اليونانية ، فهو قد سلك اتجاها جديدا يختلف تمام الاختلاف عن الاتجاهات المثالية التي كانت خير من يمثلها افلاطون (٤٢٧ – ٣٤٧ ق . م) ، رغم ان ارسطو كان من تلامذته في الاكاديمية الافلاطونية الشهيرة طوال عشرين عاما . فمن اوجه الاختلافات مابين الاستاذ وتلميذه ان ارسطو لم يعر الرياضيات ولاسيما الهندسة الاهتمام الذى وجهه اليها افلاطون الذى كان يمثل بذلك الاغلبية من المفكرين اليونان في اهتمامهم بالرياضيات . وبدلا من ذلك وبالاضافة الى القضايا الفلسفية

---

(١) اطلق اصحاب هذه المدرسة على تلك الجزيئات المصطلح اليوناثي Atomus الذى يعني '' لا ينقسم '' او '' لا يتجزأ '' ومنه كلمة Atom في الانجليزية ، ولا حاجة الى التنبيه ان فكرة عدم قابلية هذه الاجزاء الى التجزئة اصبحت غير صحيحة في الفيزياء الذرية الحديثة .

التي عالجها ارسطو ووضع عنها آراء مختلفة فانه في الموضوعات الاخرى يعد بحق مؤسس العلوم الطبيعية فهو الذي انصرف الى الاهتمام بالاشياء المادية الموجودة في عالمنا التي كانت عنده اساس الحقيقة في الوجود وليس المثل المجردة (ideas) التي وضع فلسفتها استاذه افلاطون يدل على ذلك مؤلفاته في الطبيعيات والحيوان والنبات والاحجار ومباحثه المشهورة في الاشياء الطبيعية ، بحيث يصح القول انه تفرد من بين معظم اليونان في هذه البحوث وفي دقته العلمية في وصف المملكة الحيوانية وافرادها وصفا يستند الى الدراسة الميدانيه مما يميز الطريقة العلمية المتبعة في مثل هذه البحوث ، فيعد واضع علوم الحياة (Biology) ولاسيما علم الحيوان (Zoology) وعلم النبات (Botany) وعلم الارض (Geology) . وسار على نهجه في علم النبات تلميذه الشهير ″ ثيوفراطس ″ (Theophratus) القرن الثالث ق . م) . ولم يقتصر ارسطو على انه كان هاويا اوباحثا في النبات والحيوان في ملاحظاته الميدانية بل انه اهتم كذلك في المختبر ، كما يشير الى ذلك وصفه للاحشاء الداخلية لكثير من الحيوانات التي وصفها ويرجح انه قام بتشريح الكثير منها باستثناء الجسم الانساني ، الامر الذي اوقعه في اخطــاء كثيرة في وصف جوارح الجسم الإنساني الداخليـــة وتركيبه . وتميز ارسطو بصفته عالما طبيعيا بجمعه بين صفتين او قابليتين من قابليات الباحث العلمي هما قابلية شرح التفاصيل والدقائق وملكة الاستنتاج والتعميم ، وهذا مامكنه من استباط نواميس صحيحة في علوم الحياة نذكر منها على سبيل المثال القاعدة التي وضعها فيما يخص اهم الشروط التي ينبغي ان تتوفر لاعتبارنا عدة افراد من نوع واحد (Species) هي التناسل فيما بينها وان ماينتج من هذا التناسل يجب ان يكون قابلا للإنجاب اوالاخصاب ايضا . فقرر بموجب هذه القاعدة ان الفرس والحمار ليسا من نوع واحد لان نسلهما وهو البَغل حيوان عقيم . ولكن مع ذلك فان اتجاهه الفلسفي التجريدي

(٩ م ــ حضارة العلوم)

وقف حائلا دون ان يصل الى كثير من الحقائق العلمية في الحياة العضوية مثل رأيه القائل بان هدف كل شيء حي ان يصل الى الشكل العام المقرر لنوعه وهذا ماحال دون ادراكه لفكرة التطور في الحياة العضوية .

واشتهر ارسطو الى جانب كونه عالما مهتما بالدرس والملاحظة بانه كان من اعاظم المدرسين ، فقد أسس مدرسة خاصة به هي "الليسيوم" (Lyceum) (+) ، وفيها انصبت جهوده وجهود تلامذته الى تأليف دائرة معارف واسعة في جميع فروع المعرفة ومنها الطبيعيات ومابعد الطبيعية (الالاهيات) (Metaphysical) والفلك وعلوم الحياة والرياضيات والطب والتاريخ والادب والسياسة والاخلاق والجمال ، وهي الموضوعات التي تناولها ارسطو ايضا في مؤلفاته الخاصة التي وصلت الينا (+) .

ويمكن استثناء الطب من الاتجاه العام الذى ذكرناه بالنسبة الى العلوم الطبيعية عند اليونان من ناحية افتقارها الى التجارب والمختبر . فان من من اشتغل بالطب من فلاسفتهم تميز بدقة الملاحظة والتتبع والتسجيل الى غير ذلك من مبادئ المنهج العلمي . ويعود الفضل في تقدم الطب الحضارة اليونانية الى المدرسة التي اسسها "ابوقراط (++) (القرن الخامس ق.م) ، والذى ينسب اليه القسم الطبي الشهير حيث انتشرت تعاليم تلك المدرسة وتأثيراتها في جميع بلاد اليونان . وقد اعتمد اطباء هذه المدرسة ، الى جانب الفحص الدقيق وتسجيل الاعراض المرضية على عامل التغذية والتمريض وقابلية طبيعة الجسم الانساني

(+) الليسيوم اوالليكيوم كان في الاصل غابة ومحلا للالعاب الرياضية بالقرب من مدينة اثينة وكان مقدسا للاله " ابولو " وقد يطلق اسم " ليسيوم " احيانا على المدرسة الفلسفية الخاصة التي اسسها ارسطو والتي يطلق عليها المدرسة المشائية (Peripatetic) لأن ارسطو اعتاد ان يلقي محاضراته على طلابه وهو ماش .

(+) انظر : The Legacy of Greece

(++) ابوقراط (Hippocrates) من اصل جزيرة كوس فيلقب ابقراط الكوسي ، ويوجد رياضي يوناني بالاسم نفسه معاصر لابوقراط الطبيب .

على مقاومة المرض والشفاء ، ولاسيما في الحالات المستعصية مثل السل والملاريا والى هذه المدرسة ترجع النظرية القائلة بان صحة الجسم تتوقف على تعادل النسبة في العناصر اوكما سماها العرب الاخلاط او السوائل (humours) الاربعة في الجسم ومنها تتولد الامزجة الاربعة وهي الدموى والبلغمي والمرارة والسوداء والصفراء ، وان الهضم في الجسم ضرب من ضروب الطبخ .

وبعد غزو الاسكندر للشرق (٣٣٤ — ٣٣١ ق . م) وتأسيس مدرسة الاسكندرية الشهيرة في مصر (٣٣٢ ق . م) ونشوء ماسميناه بالحضارة الهلنستية الناتجة من امتزاج الحضارة اليونانية (Hellenic) بحضارات الشرق القديم ، ازدهرت العلوم والمعارف عند اليونان ومنها الرياضيات وهو ماسنتكلم عنه في الاقسام الاتية من هذا الفصل حيث نبغ في هذا العصر طائفة من مشاهير العلماء في حقول المعرفة المختلفة ، وقد وضع البعض منهم نظريات جريئة وفريدة عن النظام الشمسي مثل تلميذ ارسطو المسمى هيراقليدس (Heraclides) الذى قال بأن الارض تدور حول نفسها وان الكواكب السيارة تدور حول الشمس (+) ، وقد طور الفلكي اليوناني "ارستارخوس" (Aristarchus) الذى اعقبه هذه النظرية الى ما يطابق تقريبا نظرية "كوبرنيكوس" (١٤٧٣ — ١٥٤٣ م) ، ولكن الذى يؤسف له ان ذلك التفسير الصحيح لنظام المجموعة الشمسية لم يأخذ به بقية المفكرين اليونان وظلت نظرية "بطليموس" الخاطئة (القرن الثاني الميلادى) هي السائدة الى مطلع القرن السادس عشر الميلادى بظهور كبلر وكوبرنيكوس وغاليلو .

وتقدم الطب مراحل مهمة في العصر الهلنستي السالف الذكر حيث ادخل التشريح ان لم يكن على الجسم الانساني والاعلى القردة فحصل اطباء هذا العصر على معلومات مهمة عن تركيب الجسم وتشريحه . ولكن ظلت بعض

(+) Lloyd-Jones The Greek Wold (1965), p.125, 147

الآراء والمفاهيم القديمة المبنية على مجرد التفكير الفلسفي مثل نظرية الاخلاط او السوائل الاربعة (humours) والامزجة الاربعة الى زمن الطبيب اليوناني الشهير '' جالينوس '' (Galen) (القرن الثاني الميلادى) .

ويجدر ان نختتم هذه الملاحظات الموجزة عن العلوم الطبيعية عند اليونان بذكر طبيب مشهور في مؤلفاته الطبية والنباتية ذلك هو '' ديوسقريدس '' (Diosourides) الذى خدم طبيبا في الجيش الروماني في عهد الامبراطور الروماني '' نيرون '' (القرن الاول الميلادى) ، واشتهر في مؤلفاته الصيدلانية والنباتية وخلف لنا كتبا اشتهرت في الحضارة العربية الاسلامية مثل كتابة الموسوم '' المفردات الطبية '' (Materia Medica) الذى كان في اوربة في القرون الوسطى المصدر الرئيسي في الصيدلة ، واشتهر كذلك في الكتب الطبية والنباتية العربية مثل مؤلفات ابن البيطار (المتوفى في دمشق عام ١٢٤٨ م) واشهرها كتابه المعنون '' الجامع لمفردات الادوية والاغذية '' وكتابه '' المغني في الادوية المفردة '' .

ايجاز تطور الرياضيات اليونانية في ادوارها المختلفة :

وبعد ما اوردناه من الملاحظات العامة عن خصائص الرياضيات اليونانية والعلوم الاخرى نوجز القول فيما يأتي عن تاريخ تطور هذه الرياضيات في الادوار التاريخية التي بيناها مع ترجمة مشاهير الرياضيين في كل منها :-

أ — الدور القديم : (القرن السادس — القرن الثالث ق . م)

سبق ان ذكرنا ان العلوم والمعارف في الحضارة اليونانية نشأت في بلاد '' آيونية '' (سواحل آسية الصغرى الغربية) مابين القرنين السابع والسادس ق . م ، ثم انتشرت تلك النهضة العلمية الى سائر بلاد اليونان . وقد ظهر في هذا العصر جماعة من المفكرين والفلاسفة شغلوا انفسهم في البحث عن

اصل الاشياء ، وكان هذا هو الاتجاه السائد في الفلسفة اليونانية قبل عصر سقراط الذى سعى الى تحويل الاهتمام الفلسفي عند اليونان من النظر في الظواهر الطبيعية واصل الاشياء الى النظر في حياة الانسان وقيم المجتمع مثل الخير والشر والصلاح والفضيلة وأصل المعرفة والسلوك الانساني الى غير ذلك من الموضوعات الانسانية . وكان معظم الرياضيين والباحثين في الدور اليوناني القديم فلاسفة ايضا . ويجدر ان نكرر ماسبق ان ذكرناه من اتصال اليونان الايونيين بحضارات الشرق القديم وفي مقدمتها حضارتا وادى الرافدين ووادى النيل ، وقد تم هذا الاتصال كما قلنا عن طريق المستوطنات اليونانية الايونية التي ظهر فيها اولئك الفلاسفة والرياضيون واشتهر في هذا الدور الجماعات الاتية :

١ – العلماء والمفكرون الايونيون وعلى رأسهم طاليس   (Thales)

٢ – الفلاسفة الذين عرفوا بالسفسطائين   (Sophists)

٣ – الفيثاغوريون اوالمدرسة الفيثاغورية   (Pythagoreans)

٤ – الفلاسفة الايليون   (Elean)

ونورد تعريفا موجزا لمشاهير هؤلاء الرياضيين والمفكرين :

١ – طاليس :

ولد طاليس (Thales) المليطي (من اهل مليطية Miletus) في اواخر القرن السابع ق . م وعاش في القرن السادس ، وتعزو اليه المآثر اليونانية انه كان مؤسس اول مدرسة فلسفية يونانية ، ولكنه لم يخلف شيئا من كتاباته ، ومعظم مانعرفه عن آرائه ماذكر عنه في كتابات الفلاسفة اليونان ممن أتى بعده . وينسب اليه الرأى القائل ان اصل الوجود من مادة واحدة أزلية تتكيف باشكال وصور مختلفة هي عنصر الماء وكان الماء ايضا أصل الآلهة و جميع الاشياء في اساطير العراق القديم . كما اشتهر في المآثر

١٣٣

اليونانية بانه كان احد الحكماء السبعة (+) ، وانه زار مصر وبلاد بابل وينسب اليه الرياضي اليوناني "بروقلس" (Proclus) (مابين القرنين الثاني والخامس الميلادي) في شرحه لهندسة اقليدس انه اول من برهن على ان قطر الدائرة يقسمها الى قسمين متساويين . ويروي عنه المؤرخ هيرودتس (القرن الخامس ق . م) بانه اشتغل في الفلك وتنبأ بوقوع كسوف للشمس في ٢٨ آيار عام ٥٨٥ ق . م ، وانه اعتمد في ذلك على الازياج الفلكية البابلية كما ينسب اليه اكتشاف المبادىء الهندسية التالية :

(١) ان الدائرة ينصفها قطرها

(٢) زاويتا المثلث المتساوى الساقين متساويتان

(٣) اذا تقاطع مستقيمان فان الزاويتين المتقابلتين متساويتان

(٤) الزاوية المرسومة في نصف الدائرة زاوية قائمة

(٥) اضلاع المثلثات اقتشابهة متناسبة (++)

(٦) يتطابق المثلثان اذا تساوت فيهما زاويتان وضلع . ويقال انه هو الذى اوجد طريقة ايجاد ارتفاع الاهرام من ظلالها وانه اوجد طريقة لقياس بعد السفن في البحر من خواص المثلثات المتشابهة (+++) .

(+) الحكماء السبعة (The Seven Sages) كانوا بحسب المآثر اليونانية جماعة من الحكماء والفلاسفة والسياسيين عاشوا مابين نهاية القرن السابع ومنتصف القرن السادس ق.م منهم '' طاليس '' و '' صولون '' . وتجدر الاشارة هنا الى اصل فكرة الحكماء السبعة '' في مآثر وادي الرافدين '' مثل ملحمة جلجامش الشهيرة ، وسمي الواحد منهم « ايكلو »ومنه كلمة « افكل » في العربية الجنوبية حيث كان الافكل كاهنا اعلى ، وكان '' أدابا '' احد الحكماء السبعة في اساطير حضارة وادي الرافدين وقد عزى الى اولئك الحكماء انهم هم الذين علموا البشر اصول المعرفة والعلوم والعمران البشرى .

(++) انظر : جورج سارتون '' تاريخ العلم '' ج ١ ، ص ٣٦٣ ويذكر '' هيرودتس '' (القرن الخامس ق . م) ان طاليس اصله من فينيقية .

(+++) راجع المسألة الجبرية – الهندسية المكتشفة في تل حرمل والقضايا الرياضية الأخرى والمتضمنة هذا المبدأ قبل طاليس بأكثر من ألف عام .

٢ ـ انكسيمنيدر :

كان انكسيمندر (Anaxemander) من اهل مليطة (٦١٠ ـ ٥٤٥
ق . م) ايضاً ويعاصر طاليس السالف الذكر ، وهو فيلسوف وعالم طبيعي ،
وينسب اليه انه صنع مزولة شمسية (gnomon) وانه على ما يرجح أخذ
الفكرة من الفلكيين البابليين حيث يروى '' هيرودوتس '' ان اليونان
تعلموا من البابليين عدة أشياء عن الكرة السماوية وانهم اقتبسوا
المزولة الشمسية ومبدأ تقسيم اليوم الى اثني عشر قسما . وتصور انكسيمنيدر
الارض على هيئة '' صفحة اوطبلة العمود (Column drum) وفند
الرأى القائل بوجود شيء تستند عليه الارض بل انها مستقرة بفعل التوازن
وانها عائمة فوق الماء ، وانه رسم خارطة للارض . وذهب '' انكسيمنيدر
الى ان المادة الاولى التي ينبغي آن تكون أصل الاشياء ليست شيئا محدد
الشكل والصورة اى ليست على غرار المواد المألوفة ومنها نشأت العناصر
الاولية مثل النار والهواء والماء والتراب بطريق انفصالها عن تلك المادة الاولى .

٣ ـ السفسطائيون :

بالاضافة الى شهرة الفلاسفة اليونان الذين سموا بالسفطائيين (Sophists)(+)
(القرن الخامس ق . م) في تعليم بعض فروع المعرفة العملية المشهورة
في زمنهم مثل البلاغة والمنطق والسياسة ـ نقول بالاضافة الى ذلك فانهم اشتغلوا
ايضا في الرياضيات . واشتهروا في اتجاههم السياسي بالاتجاه الديمقراطي

(×) مصطلح '' سوفط '' (Sophist) (من كلمة (Sophia) كان يعني في الاصل
اى الحكمة) حكيما اومتمرسا في الحكمة والمعرفة ، ثم صار يطلق منذ القرن الخامس ق . م على
جماعة من محترفي تعليم اللغة والبلاغة والسياسة والمحاججات والرياضيات ولكن السفسطائيين
ابتعدوا بمرور الزمن عن مواضيع بحثهم الاصلية واهتموا بالادب البلاغي والاساليب اللفظية
البلاغية والجوانب العملية من المعرفة ، الا مر الذى جعل سقراط وافلاطون يهاجمانهم ، اخيرا
تدهور مدلول اسمهم فصار مرادنا للمغالطات اللفظية ، ومنه الكلمة العربية سفسطة .

١٣٥

الذى كان سائدا فى دولة اثينة (القرن الخامس ق . م) . وفى الفلسفة اشتهر الفلاسفة السفطائيون بتأكيدهم ظاهرة التغير والتبدل فى الحياة والكون على انها الحقيقة التى تحكم نظام الكون والحياة وانه لايوجد شىء مطلق بل هى نسبية ومتغيرة متبدلة ، ويعزى الى احـــد فلاسفتهم المسمى "بروتوغوراس (Protogoras) القول المشهور" الانسان مقياس جميع الاشياء " (man is the measure of all things) وظهر من بينهم عدد من مشاهير رياضى اليونان منذ القرن الخامس ق . م نذكر منهم الرياضى المسمى " ابوقراط " (Hippocrates) الخيوسى (من جزيرة خيوس (Chios) (+) . ويعزى اليه انه كان اول من اكتشف ان نسب مساحات الدوائر بعضها الى بعض كنسب المربعات المنشأة على اوتارها . وعالج قضية " تربيع " الدائرة (quadrature) وكانت هذه احدى ثلاث قضايا شغلت تفكير اليونان الرياضى ، والقضية الثانية " تثليث " الزاوية ، والثالثة " تضعيف المكعب " (Duplication of the Cube) اى ايجاد ضلع مكعب حجمه ضعف حجم مكعب معلوم . وان منشأ الاهمية فى مثل هذه القضايا انها لايمكن ان تحل بالطرق الهندسية المألوفة بل بطريقة التقريب (approximation) وانها أدت الى اكتشاف القطوع المخروطية (Conic Sections) .

وطور " ابو قراط " الهنـــدسة النظرية الفرضية ، اى النظريات والقواعد المستنتجة من البديهيات والفرضيات » (Axioms) ، واليه ينسب الكتاب الموسوم بنفس العنوان الخاص بكتاب هندسة " اقليدس " اى كتاب الاصول (Elements) وفى اليونانية (Stoicheia) . وبحث

―――――――――

(+)) ابو قراط الرياضى هذا غير ابو قراط الطبيب اليونانى الشهير من جزيرة " كوس " (Cos) الذى مر ذكره والذى عرفه العرب ، واشتهر بانه هو الذى وضع القسم الطبى

١٣٦

" ابوقراط " في مساحات الاشكال المستوية المحددة بخطوط مستقيمة وباقواس
دائرة ايضا . وبرهن على ان نسب قطع الدائرة (Segments) بعضها
الى بعض كنسب مربعات اوتارها بعضها الى بعض . وهكذا يبدو ان
جملة مباحث وردت في هندسة " اقليدس " قد سبقه فيها ابوقراط وغيره من
الرياضيين اليونان بأكثر من مائه عام .

٤ ــ الفيثاغوريون :

كان يعاصر الفلاسفة السفسطائيين السالفي الذكر جماعة اخرى من مشاهير
فلاسفة اليونان عرفوا بأسم " الفيثاغوريين " كان مركزهم في جنوبي ايطالية
حيث المستوطن اليوناني الشهير ، ويعزى تأسيس مدرستهم الى " فيثاغورس
(Pythagoras) (من اهل جزيرة ساموس حيث اسس مدرسة
فيها) . وكان " فيثاغورس " هذا اقرب ما يكون الى الشخصية الاسطورية
اذ لا يعرف عنه شيٌ سوى ما ينسبه اليه اتباعه وانه عاش في القرن السادس ق . م .
كما نسبت اليه نزعة صوفية (Mystic) بالاضافة الى اشتغاله
بالعلوم والسياسة . وكان هو واتباع مدرسته نقيض السفسطائين في الاتجاه
السياسي والفلسفي ، فكانوا من الطبقة الارستقراطية في معاداتهم للاتجاه
الديموقراطي الذى ساد في عهدهم في دولة اثينا واعتنقه السفسطائيون كما
رأينا . وفي حين كان السفسطائيون كما ذكرنا يؤكدون ان حقيقة الكون والحياة
وجوهرها التبدل والتغيير ، فأن الفيثاغوريين كانوا يرون ان الحقيقة هي الثبات
والديمومة . وقد اداهم بحثهم عن القوانين الثابتة التي تفسر الاشياء والظواهر
الكونية الى درس الهندسة والفلك والموسيقى ، وهي المواضيع الاربعة المشهورة
(quadrivium) وتعزو المآثر اليونانية الى فيثاغورس انه كان اول من
وضع مصطلح " فلسفة " اى " حب الحكمة " او " طلب الحكمة " وان
هذا المصطلح ظل زمنا طويلا مقتصرا على اطلاقه على المفكرين الفيثاغوريين .

وبالاضافة الى مؤسس مدرستهم " فيثاغورس " اشتهر منهم مفكرون

آخرون من مشاهيرهم "هباسوس" (Hippasus) و ارخيتاس (Archytas) (القرن الرابع ق . م) .

واشتغل الفيثاغوريون بالعدد ولكن نظرتهم اليه كانت كما قلنا اقرب ماتكون الى التأملات والتجريدات الفلسفية ، وقد سبق ان نوهنا كيف انهم عدوا العدد اصل الاشياء . وقد صنفوا الارقام الى عدة اصناف مثل "الفردية" (odd) والزوجية (even) والاولية (prime) والمركبة والكاملة (perfect) والمتحابة (amicable) والمثلثة (Triangular) والمربعة (Square) الخ . وبحثوا في الاعداد الصماء التي لاتنجذر . والى الفيثاغوريين يعزى انهم استعملوا مصطلح (Mathema) الذى يعني مايحصل عليه بالتعلم ومنه كلمة (Mathematics) في اللغات الاوربية كما قلنا ، وبحث الفيثاغوريون بعلم العدد والحساب النظرى الذى اطلق عليه اليونان مصطلح (Arithmatike)(الارتميماطيقا عند العرب) تمييزا له عن الحساب العملي الذى سموه (Logistic) فبحثوا في الحساب النظرى عدة مسائل مبتدئين بتعريف الواحد او الوحدة (Unit) ونظموا الارقام ورتبوها بنقط على هيئة اشكال هندسية ومن ذلك منشأ نظريتهم في ان العدد اصل الاشياء ، كما صنفوا الاعداد الى اصناف كتلك الذى ذكرناها . فمثلا عرفوا العدد الكامل بانه العدد الذى يساوى مجموع اجزائه اى عوامله التي ينقسم اليها ابتداء من رقم ١ ، وباستثناء العدد نفسه مثال ذلك الارقام : ٦ ، ٢٨ ، ٤٩٦ ، ٨١٢٨ . وقد ذكر اقليدس " (القرن الثالث ق . م) في هندسته دستورا خاصا لايجاد الاعداد الكاملة . وسنرى من كلامنا على الرياضيات في الحضارة العربية الاسلامية كيف ان الرياضيين العرب بحثوا في هذا النمط من نظرية العدد .

وبحث الفيثاغوريون ايضا في القضايا الفلكية فيعزى الى فيثاغورس انه كان اول من قال بكروية الارض ويصدق هذا على مايرجح بالنسبة الى الاجرام السماوية الاخرى ، ولكن رأى ان الارض مركز المجموعة

السماوية غير ان مفكرين من اتباعـــه نبذوا هـــذه الفكرة وقالوا ان الارض مثل الشمس والقمر والكواكب السيارة الاخرى تتحرك في مدار دائرى حول ″ النار الكونية المركزية ″ التي يكمن فيها المبدأ الذى يسير ويحكم حركة الكون كله (Legacy of Greece, p.113).

اما النظرية الخاصة بعلاقة مربعات اضلاع المثلث القائم الزاوية فينسبها اتباع المدرسة الفيثاغورية الى مؤسس مدرستهم . ″ فيثاغورس ″ فيروون عنه انه ضحى مائة ثور الى الالهة عندما اكتشفها . ولكن مربنا في كلامنا على على تاريخ الرياضيات في حضارة وادى الراكدين كيف ان رياضي العراق القديم كانوا اول من عرف هذه العلاقة بقرون كثيرة قبل فيثاغورس . على انه لاينكر فضل الرياضيين اليونان في البرهنة عليها ووضعها على هيئة نظرية اودستور حيث لم يصل الينا بعد في النصوص الرياضية البابلية المكتشفة لحال التاريخ مايشبه البرهان اوالطريقة التي توصلوا اليها الى هذا المبدأ (+).

ويعزى الى فيثاغورس بالاضافة الى النظرية التي عرفت باسمه انه هو الذى اكتشف نظريات النسبة والتناسب (Proportion) ، ويقول المؤرخون اليونان انه اقتبس هذه المبادئ الرياضية من بلاد بابل (The Iegacy of Greece, p. 109) وقد سبق ان رأينا كيف ان مبدأ تشابه المثلثات كان معروفا في رياضيات حضارة وادى الرافدين ، وبحث فيثاغورس ايضا في التناسب الحسابي في التآلف الموسيقي والانغام . وقد ضمن اقليدس الذى سيأتي الكلام عليه النظريات الفيثاغورية في هندسته ″الاصول ″ .

المفكرون الايليون (++) :

ونذكر من مشاهير رياضي هذا العصر (مابين القرنين الخامس والرابع

_____

(+) هناك احتمال قوى في ان ″ فيثاغورس ″ زار بلاد بابل ، فيذكر ″ يمبليخوس ″ (Iamblichus) (٢٥٠ ـ ٣٣٠ م) ان الفرس اخذوا فيثاغورس اسيرا الى بابل وانه من مواليد مدينة ″ صيدا ″ .

(++) نسبة الى ايليا ″ (Elea) في جنوبي ايطالية ، وعاصر الفلاسفة الايابيون الفلاسفة السفسطائيين .

١٣٩

ق . م) الرياضي "زينو" الاليائي (في حدود ٤٥٠ ق . م) الذى ينسب
اليه اكتشاف مبدأ اللاتناهي (Infinite) في الرياضيات وقد اهتدى اليه
من البحث في قضايا تتعلق بايجاد حجوم بعض الاشكال المجسمة مثل الهرم .
وينسب اليه افلاطون اربع مسائل مشهورة تعرف بالمتناقضات (paradoxes)
وفيها يظهر التناقض (Contradition) في تصورنا للزمن والحركة ، فتدور
احدى هذه المتناقضات على فرضية السباق مابين السلحفاة و "اخيل"
(Achiles) وكان اشهر عداء بين اليونان) ، وخلاصتها ان كلا من "اخيل"
والسلحفاة يسير بخط مستقيم واحد ولكي يلحق اخيل بالسلحفاة يجب عليه
ان يمر بالنقطة أ التي بدأت فيها السلحفاة حركتها ، فاذا وصل الى أ تكون
السلحفاة قد تقدمت الى نقطة اخرى هي اَ . فلايمكنه ان يدرك السلحفاة الا اذا
اجتاز اَ ، ولكن السلحفاة تكون قد اجتازتها ووصلت الى نقطة ثالثة هي اَ ،
فاذا بلغ اخيل هذه النقطة الجديدة فان السلحفاة تصل الى نقطة رابعة جديدة،
وهكذا فيبدو ان اخيل لايمكنه اللحاق بالسلحفاة من الوجهة النظرية ابدا .
وان مثل هذه المتناقضات التي اوردها "زينو" تبين ان طولا محدودا (finite)
يمكن ان يجزأ الى اجزاء لامتناهية (Infinite) كل منها ذات طول متناه

ومن مشاهير رياضي هذه الفترة "يودوكس" (Eudoxus)(٤٠٨—٣٥٥)
ق . م) الذى يقترن اسمه بمبدأ النسبة والتناسب (proportions) وبالطريقة
التي يصطلح عليها "افناء الفرق" (exhaustion) واستعمالها في ايجاد مساحات
وحجوم بعض الاشكال الهندسية المنحنية مثل مساحة الدائرة وحجم الكرة
والمخروط ، ومن مشاهير الفلاسفة الايليين "زينوفانس" (Xenophanes)
٥٧٠ — ٤٨٠ ق . م) الذى هاجم معتقدات الناس بالالهة وتصورهم الخاطئ
لها بقوله المأثور : " يعتقد الناس ان الالهة جاءوا الى الوجود مثلهم وانهم
كذلك مثل البشر في أجسامهم وحواسهم ... ولكن لو كان للثيران او الاسود
أيد مثل البشر لجعلوا الالهة مثلهم بهيئة الثيران والخيل " ، وبعبارة أخرى كان

١٤٠

"زينوفانس" مناهضا لمبدأ التشبيه (Anthropomorphism) اى تشبيه الالهة بالبشر كما كان موحدا تقريبا حيث اعتقد بوجود اله واحد أسمى ، كما اعتقد بمبدأ الحلول (Pantheism) واليه يعزى القول : الكل هو الواحد والواحد هو الله ، فالجزء الاول منهذه العبارة يشير الى مبدأ الحلول والجزء الثاني منها الى مبدأ التوحيد ولعل اهم مايميز التفكير الفلسفي عند الايليين تأكيدهم ان الفكر وليس الحواس هو المصدر الوحيد الى معرفة الحقيقة حيث اعتبروا الحواس خادعة مضللة .

افلاطون :

ونذكر ايضا افلاطون (٤٢٧ – ٣٤٨ ق . م) واكاديميته (+) الشهيرة التي شغل فيها البحث في الرياضيات مكانا بارزا بين الموضوعات الفلسفية التي كانت تدرس فيها ، ولعله يمكن تفسير الكثير من آراء افلاطون الفلسفية كالمثل (ideas) وغيرها في ضوء تأثره بالتفكير الرياضي الهندسي وقد سبق ان ذكرنا ان مصطلح رياضيات (Mathematike) قد اطرد استعماله كمصطلح علمي في عهد افلاطون الذى رغم انه لم يكن رياضيا بارزا الا انه شجع درس الرياضيات في اكاديميته ولاسيما الهندسة لانه وجد فيها خير مساعد في حل قضايا الفكر الفلسفي ، وقد سبق ان اوردنا تعليله لماذا كان رأس الانسان قريبا من الكرة لانه اشرف عضو في الجسم وان الكرة اكمل شكل هندسي . ويعزى الى افلاطون تعريفه للخط المستقيم بانه الخط الذى ينطبق وسطه على نهايته ، كما ينسب اليه مؤرخو الرياضيات دستورا لايجاد عددين مربعين مجموعهما مربع كامل :

(ن٢ – ١)٢ + (٢ ن)٢ = (ن٢ + ١)٢

(+) الاكاديمية (Academy) التي درس فيها افلاطون وخلفاؤه اشتق اسمها من اسم حرش اشجار الزيتون في ضواحي اثينة ، وكان موقعا مقدسا للبطل "اكاديموس" (Academus) وفيه ملعب رياضي (gvmnasium) وقد دفن افلاطون بالقرب من هذا الحرش .

ب – الدور الثاني من تاريخ الرياضيات اليونانية : العصر الهلنستي الاول :

١ – ايجاز التعريف بالحضارة الهلنستية :

سبق ان عرفنا مايطلق عليه في تاريخ الحضارة مصطلح العصر "الهلنستي" بانه الفترة الزمنية التي اعقبت فتح الاسكندر المقدوني للشرق وتحطيمه الامبراطورية الفارسية الاخمينية (٣٣٤ – ٣٣١ ق . م)(X) ومانتج عن هذه الفتوحات من نتائج حضارية مهمة من بعد اتصال الحضارة اليونانية بحضارات الشرق الادنى وبوجه خاص حضارة وادى الرافدين وحضارة وادى النيل ونشؤ مايسمى بالحضارة الهلنستية (Hellenistic) اى الشبيهة بالحضارة اليونانية (الهلينية Hellenic) ، ودام هذا العصر منذ نهاية القرن الرابع ومطلع القرن الثالث ق . م الى القرون القليـــلة الاولى من العهد الميلادى . ويمكن عد الحضارة الرومانية حضارة هلنستية وقد دخلت بلاد اليونان تحت سيطرة ابي الاسكندر فيلب ثم سيطرة الاسكندر ومن بعد موت الاسكندر (٣٢٣ ق.م) اقتسم امبراطوريته قواده الثلاثة وهم" سلوقس (Seleucus) الذى كون مملكة كبرى من العراق وبلاد الشام وبلاد ايران ، وهذا هو العصر السلوقي الذى ابتدأ في العراق من ٣١١ ودام الى حدود ١٣٨ أو ١٢٦ ق . م حيث انتزع العراق وايران من الملوك السلوقيين الفرس الفرثيون او الارشاقيون (١٣٨ أو ١٢٦ ق . م – ١٢٦ق.م) وكون القائد الثاني بطليموس (Ptolemy) مملكة في مصر عرفت باسم سلالة البطالسة او البطالمة التي دام حكمها في مصر الى حدود ٣٠ أو ٣١ ق.م حيث دخلت مصر تحت الحكم الروماني . وصارت آسية الصغرى من حصة القائد "انتيكونس" (Antigonus) .

_____

(X) ولد الاسكندر بن فيلب المقدوني في عام ٣٥٦ واعتلى العرش في ٣٣٦ ق . م ، وبدأ حملته العسكرية على آسية في عام ٣٣٤ ق . م وفتح مصر في عام ٣٣٢ ق . م والعراق في ٣٣١ ق . م وتوفي في شهر حزيران عام ٣٢٣ ق . م في بابل وهو أبن ٣٣ عاما ودفن في مدينة الاسكندرية في مصر .

نشطت الحركة العلمية والفلسفية في هذا العصر نشاطا كبيرا وقامت في خلاله مراكز كثيرة ومهمة للدرس والبحث ، وازدهرت فيها الدراسات والبحوث المختلفة ومن بينها العلوم الرياضية والفلكية . وفي مقدمتها مدينة الاسكندرية التي اسسها الاسكندر الكبير بنفسه في فتحه مصر عام ٣٣٢ ق . م وتعاظمت في ازدهارها العمراني والثقافي في عهود خلفائه البطالسة ، حيث انشي فيها معهد البحث الشهير الذي اطلق عليه المتحف " (Museon) وكان يضم جماعة من مشاهير العلماء والباحثين، ووضعت تحت تصرفهم الاموال والكتب والمختبرات ، وكثرت مدارس التعليم ، كما اسست دور الكتب التي حوت مجاميع كبيرة من المؤلفات ، وقد اشتهرت مكتبة الاسكندرية بكثرة عدد كتبها حتى روى انها بلغت نصف مليون كتاب (اى نصف مليون من لفات البردى (Papyrus) حيث كان البردى مادة الكتابة) ، واقام الملوك البطالسة كذلك مرصدا فلكيا في الاسكندرية وسيأتي ذكر مشاهير علماء الاسكندرية . حيث ازدهرت العلوم فيها من جراء الاتصال والتلاقي مابين حضارات الوطن العربي القديمة وحضارة اليونان .

وقد مر بنا في كلامنا على رياضيات العراق القديم كيف ان الدور السلوقي قد تميز في تاريخ العراق القديم بنشاط ملحوظ في المعارف والدراسات الرياضية والفلكية ، وكيف ان الفلكيين البابليين استعملوا الرياضيات في دراستهم الفلكية . وازدهرت في بلاد اليونان نفسها في هذا العصر جملة مراكز للبحث والتعليم ظهر فيها علماء مشهورون مثل " ارخميدس " (٢٨٧ - ٢١٢ ق . م) في " سرقوسة " ، و " ارستارخوس " (القرن الثالث ق . م » من أهل ساموس الذي برهن على ان الشمس مركز الكواكب السيارة ، وان هذه الكواكب ومنها الارض تدور حولها، والرياضي الشهير " اقليدس " (Euclid)

والفلكي-الرياضي " اراتوشينيس " (Eratosthenes) (٢٧٥-١٩٤ ق . م) وكان اول من قاس محيط الارض بدرجة كبيرة من الصحة .

ونختتم هذه الملاحظات العامة عن العلوم الرياضية في العصر الهلنستي بان لهذه الرياضيات اهمية خاصة في تطور الرياضيات في الادوار التالية وفي ظهور الرياضيات الحديثة ، ا لانها ورثت اشياء مهمه من تراث الشرق القديم ولاسيما الرياضيات البابلية واخذت كذلك من الرياضيات اليونانية القديمة ، وانتقل تراثها الى الحضارة العربية الاسلامية وعن طريقها إلي الى الحضارة الحديثة .

٢ — مشاهير الرياضيين في العصر الهلنستي الاول (بداية القرن الثالث ق . م الى القرن الاول الميلادى) .

أ — اقليدس :

اول من نذكر من مشاهير الرياضيين في العصر الهلنستي (القرن الثالث ق.م —الى القرن الاول الميلادى) اقليدس (Euclid) الذى كان في مقدمة علماء الاسكندرية واشتهر في هندسته (Elements) التي لاتزال تدرس الان في المستوى الاعدادى . اما عن حياته فلا يعرف عنها الشئ الكثير . والمرجح انه عاش في زمن الملك "بطليموس الاول، مؤسس أسرة البطالسة في مصر ، اى في حدود ٣٠٦—٢٨٣ ق.م وان اشهر ماوصل الينا من مؤلفاته الرياضية كتابه المعنون باليونانية (Stoicheia) وترجم الى الانجليزية بالاصول (Elements) ، وهو العنوان الذى ترجمه به الرياضيون العرب . وكانت اقدم ترجمة له في زمن الخلفيفة العباسي المنصور (١٤٥—١٥٨ ه—٧٦٢— ٧٧٥ م) ، واشهر مترجميه حنين بن اسحق وثابت بن قره . وكثرت ترجماته فيما بعد والتعليق عليه وشرحه من جانب الرياضيين العرب من امثال الخيام والطوسي وعن طريق الترجمات العربية عرفت اوربة هندسة اقليدس قبل ان تكتشف النصوص الاصلية اليونانية. وينسب الى اقليدس كتاب آخر بعنوان المفروضات(المعطيات أو المصادرات) (Data) وموضوعه تطبيق الجبر على الهندسة، ولكن مع ذلك بطغى عليه الاتجاه الهندسي والطرق الهندسية ، وهو الاتجاه

السائد في الرياضيات اليونانية ، وكان اقليدس خير من يمثل الاتجاه الهندسي في الرياضيات اليونانية .

وبعد كتاب الاصول اولى المؤلفات اليونانية المنتظمة في الرياضيات حيث ضمنه اقليدس جماع المعارف والنظريات الرياضية في الحضارة اليونانية وقد نال شهرة واسعة في الحضارة العربية الاسلامية وفي الحضارة الاوربية ولا يزال اثره بارزا في الرياضيات الان ، حيث يدرس معه الكثير من المبادىء الهندسية ولاسيما ما تضمنته الاجزاء الستة الاولى منه ، وقد اعيدت طباعته اكثر من اي كتاب في العصر الحديث فقد طبع ما لا يقل عن الف طبعة منذ ظهور فن الطباعة بالاضافة الى النسخ الخطية الكثيرة . وتمتاز طريقة اقليدس الهندسية بانها تقوم على الاسلوب المنطقي الدقيق ، حيث النظريات تشتق او تستنتج من تعاريف وفرضيات وبديهيات (definitions, postulates. axioms) .
ويتألف كتاب الاصول من ثلاثة عشر جزءا ، تتناول الاجزاء الاربعة الاولى منها موضوع الهندسة المستوية على هيئة تسلسل منطقي من الخطوط والزوايا وخصائصها وتطابق المثلثات (Congruence) وتساوي المساحات ونظرية فيثاغورس ثم الدائرة والمظلعات المنتظمة وكيفية رسم اشكال تساوى مساحاتها مساحات اشكال اخرى ، مثل رسم مربع تساوى مساحته مساحة مستطيل معلوم ، و خصصت الاجزاء من السابع عشر الى التاسع عشر الى نظريات العدد (Number Theory) مثل قابلية قسمة الاعداد الصحيحة ومجموع المتواليات الهندسية ، واصناف الاعداد مثل الاعداد الاولية (Prime numbers) والقاسم المشترك الاعظم (The greatest Common divisor) والمضاعف المشترك البسيط . ويبحث اقليدس في الاجزاء الثلاثة الاخيرة في الاشكال المجسمة ، مثل الزوايا المجسمة وحجوم متوازى المستطيلات والمنشور (prism) والهرم (pyramid) والكرة والاسطوانة . وشرح هندسة اقليدس وعلق عليها عدة رياضيين عرب منهم النيريزى الملقب بابي العباس الحساب

(المتوفى عام ٩٩٢ م) وكذلك الخيام والطوسي كما ذكرنا . وتنسب الى اقليدس عدة رسائل اخرى غير كتاب الاصول ، منها الرسالة المعنونة التقسيم (اى تقسيم الاشكال الهندسية) وقد فقد اصلها اليوناني وتقتصر معرفتنا بها على الترجمة العربية ، ورسائل اخرى في الهندسة العالية مثل بحث المخاريط (Conics) وهي ايضا مفقودة وتشبه الى حد كبير بحوث ابولونيوس في المخاريط والقطوع المخروطية وله كتاب يبحث في البصريات (optics) ، وسيمر بنا في كلامنا على الرياضي والفيزياوى العربي ابن الهيثم كيف انه صحح الوهم الذى وقع فيه اقليدس وغيره من اليونان في تفسيرهم لظاهرة الابصار .

وننهي هذه الملاحظات الموجزة عن اقليدس في التنويه ببديهيته المشهورة الخاصة بالتوازى (parallel axiom) القائلة بانه لا يمكن رسم اكثر من خط مواز واحد من نقطة معينة الى خط آخر في مستوى واحد . وقد ترك هذه الحالة على هيئة بديهية ولم يستطع ان يبرهن عليها . وقد حاول من جاء من بعده من الرياضيين ايجاد البرهان عليها ، من بينهم بعض مشاهير الرياضيين العرب مثل الخيام والطوسي ورياضيين من اهل القرن التاسع عشر ، فلم يفلحوا ، وكان هذا من بين الحوافز التي عملت على ايجاد هندسات لا اقليدية (Non Eucledean geometries) مثل هندسة ريمان (١٨٢٦—١٨٦٦م) (وغيره ، لاسيما هندسة لوباجيويسكي (Lonatchevisky) (١٧٩٣—١٨٥٦م) (الذى كان اول من تحدى سيطرة اقليدس في هندسة اقليدس التي سادت الفكر الرياضي طوال اكثر من الفي عام ، فبرهن على ان هندسة اقليدس ليست الهندسة الوحيدة ، كما انها هندسة صحتها محدودة ومحصورة على مساحات صغيرة من الارض وانها تفترض أن الارض مستوية وليست كروية فلا يمكن استعمالها في الرياضيات العالية وفي المسافات الفضائية مثل نظرية اينشتاين (١) .

―――――――――

(١) حول الهندسات اللا اقليدية انظر المرجع الاتي :

= E.T.Bell,Men of Mathematics, II, (1965), 329ff.

٢ – أرخميدس :

يعد ارخميدس (Archimedes) (٢٨٧–٢١٢ ق.م) في مقدمة رياضي العصر الهلنستي ، وعاش كما قلنا في جزيرة سرقوسة (Syracuse) بصفته مستشارا لملكها المسمى هيريو (Hiereo) وقد جاء عن حياته العلمية جملة اشياء مهمة ، من ذلك شهرته في تطبيق المبادى العلمية في صنع الآلات والادوات الميكانيكية ، فكان بذلك اول من بدأ بما نسميه الآن العلوم التطبيقية (Applied Sciences) وهو اتجاه كان يحتقره العلماء اليونان بوجه عام بحيث ان ارخميدس نفسه ترفع عن ان يخلف شيئاً مدونا عن اختراعاته الآلية . وقد كلفته اختراعاته تلك حياته اذ قتله الرومان بعد فتحهم لسرقوسة بقيادة ، ماركيليوس ، (٢١٢ ق م) لانه هو الذى أعد لأهل الجزيرة وسائل الدفاع الآلية التي عوقت فتح الرومان لها أمدا طويلا .

ولعل اكبر اسهام لأرخميدس في تقدم الرياضيات كان بداية مايسمى الآن حساب التكامل (Integral Calculus) اذ انه تناول النظريات والمبادىء الخاصة بمساحات بعض الاشكال المستوية ذوات السطوح المنحنية مثل الدائرة وحجوم بعض الاجسام الكروية مثل الكرة ففي حسابه لمساحـــة الدائرة توصل الى قيمة تقريبية (Approximation) لمحيط الدائرة بطريقة رسم مضلعات منتظمة خارج الدائرة وداخلها الى حد مضلع ذى (٩٦) ضلعا اى بطريقة افناء الفرق (exhaustion) وهو مبدأ حساب التكامل ، وحصل على قيمة تقريبية للنسبة الثابتة هي $٣\frac{١}{٧}$ وفي كتابه الذى ألفه عن الكرة والاسطوانة حسب مساحة الكرة بانها تساوى

= وعن محاولة الخيام والطوسي [البرهنة] على فرضية التوازى الاقليدية انظر : " نظرية التوازى واثر العرب فيها " ، للدكتور محمد واصل الظاهر ، مجلة المجمع العلمي العراقي ، المجلد الخامس (١٩٥٨) ، الص ١٤١ فما بعد ، وانظر ايضا رسالة الخيام المعنونة « مصادرات اقليدس (تحقيق عبد الحمدد صبره ١٩٦١)

اربعة امثال مساحة الدائرة الكبرى فيها ، وأوجد لحجم الكرة المعادلة :

$$\text{حجم الكرة} = \frac{2}{3} \text{ حجم الاسطوانة المرسومة خارجها}$$. وله بحوث في القطع

المكافيء (Prabola) والاشكال الهندسية الكروية او الشبه كروية (Spheroids) وشبه المخروطية (Conoids) . واشتهر اسمه باكتشافه مبدأ الاجسام الطافية (buoyuncy) وله رسالة في هذا الموضوع ضمنها كذلك بحثا في موازنة السوائل (hydrostatics) (اى موازنة السوائل وضغوطها وهي ساكنة) وبحث كذلك في حالات كثيرة من التوازن ومبادى الميكانيك . ومما تجدر ملاحظته عن مؤلفات ارخميدس ان معظمها عرف المدى الغرب عن طريق ترجماتها الى العربية .

وتنسب احدى الترجمات العربية الى ارخميدس انه هو الذى أوجد الدستور الخاص بايجاد مساحة المثلث بعد معرفة اضلاعه، وهو الدستور الذى يعزى الى هيرون (القرن الاول الميلادى ، انظر الكلام على هذا الرياضي) ، كما نسب اليه احد الرياضيين العرب وهو البيروني (٩٧٣ – ١٠٤٨) طريقة رسم الشكل السباعي المنتظم (hepatogon) وطريقة رسم المتسع المنتظم (Nonagon) ، وكان ثابت بن قره (٨٣٤–٩٠١م) اقدم من ترجم لأرخميدس.

٣ – ابولونيوس :

ومن مشاهير الرياضيين في العصر الهلنستي الرياضي ابولونيوس (Appolonius) (٢٦٠ – ١٧٠ ق.م) الذى يمثل الاتجاه الرياضي الهندسي عند اليونان خير تمثيل . وقد درس في مدرسة الاسكندرية وفي برغامم (+)، وألف بحثا من ثمانية اجزاء عن المخاريط (Conics) ، لم يسلم منها سوى

(+) برغامم (Pergamum) مدينة شهيرة في الشمال الغربي من سواحل آسية الصغرى وقد صارت في القرن الثالث ق . م عاصمة مملكة مهمة ومركزا علميا وأدبيا مشهورا واشتهرت في نسخ الكتب واصدارها وتدوينها على الرقوق (parchments) .

سبعة اجزاء ، وحفظت ثلاثة كتب عن طريق ترجماتها العربية ، ولا سيما ترجمة ثابت قرة (القرن التاسع الميلادى) ، وتتضمن هذه البحوث انواع المنحنيات التي يمكن الحصول عليها من قطع مخروط بزوايا مختلفة وقد صنفها الى الاشكال الاهليلجية او القطوع الناقصة (ellipses) ومعادلته :

$\frac{x^2}{a^2} + \frac{y^2}{b^2} = 1$ والقطع المكافيء (parabola) ومعادلته $y2 = 2x$

والقطع الزائد او الخط الهذلولي (Hyperbala) ومعادلته $\frac{x^2}{a^2} - \frac{y^2}{b^2} = 1$ وقد لقبه معاصروه بالهندسي العظيم وثمنوا بحوثه ولاسيما الخاصة بالمخاريط . واشتغل ابولونيوس في الفلك وتولى منصب الفلكي في عهد حكم ملك مصر البطلمي المسمى بطليموس يورغيتس (ptolemy Eurgetes) (٢٤٧ – ٢٢٢ ق . م) ، ونال مكانة مرموقة عند ملك برغامم (Pergamum) وقد كرس كتابه في المخاربط باسمه . ويمكن القول بوجه عام ان علم الهندسة والبحوث الهندسية بلغت اعلى مستوى لها في الحضارات القديمة على يدى ارخميدس وابولونيوس . ومع ان اليونان لم يستفيدوا من مكتشفات ابولونيوس الرياضية في القطوع المخروطية . الا ان العرب افادوا منها واخذ عنهم علماء اوربة في مطلع القرن السابع عشر مثل كبلر الذى اكتشف في عام ١٦٠٩ ان مدارات الكواكب اهليلجية (elliptical) وكذلك استفاد منها نيوتن (١٦٨٧) .

٤ – بعض الفلكيين – الرياضيين :

يلاحظ المتتبع لتاريخ الرياضيات القديمة التلازم الوثيق مابين هذه الرياضيات وعلم الفلك (Astronomy) منذ اقدم الازمان ، ولاتزال هذه الظاهره في العصور الحديثة . وقد سبق ان رأينا كيف ان علم الفلك قد شغل مكانة مرموقة في علوم حضارة وادى الرافدين ومعارفها ، وحصل فيه ازدهار ملحوظ في العصر السلوقي حيث طبقت المبادىء الرياضية في الحسابات

الفلكية كضبط حركات الكواكب السيارة وحركات القمر وتحديد اطوال الليل والنهار بحسب الفصول . ومما لاشك ان يكون لالتقاء الفلك البابلي بالفلك اليوناني اثر كبير في تقدم البحوث الفلكية عند اليونان .

ولعل اقدم اسهام لعلماء اليونان في النظريات الفلكية النظرية الخاصة بالكواكب السيارة (planetory theory) التي وضعها الفلكي اليوناني يودوكسوس (Eudoxus) (٤٠٨ — ٣٥٥ ق . م) ، وقد سبق انذكرناه بصفته احد الرياضيين ، وقد تأثر بنظريته اقليدس الذى حاول تفسير حركات هذه الكواكب حول الارض حسب رأيه بافتراضه تطابق اربع كرات ذات مركز واحد ، ولكل منها محور حركتها الخاص بها ، حيث تنتهي اطرافها في الكرة الخارجية المحيطة . ومع سذاجة هذه النظرية الا انها صارت الاساس لكثير من النظريات الفلكية حتى القرن السابع عشر اذ فندها اوائل الفلكيين المحدثين ، وفي مقدمتم كوبرنيكس و كبلر .

ارستارخوس :

واعقب يودوكسوس السالف الذكر الفلكي المسمى ارستارخوس (Aristarchus) (٣١٠ — ٢٣٠ ق . م) من اهل ساموس الذى لقب بانه كوبرنيكس العصور القديمة ، وقد نسب اليه ارخميدس النظرية الفلكية المهمة القائلة بان الشمس وليس الارض مركز حركة الافلاك ، اى الكواكب السيارة وان الارض تدور حول نفسها اى حول محورها ايضا . وقد اتبعها عدد من الفلكيين اليونان ، ولكن مع ذلك ظلت الفكرة القائلة بان الارض مركز المجموعة الشمسية هي الشائعة الى القرن السابع عشر كما ذكرنا . وقد نالت نظرية كون الشمس مركز الكواكب قوة على يد الفلكي اليوناني هبارخوس (Hipparchus) من اهل نيقية (١٦١ —١٢٦ ق . م) ولكن لم يصل الينا من مؤلفاته الاصلية الا النزر اليسير . وقد اقتبس منه الفلكي الشهير بطليموس

الذى عاش من بعده بثلاثة قرون ، اشياء كثيرة . ويعزى الى هبارخوس طريقة ايجاد خطوط الطول والعرض بالوسائل الفلكية . ويرى مؤرخو الرياضيات ان هناك علاقات واضحة بين المعارف الفلكية عند هبارخوس وبين الفلك البابلي الذى قلنا انه بلغ مستوى عاليا في العصر السلوقي(١) ، وقد عرف العرب بعض مؤلفات « ارستارخوس » وترجمت في القرن التاسع الميلادى .

اراتوسثينيس :

ومن مشاهير الفلكيين في هذا العصر اراتوستينيس (Eratosthenes) الذى سبق ان ذكرناه من بين مشاهير علماء الاسكندرية ومدير مكتبتها الشهيرة وكان مولده في ليبيا في المدينة اليونانية الشهيرة قورنيا او قيرين (Cyrene) (في اقليم برقة الان وتعرف بقاياها باسم شحات) . وعاش اراتوستينيس في الاسكندرية (٢٧٥ – ١٩٤ ق . م) وكان معاصرا لارخميدس فقد اهدى احد كتبه باسمه واشتهر بانه كان اول من قاس محيط الارض بحسابه الفرق بالدرجات بين سمت الشمس في نقطتين معينتين في مصر ، اولاهما في منطقة الشلال الاول (اسوان) والاخرى في الاسكندرية ، اى انه قاس بالدرجات جزءا من قوس محيط الارض معروف طوله بالاميال وقد اوجد في حسابه قيمة قريبة من الصحة ، حيث حسب طول قطر الارض القطبي بنحو (٧٨٥٠) ميلا ، وهو مقدار اقل من القيمة الحقيقية بمقدار ٥٠ ميلا فقط ، وله كتاب بعنوان قياس الارض تناول فيه قضايا فلكية اخرى مثل بعد منطقة دائرة الاستواء (Tropic) والدائرة القطبية (polar) وحجوم ومساحات الشمس والقمر ، كما انه الف في موضوع الجغرافية ، وقدم له بعرض تاريخي عن تطور علم الجغرافية ثم موضوع الجغرافية الرياضية

O.Neugebauer, Exact Sciences in Antiquity (1951).   (١)

وشكل الارض وكرويتها الى غير ذلك من موضوعات الجغرافية الطبيعية والفلكية .

الدور الثالث في تاريخ الرياضيات اليونانية :

سبق ان حددنا الدور الثالث من تاريخ الرياضيات اليونانية بانه القسم الاخير من العصر الهلنستي (القرن الاول الى القرن الخامس الميلادى) الذى سميناه ايضا بدور السيطرة الرومانية ، اذ تمت السيطرة للامبراطورية الرومانية على معظم عالم البحر المتوسط ، فقد سبق للرومان ان استولوا على سرقوسة في عام٢١٢ ق . م وعلى قرطاجنة في تونس عام ١٤٦ ق . م وعلى اليونان في ١٤٦ ق . م وعلى بلاد الشام في ٦٥ — ٦٣ ق . م وعلى مصر في عام ٣٠ ق .م واصبحت مثل هذه الاقطار وغيرها ولايات تابعة الى الدولة الرومانية ، على ان تيار البحث والمعرفة لم ينقطع في هذا العصر ، بل استمر الباحثون الرياضيون والفلكيون في معظم مراكز البحث الشرقية والغربية .

وان انتشار النفوذ الروماني واستتباب الاحوال السياسية واستمرار الازدهار التجارى والاقتصادى عمل على نشر الحضارة الهلنستية الى اقطار اخرى بعيدة مثل بلاد ايران والهند والصين . وقد سبق ان نوهنا بان الحضارة الرومانية نفسها يمكن عدها حضارة هلنستية في كثير من اوجهها ومقوماتها .

مشاهير الرياضيين في هذا الدور :

ظلت مدينة الاسكندرية مركزا مهما للبحث في هذا العصر ، فظهر فيها طائفة من العلماء والرياضيين المشهورين ، وقد ورث رياضيو هذا العصر الشيء الكثير من التراث العلمي عمن سبقوهم . ومما يلاحظ في سير تطور الرياضيات في هذا العصر ان الاتجاه القديم الذى اعاق تقدم الرياضيات عند اليونان ، ونعني به شغف رياضييهم وولعهم بالهندسة والاتجاه الهندسي على حساب علم العدد (الجبر) ، واحتقار الكثير من رياضييهم

للجوانب العملية في العدد ــ نقول ان ذلك الاتجاه المؤسف بدأ يتغير في هذا العصر الذى نتكلم عنه او قبله بقليل ، بحيث يصح القول ان الرياضيات اليونانية التي ازدهرت في العصر الهلنستي الاخير لم تسر على النهج الذى سار فيه اقليدس (القرن الثالث . م) . بل انها نهجت نهجا جديدا وتأثرت بالطرق الجبرية والاتجاه الجبرى من بلاد بلاد بابل ومن مصر .

ولعل احسن من يمثل هذا الاتجاه الجبرى الجديد في تطور الرياضيات اليونانية جماعة من مشاهير الرياضيين اليونان عاشوا في الاسكندرية في مقدمتهم :

(١) هيرون (Heron) (منتصف القرن الاول الميلادى) .

(٢) ديوفانتس (ديوفنطس) (Diophantus) (٢٥٠ م) .

(٣) بطليموس الفلكي (في حدود ١٥٠ م) . ونذكر فيما يأتي ملاحظات موجزة عن كل من هؤلاء العلماء .

١ ــ هيرون :

تأتي بحوث الرياضي هيرون في مقدمة ما يمثل لنا الاتجاه الجديد في الرياضيات اليونانية في التقليل من تطرفها بالاهتمام بالهندسة الاقليدية ، والاعتناء بالعدد والحساب العملي .

واشتغل هيرون بالفلك ايضا، حيث جاء عنه وصف دقيق لخسوف القمر الذى وقع في عام ٦٢ م . على ان هيرون لايمكن وصفه بالرياضي العظيم بل انه كان جامعا للمعارف المختلفة ، فقد كتب في الموضوعات الهندسية والحسابية والميكانيكية . ويظهر في مؤلفاته التوفيق ما بين المعارف اليونانية والشرقية وشرح هندسة اقليدس ، ويتجلى الاتجاه الجبرى البابلي عنده في كتابة المعنون القياسات (Metrica) (+) الذى يتضمن ايجاد المساحات والحجوم ، وفيه

(+) لم يعثر على النص اليوناني الاصلي لكتاب '' القياسات '' اى (Metrica) الا في عام ١٨٩٦ في استانبول ونشره H.Schone في عام ١٩٠٣ ، والجدير بالذكر عن هيرون =

الدستور المشهور الخاص بايجاد مساحة المثلث بواسطة اضلاعه اى الدستور العيروني :

مساحة المثلث = $\sqrt{ح (ح - أ) (ح - ب) (ح - ج)}$. (بفرض ان ح نصف محيط المثلث و أ ، ب ، ج اضلاعه) . هذا وقد مر بنا في كلامنا على ارخميدس كيف ان احد الترجمات العربية لبعض كتبه تنسب اليه هذا الدستور وليس الى هيرون .

ومن مظاهر اخذ هيرون من الرياضيات الشرقية تعبيره عن الكسور بالطريقة المصرية بجعلها كسورا مقاماتها واحد مثل حسابه $\sqrt{٦٣}$ بانه = ٧ + $\frac{١}{٢}$ + $\frac{١}{٤}$ + $\frac{١}{١٢}$ + $\frac{١}{٣٦}$. ويستند دستوره في حساب حجم الهرم الرباعي المقطوع الى الطريقة المصرية القديمة (التي ذكرناها في كلامنا عن الرياضيات في حضارة وادى النيل) . وكان مثل الرياضيين البابليين لا يتحرج من جمع مساحات الاشكال مع الخطوط ، كما مر بنا في الأمثلة من الجبر البابلي (١) وهناك اوجه شبه بين جبر الخوارزمي (القرن التاسع الميلادى) وبين الطرق الجبرية عند هيرون منها قضية تجمع بين الهندسة وبين المعادلات الجبرية على غرار اتجاه الرياضيات البابلية ، وهي على الوجه الاتي :

بعد جمع مثلثين قائمي الزاويتين اضلاعهما ٦ ، ٨ ، ١٠ في مثلث متساوى الساقين قاعدته ١٢ وارتفاعه ٨ ، يطلب رسم مربع داخل هذا المثلث وايجاد طول ضلعه . وان حل هذه المسألة يتضمن معادلة خطية (**Linear equation**) ينتج منها طول الضلع ٤$\frac{٤}{٥}$ (وبطريقة تعبير هيرون) عن الكسور :

= انه لم يصل الينا شرحه لهندسة اقليدس سوى ماذكره الرياضي اليوناني " بروقلس " (مابين القرنين الثاني والخامس الميلادى) ، وفي شرح هندسة اقليدس للرياضي العربي " اليزيزى " (٩٩٢ م) .

(١) انظر : O.Neugbauer, Exact Sciences in Antiquity, p.140.

$$٤ + \frac{١}{٢} + \frac{١}{٥} + \frac{١}{١٠}(+).$$

ومن مظاهر اتجاهاته الى النواحي التطبيقية في العلوم كتابه المعنون علم الهواء او علم الغازات (pneumatica) الذي بحث فيه عن طائفة من الآلات والمكائن التي تتحرك بالماء والبخار مثل السيفون (Siphon) وماكنة النار ، والأرغن المائي (Water organ) ومكائن خاصة بالحرب ، والف كتابا في الميكانيكا (Mechanica) وقد فقد اصله اليوناني ولم يعرف الا بترجمته العربية الميخانيقيا او علم الحيل .

٢ — بطليموس :

بطليموس (Claudius Potlemy) الذي عرفه العرب باسم بطليموس الكلوذي من اشهر الفلكيين والرياضيين اليونان ، وقد عاش في الاسكندرية في منتصف القرن الثاني الميلادي ، واشتهر بمؤلفه الكبير في الفلك الذي عرفه العالم الغربي اولا عن طريق ترجمته العربية بعنوان المجسطي (*) وهو مؤلف يتميز بالعمق والاصالة على الرغم مما اقتبسه من الفلكي اليوناني هبارخوس (١٦١ — ١٢٦ ق . م) وبعض الفلكيين البابليين من امثال كدينو (Kididnu) الذي عرفه اليونان باسم كيديناس (Cidinas) و نابوريانوس (واسمه البابلي نيو — ريماني وكلاهما عاش في القرن الرابع ق . م) .

ويعد كتاب بطليموس السالف الذكر خلاصة المعارف الفلكية في عصره ، وفيه عرض نظريته المشهورة عن حركات المجموعة الشمسية وافترض ان

<hr>

(+) راجع هذه القضية واوجه الشبه بين رياضيات العراق القديم والرياضيات الهلنستية .
O. Neugebauer, IBID., p. 140.

(×) كلمة '' المجسطي '' معربة من اليونانية باضافة '' ال '' التعريف العربية على الكلمة اليونانية Mageste التي تعني '' العظيم '' وعنوانه الاصلي باليونانية Mathematiks Syntaxie وترجم الى الانجليزية بعنوان System of Mathematics والف بطليموس بالاضافة الى هذا الكتاب مؤلفا مهما في الجغرافية عنوانه اليوناني GEOGRAPHIKE HUPHEGESIS

الكواكب السيارة والشمس تدور حول الارض الثابتة ، وهي النظرية التي ظلت تسيطر على الفكر الاوربي ازمانا طويلة الى ان فندها الفلكيان كوبونيكوس وكبلر كما نوهنا . ويتضمن كتابه المجسطي ايضا حساب المثلثات (Trignometry) مع جداول بالاقواس او الاوتار (Chords) الخاصة بالزوايا المختلفة مما يضاهي جدول جيوب الزوايا (Sines) ، للزوايا من صفر الى ٩٠ درجة . وأوجد ايضا قيمة تقريبية مطولة للنسبة الثابتة برقم ٣ر١٤١٦٦ ، وظهرت في كتابه بداية المثلثات الكروية ، ويعد بطليموس من هذه الناحية قد اسهم كثيرا في تطوير بدايات علم المثلثات . الذى طوره الرياضيون العرب الذين ادخلوا النسب المثلثية مثل الجيب وجيب التمام بدلا من الاوتار والاقواس .

وقد سبق ان ذكرنا كيف ان اوربة عرفت بطليموس اولا عن طريق الترجمات العربية قبل اكتشاف نصوص مؤلفاته الاصلية باليونانية ، وقد عد العرب كتابه (كما جاء في كتاب القفطي اخبار العلماء ، وثابت بن قرة) احد ثلاثة كتب مشهورة في المعرفة : المجسطي في الهيئة (الفلك) ومنطق ارسطو وكتاب سيبويه في النحو . ولم يقتصر العرب في كتاب المجسطي على مجرد نقله الى العربية بل ادخل عليه بعض علمائهم تعليقات وشروحات واصلاحات مهمة . والملاحظ ، كما نوهنا ، ان بطليموس استعمل في حساباته الفلكية الكسور الستينية البابلية ، وكذلك النظام الستيني في الدرجات والدقائق والثواني .

تضمن كتاب المجسطي (١) ثلاث عشرة مقالة ، الاولى من المقدمات

_____

(١) وقد ترجم المجسطي الى العربية وكانت اول ترجمة مرتبكة ولكن اعقبتها ترجمات أخرى أدق اشهرها واولا ها للحجاج بن مطر (٨٢٨)م) والثانية لحنين بن أسحق من بعد منتصف القرن التاسع الميلادى ، كما نقحها وشرحها ثابت بن قره . وترجمت جغرافية بطليموس وازياجه في النصف الأول من القرن التاسع الميلادى

مثل البرهان على كروية السماء والارض وثبوت الارض في مركز العالم ثم ميل فلك البروج ومطالع درج البردج . وتتضمن المقالة الثانية عدة مباحث مثل اختلاف عروض البلدان وطول الليل والنهار وارتفاع القطب والزوايا الناشئة من تقاطع دائرتين من دوائر الافق ونصف النهار ، وفي المقالة الثالثة تعيين اوقات نزول الشمس في نقطتي الاعتدال (equinox) ونقطتي الانقلاب (Solstices) ، ومقدار السنة الشمسية واختلاف الايام بلياليها ، الى غير ذلك من البحوث الفلكية والجغرافية .

٣ — ديوفانتس :

ومن مشاهير الرياضيين في العصر الهلنستي الثاني ديوفنطس (Diophantus) الذى لا نعرف اشياء كثيرة مؤكدة عن ترجمة حياته . ويرجح انه عاش في منتصف القرن الثالث الميلادى (في حدود ٢٥٠م) ، وكان في مقدمة الرياضيين اليونان ممن اهتم بالجبر ، ويظهر في طرقه الجبرية وكذلك في جبر هيرون قبله الاتجاه الرياضي الشرقي ولا سيما الجبر البابلي والهندى ، بحيث ان احد الباحثين رأى احتمال ان يكون من اصل بابلي (١) . فمن اوجه الشبه البارزة بين طرقه الجبرية وطرق الجبر البابلي ما نجده في المعادلات التي سماها الجبريون العرب المعادلات السيالة (Indeterminate) وفي حله لمعادلات الدرجة الثانية عندما يكون فيها معامل س٢ غير الوحدة اى مثل المعادلة : أ س٢ + ب س = ج فكان يضرب حدود المعادلة بهذا المعامل ، وهي الطريقة التي اتبعها الرياضيون في حضارة وادى الرافدين كما مر بنا . وقد الف كتابا في الجبر بعنوان ارثمطيقا (Arithematica) لم يصل الينا منه سوى ستة اجزاء ومن الامثلة الاخرى على اتجاه ديوفنطس انه مثل هيرون الذى سبقه لم يكن يتحرج

D.J.Struik, Concise History of Mathematics. (1948),   (١)
    p.74.
Van der Waerden, Science Awakening (1954), p.66.

من جمع الاطوال الى المساحات او طرحها منها كما رأينا ذلك عند الرياضيين البابليين .

ويعد ديوفنطس انه اول من استعمل نوعا مما يضاهي الرموز الجبرية(+) ، فقد وضع رمزا خاصا للمجهول وللناقص والمعكوس (inverse) ، ولكن مثل هذه الرموز لم تكن سوى اختصارات (abbreviations) وليست رموزا جبرية بالمعنى الدقيق لهذا المصطلح ، ولذلك كان جبره مثل الجبر البابلي وصفيا (rhetoric) . وقد عرف العرب جبر ديوفنطس باسم صناعة الجبر وترجمة قسطاين لوقا وقد نشره رشدى راشد (١٩٧٥) .

وعلى الرغم من موت مدرسة الاسكندرية منذ القرن الرابع الميلادى واعتبار العلوم اليونانية كفرا ومخالفة لتعاليم الديانة المسيحية من بعد انتشارها(++) ، فان التراث القديم في العلوم والمعارف لم يختف بالمرة بل انه حفظ على ايدى فلاسفة العصور الوسطى الاوربية المظلمة ، واستمر البحث نوعا ما في بعض المدارس القديمة مثل القسطنطينية (عاصمة الامبراطورية الرومانية الشرقية) وجنديسابور (في ايران) ونصيبيين وحران وانطاكية في شمالي مابين

(+) عن مثل هذه الزموز او المختصرات انظر المصدر الاتي :

The Legacy of Greece, p. 135.

(++) كان لا زدراء المسيحية بل مناهضتها للفلسفة اليونانية والعلوم اليونانية بوجه عام الاثر البارز في تضاؤل الدراسات الفلسفية والعلمية في الاسكندرية وغيرها وقد عمد الاسقف '' تيوفيلس '' (Theophilus) في عام ٣٩٠ م الى حرق احدى مكتبات الاسكندرية الكبيرة ، وقتل في عام ٤١٥ م عوام الاسكندرية '' هباتيا '' (Hypatia) ابنة الفلكي '' ثيون '' (Theon) وكانت نفسها مدرسة للرياضيات واصدر الامبراطور البيزنطي '' جستنيان '' عام ٥٢٩ امرا بغلق جميع مدارس الفلسفة ومن بينها مدارس اثينة ، فهاجر الكثير من فلاسفتها وعلمائها الى سورية وايران وبلاد مابين النهرين العليا مثل نصيبيين وحران والرها حيث مراكز السريان فتواصلت البحوث فيها وبقيت شعلة المعرفة الى ان تناولها علماء الحضارة العربية الاسلامية . كما سنوجز ذلك بعد قليل .

النهرين ، حيث ازدهرت جملة مراكز مسيحية من اليعاقبة بالدرجة الاولى المتضلعين باليونانية ، ثم الرياضيين الهنود . واخيرا ظهرت الحضارة العربية الاسلامية من بعد الفتوح العربية الخاطفة الواسعة منذ القرن السابع الميلادى وازدهرت فيها العلوم والمعارف مما سنعرضه في القسم الاتي من هذه البحوث .

الجزء الثاني

« العلوم والمعارف في الحضارة العربية الاسلامية »

نشوء العلوم والمعارف وادوار تطورها

١ ــ خلاصة الادوار التأريخية :

لكي يكون الموجز الذي سنقدمه عن العلوم والمعارف في الحضارة العربية الاسلامية واضحا من ناحية التطور التاريخي نمهد له بخلفية تاريخه في خلاصة ادوار هذه الحضارة ونشوء العلوم والمعارف وتطورها وربطها بالادوار المعينة من ذلك التاريخ فنقول انه لم يمض زمن طويل على نجاح الدعوة الاسلامية في الجزيرة العربية في عهد الرسول (ص) وتوطيد دعائمها في عهد الخلفاء الراشدين (٦٣٢ ــ ٦٦١ م) حتى انتشر الاسلام بخارج الجزيرة في فترة زمنية قصيرة مدهشة . وامتدت الفتوح العربية بسرعة خاطفة الى جميع اقطار الشرق الادنى والاقاليم الشرقية وازدادت اتساعا في عهد الدولة الاموية (٦٦١ ــ ٧٥٠ م ، ٤١ ــ ١٣٢ ه) فشملت رقاعا شاسعة دخلت ضمنها شمالي افريقية والاندلس (اسبانية ٧١١) وبلاد ايران واقاليم ما وراء النهر . وتوطدت الاحوال السياسية والتنظيمات الادارية لتلك الامبراطورية الواسعة في عهد الدولة العباسية (١٣٢ ــ ٦٥٦ ه ، ٧٥٠ ــ ١٢٥٨ م) . التي شملت بلدانا كثيرة من اقصى المغرب واسبانية وجزرا مهمة في البحر الابيض مثل صقلية وكريت وقبرص ومالطة وسردينية وجنوبي ايطالية . والى الشمال من الجزيرة العربية شملت بلاد الشام وارمينية ، وفي الشرق والجنوب الشرقي بلاد القوقاز وفي شرقي مابين النهرين بلاد فارس وافغانستان وخوارزم ووادى نهر السند الى تخوم الصين (١) .

_____

(١) راجع عن اتساع الدولة العربية الاسلامية وحدودها الجغرافيين العرب مثل ابن حوقل (في حدود ٩٧٥ م) .

ان دخول تلك الاقاليم الكثيرة المتنوعة في تراثها الحضارى كانت من العوامل المهمة في نشوء العلوم والمعارف في الحضارة العربية الاسلامية حيث تلاقت وانصبت فيها تيارات حضارية كثيرة كما سنبين ذلك فيما بعد .

٢ — ادوار التاريخ العربي الاسلامي :

١ — عهد الرسول والخلفاء الراشدين (٦٠٠ — ٦٦١ م)

٢ — الامويون (٦٦١ — ٧٥٠ م ، ٤١ — ١٣٢ ه)

٣ — العباسيون (١٣٢ — ٦٥٦ ه ، ٧٥٠ — ١٢٥٨ م)

حكم من العباسيين سبعة وثلاثون خليفة اولهم ابو العباس السفاح وآخرهم المستعصم ، ويمكن تقسيم تاريخ العباسيين الى خمسة ادوار :

آ — **الدور الاول** (١٣٢ — ٢٣٢ ه ، ٧٥٠ — ٨٤٧م) دام زهاء مائة عام وحكم فيه ٩ خلفاء من السفاح الى الواثق. تأسيس المنصور لبغداد (١٤٥ — ١٤٩ ه ، ٧٦٢ — ٧٦٦م) ، وتأسيس المعتصم لمدينة سامراء (٢٢١ — ٢٧٩ ه ، ٨٣٦ — ٨٩٢ م) .

ب — **الدور الثاني** (٢٣٢ — ٣٣٣ ه ، ٨٤٧ — ٩٤٤ م) حكم فيه ثلاثة عشر خليفة ، من الواثق الى المستكفي. تعاظم نفوذ القواد الاتراك ، وبدء ضعف الامبراطورية وانحلالها .

جـ — **الدور الثالث** (٣٣٣ — ٤٤٧ ه ، ٩٤٤ — ١٠٣١م) حكم فيه تسعة خلفاء من المستكفي الى القادر بالله . تسلط البويهيين (من الديلم) ، ثم طرد السلاجقة الاتراك لهم . الحمدانيون في الموصل وتكريت .

د — **الدور الرابع** (٤٤٧ — ٥٤٧ ه ، ١٠٣١ — ١١٥٢ م) حكم فيه خمسة خلفاء . تسلط السلاجقة الاتراك . استيلاء طغر لبك على

١٦٤

بغداد (٤٦٢ – ١٠٧١ م). بداية الحروب الصليبية (٤٦٦ هـ، ١٠٧٤ م)، سلالة الاتابكة في الموصل لمؤسسها عماد الدين زنكي احد قواد ملكشاه السلجوقي .

هـ – **الدور الخامس** (٥٤٧ – ٦٥٦ م ، ١١٣٦ – ١٢٥٨ م)

سقوط بغداد بايدى المغول (هولاكو ٦٥٦ هـ – ١٢٥٨ م)

٤ – **السلالات المغولية والتركمانية وغيرها :**

آ – **الايلخانيون** (٦٥٦ – ٧٣٨ هـ ، ١٢٥٨ – ١٣٣٨ م)

ب – **الجلائريون** (٧٣٨ – ٨١٤ هـ ، ١٣٣٨ – ١٤١١ م)

ج – **القرة قوينلو** (٩١٤ – ٩٧٤ هـ ١٤١١ – ١٤٨٦ م)

(سلالة الخروف الاسود – الشاه محمد بن قرة يوسف)

د – **الاق قوينلو** (الخروف الابيض ٨٧٤ – ٩١٤ هـ ، ١٤٦٨ – ١٥٠٨م) حسن الطويل (اوزون)

هـ – **الصفويون** (٩١٤ – ٩٣٠ هـ ، ١٥٠٨ – ١٥٣٢ م) الشاه اسماعيل (١٥٠٨ – ١٥٢٣) . الصفويون مرة ثانية (٩٣٦ – ٩٤١ ، ١٥٢٩ – ١٥٣٤م) .

و – **الاتراك العثمانيون** (١٥٣٤ – ١٩١٧ م)

٥ – **الدول والسلالات الاخرى في شمالي افريقية :**

آ – **الدولة الاموية في الاندلس** (١٣٨ – ٤٢٨ هـ ، ٧٥٦ – ١٠٣١م) (فتح الاندلس ٧١١ م)

ب – **دولة الادارسة في المغرب** (٧٨٦ – ٩٧٤ م)

ج – **الرستميون في شمالي افريقية** (٧٦٢ – ٩١١ م)

د – **الاغالبة (في المغرب)** (٧٨٦ ، ٨٠٠ – ٩٠٩ م)

هـ - الفاطميون (٩٠٩ - ١١٧١م) .

١ - **الفاطميون في تونس (الدولة العبيدية)** : ٩٠٩ - ٩٦٩ م

٢ - **الفاطميون في مصر والشام** : ٩٦٩ - ١١٧١ م

تأسيس القاهرة ٩٦٦ م

و - **بنو حماد** (١٠١٤ - ١١٥٢م) .

ز - **المرابطون (الملثمون)** : ١٠٦١ - ١١٦٣ م

ح - **الموحدون** : ١٠٧٨ - ١٢٦٩ م

ط - **الحفصيون** : ١٢٢٨ - ١٥٧٤م

ى - **بنو مرين** : ١٢٤٤ - ١٤٦٥ م

ك - **الفتح العثماني لشمالي افريقية**

الجزائر ١٥١٨ م . تونس ١٥٢٤ م . طرابلس ١٥٥١ م .

ادوار العلوم والمعارف في الحضارة العربية الاسلامية :

مر نشوء العلوم والمعارف وتطورها في الحضارة العربية الاسلامية بعدة مراحل من التطور والتقدم يمكن حصرها بالادوار التأريخية التالية (١) نذكرها لتكون مع الادوار التأريخية التي عددناها خلفية لما سنذكره عن تطور العلوم والمعارف في هذه الحضارة :

١ ــ الدور الاول : منذ مايسمى بالعصر الجاهلي اى ماقبل ظهور الاسلام الى مطلع العصر العباسي الاول (٧٥٠م ــ ١٣٢هـ) .

٢ ــ الدور الثاني : من بداية العصر العباسي في ٧٥٠ م الى نهاية القرن التاسع الميلادى . اى انه يقع في الدور العباسي الاول ، وتميز بنشاط كبير في نقل العلوم والمعارف من الحضارات القديمة ولا سيما اليونانية والهندية وشرحها وفهمها وتمثلها وبداية الاضافة والابداع في العلوم والمعارف وبلغ ذلك ذروة الازدهار في الدور الثالث التالي .

٣ ــ الدور الثالث : من نهاية القرن التاسع ويشمل القرن العاشر والحادى عشر والثاني عشر الميلادية ، و كان كما قلنا ذروة الازدهار العلمي .

٤ ــ الدور الرابع : منذ القرن الثاني غشر الميلادى الذى استمرت فيه النهضة العلميةو لكنه كان استمرارا للمنجزات العلمية السابقة بحيث يصح ان نجعل هذا الدور بداية التوقف والر كود وانقطاع الاصالة في البحث العلمي .

الدور الاول : نشوء العلوم والمعارف عند العرب

مع ان المتعارف عليه بين المؤرخين اعتبار بداية النهضة العلمية عند العرب

---

(١) انظر : تراث الاسلام " (The Legacy of Islam)

١٦٧

منذ اواخر العصر الاموى وبداية العصر العباسي (٧٥٠ م) الا ان الواقع التاريخي ان العرب في جزيرتهم لم يكونوا إبان جاهليتهم في عزلة تامة كما ذهب الى ذلك اغلب المؤرخين العرب ، ولم يكونوا في جاهلية مطلقة من حيث الثقافة والمعرفة ، بل ينبغي ان نفسر مصطلح الجاهلية الذى وضعه المؤرخون المسلمون بانه كان مقتصرا على الجهل الديني قبل ظهور الاسلام . وهناك ادلة واشارات كثيرة تشير الى ان عددا غير قليل من المفكرين ورجالات العرب كانوا في العصر الجاهلي قبيل الاسلام على شيء من الاطلاع على تراث الامم القديمة ومعارفها مثل اليونان والعبرانيين والرومان والهنود ، حيث كان عرب الجزيرة على اتصالات مع البلدان المجاورة مثل العراق وايران ، ودرس بعض رجالاتهم الطب والمعارف الاخرى في المدرسة الشهيرة جنديسلبور بور في ايران مثل الحارث بن كلدة (٦٢٤ م) وابنه النظر (ابن خالة النبي ص) . وسيأتي الكلام على هذا المركز العلمي الشهير واثره في النهضة العربية العلمية . كما اتصل عرب الجزيرة بالاقطار المجاورة ذات التراث الحضارى القديم مثل العراق وبلاد الشام واليمن حيث الرحـــلات والاسفـــار التجارية الكثيرة ، كما ان دويلات عربية متعددة ازدهرت في جنوبي الجزيرة منذ منتصف الالف الثاني ق . م ، واشتهرت بنشاطها التجارى والعمراني في اعمال الرى والزراعة واقامة مشاريع الرى والسدود ، وقد اظهرت التنقيبات الاثرية الحديثة بعضامن مخلفات تلك الحضارات والدول واشهرها الدولة المعينية والسبائية والحميرية والقتبانية وغيرها ،وقامت كذلك دول ومراكز حضارية متعددة . في العراق وبلاد الشام وكانت علي شيء من الثقافة والعلوم والمعارف ، وكانت وثيقة الاتصال بعرب الجزيرة ، نخص بالذكر منها دويلة الحضر في البادية ، غربي الموصل ، ودويلة المناذرة في الحيرة (منطقة الكوفة) ودولة الغساسنة في بلاد الشام ،وتدمر والبتراء في بادية الشام ، كما نشأت جملة دويلات نبطية في شمالي الحجاز . وكان النبط او الانباط عربا بالدرجة الاولى ولكنهم كتبوا وتكلموا باللغة الارامية القريبة من العربية . ويجدر التنويه هنا باتصالات عرب

الحجاز مثل المدينة وواحات شمالي الحجاز مثل تيماء ودومة الجندل بالعراق القديم منذ عصور قديمة وبوجه خاص في عهد اخر الدول البابلية وهي الدولة الكلدانية (٦٢٦ — ٥٣٩ ق . م) ، وقد اشتهر آخر ملوك هذه الدولة المسمى نيونيدس (٥٥٥ — ٥٣٩ ق . م) بنشاطه الكبير في اقامة الحصون والحاميات في عدة واحات في شمالي الحجاز للسيطرة على الطرق التجارية المهمة المؤدية الى اليمن والبحر الاحمر الهندى . وشيد قصرا وحصنا ضخما في تيماء ، واقام فيه بنفسه زهاء عشر سنوات ، كما شيد حاميات بابلية اشهرها في دومة الجندل (ادومو في المصادر المسمارية) ويثرب (المدينة ، وقد ورد ذكرها في كتاباته بهيئة يتربيو ومثل « بداكو » (فدك)

ان هذه الحقيقة التاريخية وغيرها توضح لنا امورا مهمة عن اصول العلوم والمعارف في الحضارة العربية الاسلامية ، وهي ان هذه الحضارة الى جانب اخذها اشياء مهمة واساسية من معارف الحضارة اليونانية وعلومها بيد انه كانت هناك روافد اخرى مهمة ولكنها خفية من الناحية التاريخية ونعني بذلك التراث العلمي من الحضارات القديمة التي ازدهرت في اقطار الوطن العربي ولاسيما حضارة وادى الرافدين ، ووادى النيل ، وكانت الحضارة العربية الاسلامية الوريث الشرعي لتلك الحضارات من الناحيتين القومية والجغرافية . وستمر بنا اوجه الشبه الكثيرة بين الاتجاهات العلمية العامة في الحضارة العربية الاسلامية مثل الرياضيات وبين الاتجاهات التي تميزت بها حضارة وادى الرافدين . والى جانب الاتصالات المباشرة بمراكز الحضارات القديمة التي نوهنا بها فهناك طرق اخرى غير مباشرة للاتصالات بعلوم تلك الحضارات ومنها الرياضيات ، فيما حفظته بعض الاقوام القديمة وفي مقدمتهم (الاراميون) في شمالي مابين النهرين من تراث مهم لحضارة . وادى الرافدين في الفلك والرياضيات والمعارف الاخرى وكانت منطقة حران ونصيبين والرها التي ازدهر فيها السريان وعلومهم من اشهر مراكز الحضارة البابلية القديمة ، وقد انتحل

١٦٩

اولئك السريان دين الصابئة ليعدهم المسلمون من اهل الكتاب ولعل ذلك حدث في زمن المأمون على مايروى المؤرخون العرب ، وكانت حران وبعض المراكز الاخرى في شمالي مابين النهرين من المراكز العلمية الشهيرة حيث انتقلت اليها والى انطاكية معارف الاسكندرية من العصر الهلنستي ، ولما فتح المسلمون حران والمناطق الاخرى ظلت محافظة على تراثها العلمي والثقافي واعتمد عليها العرب في نقل تراث العلوم القديمة ، كما نبغ فيها علماء مشهورون دخلوا في حظيرة الحضارة العربية الاسلامية من امثال ثابت بن قرة وموسى بن شاكر واولاده والبتاني وغيرهم ممن سنورد لهم تراجم موجزة . ومن المراكز المهمة التي ضاهتا في اهميتها العلمية حران مدينة الرها (اديسا – Edessa) القديمة وهي (اورفة الآن) ، وكانت من المراكز المهمة للسريان النصارى ومنها هاجر النساطرة القائلون بالطبيعتين بالنسبة الى السيد المسيح الى ايران في اواخر القرن الخامس الميلادى والتحقوا بمدرسة جند يسابور الشهيرة بعد ان طردهم الامبراطور البيزنطي زينو (٤٨٩ م) ، واشتهر من مطارنة الرها يعقوب البردعي (المتوفى ٥٧٨م) احد مؤسسي مذهب الطبيعة الواحدة(Monophysite) او اليعاقبة . واستمرت دراسة العلوم اليونانية في الرها وكانت لها آثار مهمة في تهيئة نشوء العلوم والمعارف عند العرب ، ومن المراكز الثقافية المشهورة في بلاد الشام واتصل بها العرب قبيل الاسلام وعاصمتها بصرى (١) وكانت من اهم مراكز العرب الغساسنة المنافسين للمناذرة في الحيرة ، وكانت الثقافة البزنطية هي الغالية عند الغساسنة ، وكثيرا ما كان رجالات العرب وشعراؤهم يترددون على ملوك الغساسنة فتسربت بهذا الطريق تيارات ثقافية محسوسة . وكانت اللغة الارامية والخط الآرامي شائعين بين

_____

(١) بصرى واسمها في المصادر اليونانية واللاتينية ‘‘بسترا’’ وكان قد فتحها الاسكندر (القرن الرابع ق . م)ويعرف موقعها الان باسم ‘‘ اسكي شام’’ واتخذ الغساسنة عواصم أخرى بالا ضافة الى بصرى اشهرها الجابية والبلقاء (انظر العرب في سورية قبل الاسلام لمؤلفه رينه ديسو وترجمة عبدالحميد الدواخلي ١٩٥٩ ص ٧) .

١٧٠

الغساسنة . اما الحيرة (١) فكانت مركزا ثقافيا مهما في عهد المناذرة وعاصمة ملوكهم ، واهلها من العرب النبط ومن السريان او العرب المتنصرين وخطهم ولغتهم النبطية وقد فقدت الحيرة اهميتها الثقافية من بعد الفتح الاسلامي ، ولكنها كانت على صلة وثقى بعرب الجزيرة وبشعرائها ورجالاتها .

ظهور الاسلام واثره في بعث النهضة العلمية :

لا يمكننا اسهاب القول في ثورة الاسلام الكبرى منذ اواخر القرن السابع الميلادى وكيف انها غيرت سير التاريخ والتطور الحضارى البشرى العام وتاريخ الامة العربية بوجه خاص ، فيما احدثته من تغييرات جوهرية في مجالات الحياة المختلفة ، وما فجرته من طاقات حيوية في اجزاء الوطن العربي والاقطار المجاورة هيأتها لأن تضطلع مرة اخرى بدور حضارى جديد وجسيم فان الاسلام وجه الطاقات العربية التي كانت تتميز بها القبائل البدوية ولكنها كانت عامل تدمير الى مسالك واتجاهات جديدة . فاندفعت في نشر الدعوة الجديدة والفتح والتنظيم الاجتماعي والتوحيد السياسي تحت قيادة واحدة . والى هذا جاء الاسلام ممثلا بدستوره الاعظم القرآن ، يقيم اجتماعية وحضارية جديدة لبناء مجتمع متحضر يتصف بالحيوية والخلق والابداع . ولا يقتصر الاسلام والقرآن على كونه بخلاف بعض الكتب والاديان الاخرى لا يتعارض مع الاتجاه العقلي والمنطقي واكتساب المعارف بل انه فوق ذلك حث العرب في كثير من الآيات على النظر والتبصر في الكون والحياة . كما ان الحاجة الى تفسير القرآن وفهمه واحكام الشريعة الجديدة دفع العرب الى استنباط جملة علوم نقلية وعقلية مثل علوم اللغة والتفسير والحديث والقرآن وعلوم الشريعة المختلفة والتاريخ وحساب الفروض والضرائب والخراج . وخلاصة القول نقل الاسلام العرب من حياة التشتت والتفكك والانحلال والبداوة الى الوحدة والتماسك

(١) من السريانية ،، حيرتا ،، التي تعني المخيم اوالمعسكر تقع بقاياها الا ن جنوب الكوفة بنحو (٥) كيلومترات .

الاجتماعي والحضارى ، اذ جمع القبائل العربية المختلفة والمتناحرة في مصالحها وعصبياتها وصهرها وجعل منها امة كبيرة ذات كيان قومي متماسك في مثله واهدافه ولم يضاه الاسلام دين آخر في السرعة التي استطاع بها ان يصهر هذه الامة الجديدة .

ورفع مستواهم العقلي وحولهم من حياة البداوة الى طور الحضارة والتحضر ، وما استتبع ذلك من انشاء الحواضر والمدن والنظم السياسية والادارية والاقتصادية والحربية . وسرعان ما اسهمت هذه الحضارة الجديدة في بناء صرح الحضارة العالمية ، وتميزت على جميع الحضارات السابقة بانها كانت اوسع رافد تجمعت فيه عدة مجار وروافد من حضارات الامم والشعوب القديمة ودخلت في حظيرتها شعوب وامم كثيرة مختلفة في ثقافاتها فوحدتها في دين واحد ولغة وحضارة واحدة . ويمكن القول ان الحضارة العربية الاسلامية انقذت البشرية من فترة طويلة مظلمة متفسخة عمها الركود والتحجر الحضارى من بعد تدهور الحضارات والامبراطوريات القديمة وكان آخرها الامبراطورية الرومانية (البيزنطية) والامبراطورية الفارسية (الساسانية) اللتان عانت البشرية من نزاعهما وحروبهما المستمرة الدمار والخراب .

اللغة العربية :

ومما ساعد على نهضة العرب العلمية ما تتميز به اللغة العربية من قابليات وخصائص مكنتهم من التعبير عن العلوم والمعارف ونقلها من اللغات القديمة وفي مقدمتها اليونانية والسريانية والفارسية . فعلى ما هو معروف تنفرد اللغة العربية في ثروتها الكبرى في المفردات عن طريق الاشتقاق وتوليد المفردات المختلفة ، وفي دقتها في الاداء والتعبير والايجاز واصابة المعنى ، الى غير ذلك من الميزات التي مكنتها من ان تتحول بسرعة عجيبة من لغة فصاحة وحماسة وشعر الى لغة علمية استطاعت ان تستوعب اعقد ما انتجه الفكر البشرى في

١٧٢

الحضارة الاغريقية في الفلسفة والمنطق والعلوم والمعارف المختلفة وأصبحت لغة عالمية استوعبت ثقافات العالم القديمة وبذت الكثير من اللغات القديمة مثل اللاتينية . ومما يقال بهذا الصدد ان اللغة العربية اوسع افراد العائلة السامية (وهي احدى افرادها) في تطورها وثروتها في المفردات ومرونتها وقابلياتها في الاشتقاق . ومما لاشك فيه ان هذه الحقيقة تضع في ايدينا الان ، ونحن مقبلون على نهضة علمية شاملة وتعريب التعليم ، مفتاحا وحافزا مهما من ان الجهود التي ستبذل لتحقيق هذه الاهداف ستتكلل بالنجاح .

مقدمات النهضة العلمية

الترجمة والنقل

ازدادت الاتصالات الثقافية في العصر الاموى (٤١ ــ ١٣٢ هـ ٦٦١ ــ ٧٥٠ م) على اثر اتساع الدولة العربية الاسلامية وشمولها اقاليم كثيرة ، وظهرت بدايات النهضة العلمية ونقل العلوم والمعارف عن الحضارات القديمة ولاسيما الاغريقية والسريانية منذ اواخر هذا العصر ، وظهر بعض المشتغلين بالعلوم كالطب والكيمياء ، فمثلا نسب المؤرخون الى خالد بن يزيد بن بن معاوية (الذى عاش في مصر في حدود ٧٠٨ م) انه اشتغل في الكيمياء والطب والفلك (انظر مثلا فهرست ابن النديم ، وانه وهو في مصر شجع ترجمة كتب العلوم اليونانية الى العربية (١) .

جنديسابور :

سبق ان مر بنا ذكر مركز البحث العلمي الشهير في بلاد فارس اى جند يسابور الذي اشتهر في تاريخ الحضارة العربية الأسلامية ، ولما فتح

---

(١) عن الدراسات التي ظهرت عن خالد بن يزيد من جانب الباحثين الا جانب انظر :

G.Sarton, AnIntroduction to The History of Science, 1, (1927). p.490

١٧٣

العرب بلاد فارس رعى الخلفاء هذه المدرسة واستمرت هذه الرعاية في عهد اوائل الخلفاء العباسيين ، وكان لها دور مهم في نشوء العلوم والمعارف العربية فيجدر ان نذكر تعريفا موجزا لها فنقول ان الملوك الفرس الساسانيين (٢٢٦ — ٦٥٠م) أسسوا في حدود القرن الرابع الميلادى مركزا كبيرا للطب والحق به مستشفى واكاديمية للعلوم في جنديسابور (١) ، وقد ازدهرت هذه المدرسة بوجه خاص في عهد الملك كسرى انوشروان (٥٣١ — ٥٧٩ م) ، وازداد عدد علمائها وباحثيها على اثر الاضطهاد الذى وقع على الفلاسفة والمفكرين اليونان في عهد الدولة البيزنطية المعاصرة للدولة الفارسية الساسانية . فقد امر الامبراطور البيزنطي جستنيان في عام ٥٢٩ م بغلق مراكز البحث والمدارس الفلسفيةاليونانية في اثينةوغيرها من المدن ،ففر كثيرمن العلماءوالمفكرين الى جنديسابور حيث وجدوا الترحيب والرعاية ، كما جاء اليها عدد كبير من العلماء والمفكرين السريان من المراكز السريانية المشهورة فيما بين النهرين مثل حران ونصيبين ، فحصل في هذا المعهد المشهور التقاء حضارى لعله كان الفريد من نوعه في تاريخ اتصالات الثقافات . ولما فتح العرب ايران ومنها مدينة جنديسابور في زمن الخليفة عمر بن الخطاب كما ذكرنا لم يقتصر الامر فيهم على ابقاء هذه المدرسة بل انهم كما قلنا شجعوها وخصوها بالرعاية ، والحق الخلفاء في بلاطاتهم بعض مشاهير اطبائها وحكمائها مثل اسرة بختيشوع التي اشتهرت بمن ظهر فيها من اطباء نالوا حظوة كبرى لدى الخلفاء العباسيين .

وكان الكثير من مشاهـير المترجمين الذين نقلوا العلوم اليونانـية اما من الاغريقية او من السريانية قد اشتغلوا في مدرسة جندريسابور حيث اشتهر فيها عدد غير قليل من العلماء السريان ، وكان لهؤلاء العلماء دور مهم في

---

(١) جنديسابور في ايران (خوزستان او الاحواز) اسسها الملك الساساني "سابور الاول" (٢٤١ — ٢٧٢م) ووردت في المصادر السريانية باسم "بيت لافاط" وقد فتحها ابوموسى الاشعرى (عام ٦٣٨ م) في عهد الخليفة عمر بن الخطاب .

الحفاظ على الكثير من العلوم اليونانية بترجمتها الى السريانية . وقد بدأت السريانية (وهي احدى لهجات الارامية) تحل منذ القرن الثالث الميلادى محل الاغريقية بصفتها لغة العلم والثقافة في كثير من اقطار آسية الغربية والشرق الادنى . ومما له علاقة بموضوعنا ان السريان المسيحيين انقسموا الى المذهبين المشهورين النسطورى واليعقوبي . وقد تأسس المذهب النسطورى على يد بطرك القسطنطينية نسطوريوس (Nestorius) ، وبعد تحريم النسطورية في عام ٤٣١ م في المجمع الكنسي في أفسس (آسية الصغرى) هاجر معظم مفكرى هذا المذهب الى (الرها) ونصيبين ولكنهم لم يمكثوا فيها امدا طويلا اذ اضطهدهم الامبراطور البيزنطي زينو (Zeno) فهاجروا الى بلاد فارس في عهد الدولة الساسانية فرحب بهم ملوكها وحلوا في جنديسابور . كما ازدهرت الثقافة السريانية النسطورية في الحيرة (العراق) وعلى ايدى السريان المتضلعين باليونانية والعربية تم نقل الكثير من المؤلفات العلمية اليونانية الى العربية ، واشتهر من مترجميها حنين بن اسحق (٨٠٩ – ٨٧٧ م) وكان نسطوريا من اهل الحيرة وابنه اسحق (المتوفى عام ٨٧٣ م) وابن اخيه حبيش ، وستتكلم على هؤلاء العلماء والباحثين في الاقسام التالية من هذا الموضوع . واشتهرت حران بانها كانت من اهم المراكز الثقافية السريانية ومنها رأس العين وقنسر بن اللتان كانتا من المراكز المهمة للسريان اليعاقبة . وترجم العلماء السريان الكثير من علوم اليونان وتضلعوا في الفلسفة اليونانية .

الادوار التالية في تاريخ العلوم والمعارف العربية :-

سبق ان حددنا الدور الثاني في تطور العلوم والمعارف العربية بانه يقع في صدر الدولة العباسية (٧٥٠ – ٩٠٠ م) ، وفيه شرع العرب في نشاطهم العلمي الواسع مبتدئين اولا بنقل العلوم والمعارف من اليونان والهنود ، وكانت ترجمات بعض الكتب الى العربية قد تمت عن طريق نقلها من السريانية كما ان الترجمة اقتصرت في اول امرها على الباحثين السريان . وبدأت الترجمة بدايات فردية منذ العصر

الاموى وكانت على نطاق محدود ، والامثلة على ذلك خالد بن يزيد الذى تعلم الكيمياء و (الصنعة (و (الطب) ، وكذلك الطبيب الفارسي ماسرجويه الذى نقل الى العربية بعض الكتب الطبية الفارسية وعاش في عهد الخليفة الاموى مروان .

ووسع الخليفة عمر بن عبد العزيز الدراسات الطبية واستخدم لذلك اطباء من الاسكندرية ثم نشطت الترجمة منذ عهد الخليفة المنصور (١٤٥ — ١٥٨ هـ ، ٧٦٢ — ٧٦٦ م) وبلغت الذروة عهد المأمون (٨١٣ — ٨٣٣ م) ، ونذكر من الكتب الاولى التي ترجمت كتاب الحساب الهندى المسمى « سندهانتا » الذى ترجمه الفزارى (٧٧٣ م) ، كما ان اولى ترجمة لهندسة اقليدس عرفها العرب باسم « الاصـــول » كانت في زمن المنصور ، ولكن اعيدت ترجمتها مع التنقيح في عهد المأمون حيث تقدمت اساليب الترجمة ووضعت المصطلحات العربية العلمية بعد ان كانت المصطلحات اليونانية تعرب بلفظها اليوناني مثل ارتميا طيقا (الحساب) وجيوموطيقا (الهندسة) وغيرها . وازدهرت في عهد المأمون اكاديمية او معهد علمي للبحوث والترجمة والتأليف اطلق عليه اسم بيت الحكمة او دار الحكمة في بغداد ، واشتهر من اعلام الباحثين فيه حنين بن اسحق الذى مر ذكره حيث عين رئيسا للمترجمين والباحثين وكان طبيبا بارعا ، ومن ترجماته المشهورة كتاب الطب لجالينوس (١٣١ — ٢٨١ م) وترجمت كتب يونانية اخرى في الطب اشهرهامؤلفات ابو قراط (Hippocrates) (القرن الخامس ق . م) ، وبالاضافة الى الترجمة بحث العرب في الطب والفوا فيه في هذا الدور مثل مؤلفات حنين بن اسحق كرسالته في العين التي كانت اقدم ما الفه العرب في طب العيون . وترجمت مفردات الطبيب والنباتي اليوناني ديوسيقريدس (Dioscurides) (القرن الاول الميلادى) وقد مر بنا اسم هذا الكتاب المهم بعنوان (Materia Medica) .

ولم يمض زمن طويل من هذا الدور حتى انتقل العلماء العرب من طور النقل والترجمة الى مرحلة الهظم والتمثيل فعلقوا على مانقلوه واضافوا اليه وصححوا

الكثير من الآراء العلمية ، وبلغت النهضة العلمية ذروتها في الدور الثالث من ادوار تاريخ العلوم العربية ، وهو الدور الذى حددناه من نهاية القرن التاسع الى القرن الثاني عشر الميلادى ، حيث ظهر جماعة من العلماء والباحثين المبدعين اضافوا الى العلوم والمعارف اشياء مهمة منها مفاهيم وآراء جديدة وابتدعوا علوما وموضوعات جديدة . وسيتضح مما سنذكره بعد قليل ان العلماء في الحضارة العربية الاسلامية لم يقتصر الامر فيهم على مجرد نقل العلوم والمعارف من الحضارات القديمة بل انهم كما نوهنا طوروها مراحل بعيدة عما كانت عند اليونان والهنود . ويصح القول ان العلماء العرب اخذوا منذ مطلع القرن التاسع الميلادى يعتمدون على بحوثهم الخاصة ويؤلفون في العلوم المختلفة كالرياضيات والطبيعيات والطب وظهرت مدارس فكرية وبحوث في الطب اتسمت بالاصالة والموسوعية في التأليف ، فالرازى (٨٦٥ — ٩٢٥ م) مثلا الذى سنفرد له ترجمة خاصة ، كان من اعاظم اطباء الحضارة العربية الاسلامية الاسلامية والعالم القديم .

قضية الاصل القومي اوالعرقي لعلماء الحضارة العربية الاسلامية :

سنتناول في مواضع اخرى من بحثنا الخاص بالحضارة العربية الاسلامية تراجم موجزة لمشاهير العلماء فيها وتقييم المدى الذى ساهموا فيه في تقدم المعارف الانسانية ، وسنجد ان عددا غير قليل منهم من اصول مختلفة غير عربية او انهم ذوو اسماء او كنى او القاب غير عربية . وهنا يتبادر الى الذهن تساؤل مهم هو هل يصح ان نطلق على امثال اولئك العلماء بانهم عرب؟وايضاحاً لهذه المسألة ومسائل اخرى تتعلق بالاوجه المتعددة من نشاط العلماء في الحضارة العربية الاسلامية اورد الملاحظات الشخصية الآتية : —

لعل الاجابة الصحيحة على التساؤل الذى اوردناه هي ان مفهوم الحضارة العربية الاسلامية مفهوم واسع شامل من حيث أصل علمائها ومفكريها ، شأنها في ذلك شأن الحضارات العالمية الاخرى ،اذ تكون نسبة بعض العلماء

فيها ليست على اساس عرقي (Racial) ، وعلى ما هو معروف من تاريخ الحضارة العربية الاسلامية انها كانت حضارة عالمية في دينها واتساعها بخلاف الحضارات القومية الضيقة التي انحصرت في بقعة جغرافية معينة وعند قوم او عنصر معين . فدخلت ضمنها شعوب وأمم مختلفة من غير العرب ، واقتبس ابناء تلك الاقوام التي دخلت في حظيرتها لغتها ودينها ونظمها الاجتماعية وفكرها فصاروا عربا في انتمائهم الحضاري والثقافي ومشاعرهم وتطلعاتهم فاذا اعتبرنا مثلا الخوارزمي عالما عربيا فيعني ذلك انه كان عربيا في لغته حيث الف في العربية وثقافته ودينه وشعوره وتعليمه وتربيته اى انتمائه الحضاري بوجه عام بغض النظر عن اصله القومي او العرقي . والى هذه الحقيقة التي يسير عليها علماء الانسان (الانثروبولوجيا) ومؤرخو الحضارة ، فان بعض اولئك العلماء ممن يحملون اسماء غير عربية انما غلبت عليهم تلك التسميات او الالقاب من جراء مسقط رأسهم او منشئهم الجغرافي . ولعل الحضارة العربية الاسلاميـــة كانت كما نوهنا مرارا اوسع حضارة عرفهــا التاريخ البشرى في عالميتها وسعة الانتماء اليها وتنوع الشعوب والاقوام التي دخلت تحت حظيرتها ، فكانت اعجب بودقة حضارية انصهرت فيها القوميات والعروق والاجناس وكونت وحدة حضارية كانت الاولى من نوعها في تاريخ الحضارات البشرية . وعلى هذا الاعتبار تكلم مؤرخو الحضارة بوجه عام ومؤرخو العلوم بوجه خاص على علماء من امثال الخوارزمي والرازى والخيام والطوسي وغيرهم ممن يحملون كنى او القابا اعجمية ضمن الفصول التي خصصوها لتاريخ العلوم والمعارف العربية .

اما الظاهرة الثانية التي يلاحظها الدارس لتراجم العلماء في الحضارة العربية فهي ان غالبية هؤلاء العلماء لم يقتصروا في نشاطهم العلمي على حقل واحد او حقلين من حقول المعرفة بل انهم اشتغلوا في جميع الموضوعات العلمية التي ازدهرت في عصرهم . وبعبارة اخرى كان الاختصاص او التخصص العلمي الضيق الذى يميز الحضارة الحديثة غير معروف في الحضارة العربية

الاسلامية ، كما كان غير معروف ايضا في كل الحضارات القديمة ، بل ان ما يصح ان نسميه وحدة المعرفة كانت هي الظاهرة الحضارية السائدة . فكان الرياضي كيمياويا وفيزياويا وفلكيا وطبيبا وباحثا في الفلسفة والموسيقى ولا يندر ان يكون من الشعراء المبرزين . ولكن مع صحة هذه القاعدة العامة كان يتغلب على بعض العلماء جانب واحد من الاختصاص العلمي فبرز فيه وتميز به عن الفروع العلمية الاخرى . مثل الخوارزمي الذى يصح ان نعتبر الجانب الرياضي الجبرى هو الغالب في اختصاصه وابن الهيثم الذى برز في البحوث الفيزياوية وغيرهما ممن ستأتي تراجمهم . وفي ضوء هذا سيكون كلامنا على مشاهير العلماء في عرض ترجماتهم الموجزة اى في ضوء غلبة اشتغالهم في حقل معين من الاختصاص وبروزهم فيه .

تصنيف العلوم والمعارف عند مؤرخي الحضارة من العرب :

اهتم العلماء والباحثون العرب ومنهم مؤرخو العلوم في موضوع التبويب والتصنيف بالنسبة الى العلوم والمعارف المختلفة ، ومما لاشك فيه ان هذا من المؤشرات الدالة على نضج طرق البحث العلمي في الحضارة العربية الاسلامية .

ولعله من المفيد ان نورد في ختام هذه المقدمة التمهيدية اشهر تصنيف للعلوم والمعارف مما ذكره المؤرخ الشهير ابن خلدون (١٣٣٢ ‐ ١٤٠٦ م) في مقدمته المشهورة :

١‐ **العلوم النقلية** : مثل علم القرآن والتفسير والحديث والفقه وعلم الكلام والاصول ، وعلوم اللغة والادب .

٢‐ **العلوم العقلية** : ويدخل ضمنها جميع فروع المعرفة من غير العلوم النقلية ، وتتضمن العلوم الطبيعية والرياضية والحكمة والفلسفة والالهيات او موضوعات ماوراء الطبيعة (Metaphysics) وقد يطلق على اهم فروع الرياضيات مصطلح العلوم العددية ، ومنها الجبر والحساب العلمي بفرعيه

المسمى احدهما الحساب الغبارى والثاني الحساب الهوائي والحساب النظرى الذى اطلقوا عليه المصطلح اليوناني « الارتماطيقى » والهندسة والموسيقى والفلك الهيئة) .

٣- الطبيعيات : من العلوم العقلية المهمة ، ومن فروعها الطب وعلم النبات والحيوان والمعادن والكيمياء والفيزياء والفلاحة وا لجغرافية (صفة الارض) وهناك تصنيفات أخرى اكثر تفصيلا اشهرها واحدثها ما جاء في كتاب التهانوى (١٧٤٥ م) (اكتشاف مصطلحات الفنون) .

المعاهد العلمية والجامعات والمستشفيات :

من مظاهر النهضة العلمية في الحضارة العربية الاسلامية تأسيس معاهد البحث والتدريس والجامعات والمستشفيات ، حيث ظهر العديد منها في بغداد وفي مدن الاقاليم الاخرى من الدولة الاسلامية . وكانت الجوامع ، على ماهو معروف الى العصر الحديث ، بالاضافة الى كونها محلات للعبادة والاجتماع ، مراكز للعلم والتعليم . حيث كانت حلقات التعليم تعقد فيها واقدم هذه المراكز مساجد البصرة والكوفة التي كانت اقدم معاهد للبحث في تاريخ الحضارة ، ونذكر ايضا الكتاتيب والمجالس الخاصة التي ظهرت في العصر العباسي بالاضافة الى المساجد والجوامع و كانت الكتاتيب بمثابة المدارس الابتدائية وتالف مناهجها بالدرجة الاولى من حفظ القرآن والقراءة والكتابة ومبادىء الحساب والشعر ورواية الاخبار .

واذا كان يتعذر علينا في هذا البحث الموجز تعداد كل الجامعات ومعاهد العلم ودور الكتب الكثيرة التي ظهرت في الاقطار العربية الاسلامية فاننا نكتفي بالتنويه بأشهرها ، ومنها بيت الحكمة او دار الحكمة الشهيرة في بغداد التي أسسها الرشيد وازدهرت في زمن المأمون (٨١٣ - ٨١٧ م) وجمع فيها مشاهير العلماء والباحثين والمترجمين من السريان والعرب كما نوهنا بذلك ، وتولى ادارتها علماء بارزون من امثال حنين بن اسحق والخوارزمي ، وقد اغدق عليها

١٨٠

المأمون الأموال وخصها بالرعاية وجلب اليها المؤلفات اليونانية، وقد روى عنه انه كان يطلب الكتب بدلا من الاموال من ملوك الروم في افتداء اسراهم ، وكانت بوجه الايجاز اشهر مراكز البحث والترجمة في الحضارة العربية الاسلامية ، وسار على خطي المأمون في تشجيعها والبذل عليها من جاء من بعده من الخلفاء العباسيين ولا سيما المتوكل على الله (٨٤٧ – ٨٦١ م) وكانت النظامية من اقدم جامعات العـــالم بل اقدمهـــا وقد أسسها في بغداد نظام الملك (١٠٦٧ – ١٠٦٥ م) الذى كان وزير ارسلان السلجوقي (١٠٦٣ – ١٠٧٢ م) ثم تفرد بالحكم ، ويرجح كثيرا ان موضع النظامية كان في المحلة التي عرفت بمحلة الحظائر القديمة في نهاية سوق الثلاثاء وموقعها الان في السوق المعروفة بسوق الخفافين الى الجنوب من بناية المستنصرية ، واسس نظام الملك ايضا معاهد أخرى عرفت كذلك باسم النظامية احداها في في هيراة واصفهان والبصرة والموصل . وفي مصر أسس الخليفة الفاطمي الحاكم بامر الله السادس الخلفاء الفاطميين(٩٩٦.١٠–١٠٢١ م)معهدا للعلم باسم بيت العلم وكان قد شيد قبيل هذا التاريخ جامع الازهر الشهير في بداية العهد الفاطمي في مصر ويرجح ان اسمه مأخوذ من الزهراء وهو لقب فاطمة ابنة الرسول(ص) وزوجة الامام علي (ع) . وقد اتسع هذا الجامع فيما بعد واضحى معهدا علميا مشهورا في تدريس العلـــوم النقلية والعقلـــية ، ونال عناية ورعاية خاصتين من الملك الظاهر بيبرس الاول ، من ســـلاطين المماليك البحريين (١٢٦٠ – ١٢٧٧ م) وشجع تدريس العلوم فيه فعظم شأنه في العالم العربي الاسلامي وكثر علماؤه وتلامذته واخيرا اصبح منذ عام ١٩٣٦ جامعة تضم عدة كليات لتدريس العلوم المختلفة .وأسس الفاطميون في مصر في مطلع القرن الحادى عشر معهدا علميا سمي بيت الحكمة او دار العلم وبقي مزدهرا الى آخر العهد الفاطمي .ونذكر ايضا المكتبات العامة وحوانيت الوراقين التي ظهر الكثير منها في المدن الكبيرة لاستعمال الجمهور بالاضافة الى المكتبات الخاصة نذكر من اشهرها مكتبة الحكم الثاني في قرطبة ومكتبة دار العلم في القاهرة ومكتبات بغداد والموصل والبصرة . ونظمت تلك المكتبات العامة

ووضعت لها الفهارس. وهي على أهمية كبيرة في التعريف بمؤلفات عربية مهمة ضاع الكثير منها نذكر على سبيل المثال فهرست ابن النديم الشهير (٩٩٥م) وكتاب كشف الظنون للحاج خليفة (١٦٥٨م)(١) .

ومما يقال عن مناهج التعليم انها لم تتبع نظاما معينا مأثورا . ففي مرحلة التعليم الابتدائي الذى يبدأ عادة في سن السابعة كانت المادة الرئيسة كما نوهنا تعلم الدين وفي مقدمة ذلك القرآن الكريم الذى كان الكتاب المدرسي الأول اذهو جوهر الايمان ودستور الحياة ومستودع البلاغة والفصاحة ، فيبدأ الطالب بحفظه والتدريب على القراءة والكتابة ودرس قواعد اللغة ودرس النصوص الشعرية ومبادىء الحساب وطرفا من الحديث والسير والاخبار . اما التعليم العالي فخلاصته انه كان يعتمد على نظام المحاضرات حيث يتحلق حول الاستاذ او الشيخ عدد من الطلبة فيحاضرهم بموضوع خاص ثم يتوزعون من بعد المحاضرة على عدد من مساعدى الشيخ كانوا بمثابة المعيدين فيناقشونهم في مادة المحاضرة . ولم تكن البرامج موحدة في مرحلة التعليم العالي فهناك معاهد كانت تختص بالعلوم الدينية (الشرعية) واللغة والأدب ومعاهد أخرى تخصصت في العلوم الدنيوية كالعلوم الطبيعية والرياضيات والفلك والفلسفة . وكان يصحب دراسة العلوم الطبيعية والفلك المختبر والتجارب والرصد . ويجاز الطالب من بعد عدد من السنين من جانب الشيخ . وننهي هذه الملاحظات الموجزة عن التدريس والتعليم بذكر نبذة عن مراتب المدرسين والمعلمين والاساتذة ، فيأتي في اسفل السلم معلم الصبيان اى معلمو المرحلة الابتدائية ويدخل ضمنهم المؤدب او المدرس الخصوصي الذى كان يتولى تعليم ابناء

_____

(١) مصطفى بن عبدالله الملقب جاجي خليفة (١٦٠٨ ــ ١٦٥٨م) كان تركيا ولد في القسطنطينية وأشتهر في فهرسته الموسوعي : « كشف انطنون عن اسامى الكتب والفنون . (حققه المستشرق فلوجل في ٧ مجلدات لبزك ١٨٥٣ ــ ١٨٥٨) وطبع في بولاق (١٨٥٨) والاستانة (١٨٩٣ ــ ١٨٩٤) وهو معجم مهم مرتب على الهجاء باسماء مؤلفات تزيد على ١٥,٠٠٠ مؤلف

الذوات والوجهاء في بيوتهم . ويلي ذلك مرتبة المعيد او المدرس الذى كان يدرس في حلقات التعليم العالي ويساعد الشيخ او الاستاذ ثم يأتي في القمة الشيخ المتضلع في موضوع معين او عدة مواضيع ، وكانت مراتب الشيوخ لاتمنح من قبل هيئة معينة بل يحصل عليها الشيوخ عن طريق الشهرة والتقدير والانتاج ، كما ان مراتب الشيوخ كانت تتفاوت باختلاف المعاهد التي يدرسون فيها وشهرتها .

ونذكر من الجامعات التي اشتهرت في تاريخ الحضارة العربية الاسلامية المستنصرية الشهيرة التي اسسها الخليفة العباسي المستنصر بالله (١٢٢٦ – ١٢٤٢م) ، ولا تزال آثارها باقية وقد رممت وصينت في السنوات الاخيرة من جانب مديرية الآثار (١٩٤٥ – ١٩٧٨) واصبحت من اجمل البقايا الاثرية المهمة من العصر العباسي . وقد اشتهرت بتأريخها العلمي الحافل في تدريس العلوم الدينية والعلوم الاخرى المختلفة ومنها الطب ، حيث الحق بها كلية لتدريس الطب ومستشفى تابع لها. ويرجح انها كانت اول معهد ديني درس فيه فقه المذاهب الاسلامية الاربعة ، وقد نظمت على غرار المدرسة النظامية وجهزت بالاقسام الداخلية والمطابخ والحمامات والحقت بها دار كتب ضخمة ومستشفى كبير للتطبيب والتدريس

المستشفيات :

وبالاضافة الى الجامعات ومعاهد العلم المختلفة التي نوهنا بها نشأت في العالم العربي الاسلامي المستشفيات الكثيرة التي أسست في ازمان مبكرة من تاريخ الحضارة العربية الاسلامية على غرار مستشفى جنديسابور الشهير ، واطلق على المستشفى دار الشفاء اومارستان ،وهي كلمة مختصرة من بيمارستان الفارسية ومعناها دار المرضى . وكانت الاموال تغدق على المستشفيات ، والحق الكثير منها بمعاهد العلم لتدريس الطب مثل مستشفيات المدرسة النظامية والمستنصرية . واشتهر في بغداد المستشفى الكبير الذى امر بتأسيسه هرون الرشيد

١٨٣

(٧٨٦ – ٨٠٩ م) واتسع في عهد الخليفة المكتفي وعين رئيسا له الطبيب الشهير ابابكر الرازى (٨٦٤ – ٩٣٢ م) وستأتي ترجمة الرازى في تراجمنا لمشاهير العلماء والاطباء. واشتهر ايضا المارستان الذى أسسه عضد الدولة البويهي في في بغداد فعرف بالمارستان العضدى (٩٧٨ – ٩٨١ م) وخصصت له الاموال الطائلة وعين فيه مشاهير الاطباء . ومن المستشفيات المشهورة مارستان دمشق الذى شيده نور الدين وعرف باسم المارستان النورى (القرن الثاني عشر الميـــلادى) . وقد دونت اخبار المستشفيات ولا سيما الكبرى منها التي بلغت اكثر من اربعين مستشفى في امهات الحواضر الاسلامية (١) ، منها بالاضافة الى المستشفى الكبير في بغداد الذى ذكرناه ، المستشفى الذى اسسه حاكم مصر بن طولون (٢) في حدود ٨٧٢ م ، وظل مزدهرا الى اواخر القرن الخامس عشر الميلادى . وانشأ العرب ايضا بالاضافة الى المستشفيات الثابتة مستشفيات متنقلة او جوالة ، ولا سيما منذ القرن الحادى عشر الميلادى وذكرت كتب التاريخ العربية امورا مهمة ومفصلة عن المستشفيات من ناحية ادارتها واطبائها وموظفيها وصيدلياتها والاموال الطائلة التي كانت تصرف عليها ويضمن ذلك مرتبات اطبائها وموظفيها . وذكرت للكثير منها اقسام خاصة ببعض الامراض مثل تداوى العيون (الكحالة ، والكحالون) وتجبير كسور العظام والاقسام الجراحية . وكان كبار الاطباء من امثال حنين بن اسحق والرازى وابن سينا بالاضافة الى مزاولتهم تداوى المرضى يلقون المحاضرات الطبية على طلاب كليات الطب الملحقة بكبريات المستشفيات حيث كان يتخرج

---

(١) من المراجع العربية المهمة عن المستشفيات والطب والاطباء : ابن ابي اصبيعة (١١١٩ – ١٢٩٦م) الذى تعلم الطب واشتغل فيه في المارستان الناصرى في القاهرة وله الكتاب الشهير عيون الانباء في طبقات الاطباء . وابن خلكان (١٢١١ – ١٢٨٢ م) "وفيات الاعيان وانباء ابناء الزمان" ، والمقريزى (١٣٦٤ – ١٤٤١م) ، "وتاريخ البيمارستانات في الاسلام" للدكتور احمد عيسى .

(٢) احمد بن طولون احد قواد الخليفة العباسي المستعين وقد ولي مصر في عام ٨٦٨م واستقل بها وانشأ عاصمة له في القطائع قرب الفسطاط ، وامتد نفوذه الى بلاد الشام والموصل ، وشيد الجامع الشهير المنسوب اليه في القاهرة الآن ، وتوفى في عام ٨٨٣م .

منها الاطباء وتمنح لهم شهادات (اجازات) بالتخرج . وكانت المستشفيات بوجه عام تقسم الى قسمين رئيسين قسم خصص للرجال وقسم خصص للنساء ولكل منهما اطباؤه وادارته الخاصة . كما انشئت مستشفيات خاصة للمجانين ومستشفيات عسكرية ، ومستشفيات ملحقة بالسجون ، وسيمر بنا في كلامنا على انتقال العلوم والمعارف الى اوربة تقليد الاوربيين للجامعات والمستشفيات العربية في الاقطار الاوربية في العصور الوسطى .

خلاصة اسهام التراث العلمي العربي في تقدم العلوم والمعارف :

ذكرنا في كلامنا على الادوار التي مرت بها النهضة العلمية في الحضارة العربية الاسلامية كيف ان الباحثين والمفكرين في هذه الحضارة انتقلوا في طور مبكر منذ القرن التاسع الميلادى من مرحلة النقل والترجمة لعلوم الحضارات القديمة ومعارفها الى طور الابداع والبحث الاصيل في حقول المعرفة المختلفة ، وانهم كما كررنا مرارا لم يكونوا مجرد نقلة ومترجمين لعلوم اليونان والهنود وغيرهم من الامم القديمة ، وستتضح هذه الحقيقة وغيرها مما سنذكره عن المستوى الذى بلغته العلوم الطبيعية والرياضية في الحضارة العربية الاسلامية ، وما احدثه علماؤها من تغيرات اساسية في كثير من الاراء والمفاهيم العلمية التي انتقلت اليهم من اليونان ، وطوروا موضوعات مهمة في الحقول العلمية المختلفة في الرياضيات والطبيعيات ،واوجدوا مواضيع علمية جديدة لم تكن معروفة في الحضارة اليونانية سوى بداياتها وبذورها ، ولكن المفكرين العرب بحثوا فيها بحثا منظما وجعلوها علوما مستقلة مثل الجبر والمثلثات ، وفي حقل العلوم الطبيعية كالفيزياء والكيمياء نقل الباحثون العرب هذه العلوم من مجرد آراء وتأملات فلسفية عند اليونان ومن معارف وممارسات عملية تقنية (تكنولوجية) في الحضارات القديمة مثل حضارة وادى الرافدين ووادى النيل الى طور العلم الصحيح بادخالهم عنصر التجربة والمختبر والملاحظة وهو ماكان تفتقر الية عند اليونان وغيرهم من الامم القديمة وندرج فيما يلي

خلاصة ما وصلت اليه العلوم الطبيعية في الحضارة العربية الاسلامية وتقييم المستوى الذى بلغته فيها .

ونمهد لما سنذكره بهذا الصدد بالتنوية بناحية تعد على قدر كبير من الاهمية في تطوير هذه العلوم ونعني بذلك طريقة البحث العلمي او منهج البحث وتطويره على ايدى العلماء العرب قبل فرانسس بيكون (Francis Bacon) (١٥٦١ - ١٦٢٦) الذى يعزى اليه ابتداع الطريقة العلمية ، ومع ان العلماء العرب الذين سنورد تراجم لطائفة مختارة منهم قد وقفوا على الطرق المنطقية اليونانية وعلى ما وصلوا اليــــه من معارف عن طريق الملاحظة والبحث الا أنهم تميزوا على الباحثين اليونان في حقل العلوم الطبيعية بانهم ادخلوا التجارب والمختبر في دراساتهم ، واتبعوا الاساليب المنطقية في الملاحظة والمشاهدة وجمع الحقائق واستخراج النظريات او النواميس العامة بطريقة الاستقراء والتعميم .

ومع ان معظم مؤرخي العلوم ولا سيما القدامى منهم قد اغفلوا هذه النواحي المهمة في تطور العلوم والمعارف الانسانية على ايدى العلماء العرب الا انه صحح هذه الاخطاء بعض المؤرخين المحدثين منهم وفي مقدمتهم جورج سارتون الذى تعد مؤلفاته خير ما انتج في التعريف بما انجزته الحضارة العربية الاسلامية في تطور العلوم والمعرفة الانسانيـــة ، فهــو يرى في كتابه مقدمــة في تاريخ العلوم ان العلوم العربية احتلت مكانة في العصور الوسطى تضاهي مكانة العلم في العصور القديمة .

العلوم الطبيعية والطب

مر بنا في الموجز الذى اوردناه عن العلوم الطبيعيةفي الحضارة اليونانية كيف ان المفكرين اليونان اقتصر اشتغالهم في مانسميه الآن العلوم الطبيعية (Physical Sciences) كالكيمياء والفيزياء على النواحي الفكرية والتأملات الفلسفية في اصل الاشياء والمادة او المواد الاولى التي تتكون منها الاشياء وهي الموضوعاتالتي عالجوها في حقل الفلسفة حتى انهم لم يوجدوا مصطلحا خاصا للعلم(Science) ، ولم يكونوا ليميزوا بين مانسميه الآن علما وبينالموضوعات الفلسفية . ويمكن القول بوجه عام انه باستثناء ارسطو الذى اهتم بالملاحظة ودرسه الجزئيات في بحثه عن عالم الحيوان والنبات أهمل الباحثون اليونان النواحي العملية في مواضيع العلوم الطبيعية فلم يدخلوا المختبر والتجارب وعلى هذا لم تكن هذه العلوم بمفهومها الحديث معروفة لدى المفكرين اليونان بل ان مقومات العلوم الطبيعية التي تستند الى التجربة والاختبار كانت كما قلنا في اطوارها الجنينية (١) .

وبالمقارنة مع هذا المستوى الذى بلغته العلوم الطبيعية عند اليونان تقدم العلماء العرب اشواطا بعيدة في حقل هذه العلوم ، فانهم بعد وقوفهم على هذه العلوم في ترجمتها الى العربية وبعد ان فهموها وهضموها واخذوا من المعارف العملية من الحضارات القديمة بطرق مباشرة وغير مباشرة انتقلوا الى مرحلة كانت على قدر كبير في تطور العلوم الطبيعية ، تلك هي انهم بحثوا فيها مستقلين عن الآراء والمفاهيماليونانية ،فطوروها كما وكيفا ، بادخالهم ماذكرناه عنصرالمختبر والتجارب وبذلك وضعوها في طريق تطورها الصحيح ومهدوا لها بان تكون

---

(١) يراجع القسم الخاص بتاريخ العلوم والمعارف في الحضارة اليونانية .

علوما مضبوطة ، وعلى خطاهم سار الباحثون الاوربيون مابين القرن الثالث عشر والرابع عشر أى منذ النهضة الاوربية بعد ان انتقل الى اوربة التراث العلمي العربي عن طريق ترجمة الكتب العربية الى اللاتينية واللغات الاوربية واتصال العديد من الباحثين الاوربيين بالمعاهد في الاندلس . وستتضح لنا هذه الحقيقة مما سنورده من تراجم مشاهير الباحثين العرب في العلوم المختلفة من امثال جابر بن حيان والرازى وابن سيناء وابن الهيثم وغيرهم كثيرون ممن استطاعوا ان يصححوا الكثير من الاراء والنظريات والمفاهيم الخاطئة التي وضعها اليونان في تفسير الظواهر الطبيعية ، نذكر منها على سبيل المثال نظرية الضوء والابصار التي وضعها اليونان من امثال اقليدس وبطليموس من ان رؤية الاشياء تتم بطريق انبعاث اشعة من العين اليها ، فوضع ابن الهيثم النظرية الصحيحة .ان الرؤية تحصل من انبعاث الاشعة الى العين وعزز ذلك بالقوانين الضوئية الاساسية . ولعل خير اسلوب للوقوف على المواضيع التي اشتغل فيها الباحثون في العلوم الطبيعية المختلفة ان نورد تراجم موجزة لمشاهير هؤلاء الباحثين فننهي هذه المقدمة التمهيدية ببعض الملاحظات العامة الاخرى منها ان الاساليب العلمية والتجريبية التي سار عليها الباحثون العرب تتجلى بالاضافة الى ماجروه من تجارب كيماوية وبحوث طبية ، في صنع الآلات والادوات المهمة وهي تطبيق لما اكتشفوه من خصائص طبيعية مثل الساعات المائية (Clypsydra) والمزاول الشمسية (gnomon) ، والارصاد الفلكية والالات المتعلقة بها وتطويرها مثل الاسطرلابات (Astrolabes) واجروا قياسات مهمة مضبوطة لقياس حجم الارض وطوروا بحوث ارسطو في المعدنيات (Minarology) والاحجار (Lapidary) ومبادئ علم الجيولوجيا الذى طوره البيروني وجعله يسير في تطوره الصحيح كعلم من العلوم الطبيعية وبحثوا في الميكانيك (علم الحيل Mechanica) وكانت الحاجة اليها ماسة في اعمال الرى ، فوضعت الطرق الميكانيكية في كيفية رفع وتحريك الدواليب المائية ، وكانت اول رسالة في موضوع

الميكانيكيا الرسالة التي وضعها اولاد موسى بن شاكر وهم محمد واحمد وحسن
(القرن التاسع الميلادى) ، بعنوان " كتاب الحيل " .

وستتجلى لنا الاوجه الكثيرة التي اسهم بها الاطباء والجراحون العرب
في حقـل الطب   فيما سنذكر من مشاهير علمائهم ، ونذكر على سبيل المثال
ابا بكر الرازى (٩٢٥م) الذى كان اول من درس الحصبة والجدرى
دراسة علمية وله في ذلك رسالة مهمة بعنوان « الجدرى والحصبة » ويليه
الفيلسوف المشهور ابن سينا (١٠٣٧ م) الذى اشتهر بموسوعتيه الطبية
«القانون» الذى كان اكثر الكتب العربية ترجمة الى اللاتينية واللغات الأوربية
الأخرى . واشتهر بن رشد (١١٩٨) الى جانب اشتغاله في الفلسفة في اشتغاله
في الطب وله كتاب شهير في الطب هو « الكليات في الطب » الذى كان مثل
قانون ابن سينا موسوعة طبية نال شهرة كبيرة في اوربة . ومما يقال عن الاطباء
العرب بوجه عام أنهم عنوا بالادوية والعقاقير النباتية وترجموا في ذلك آثارا
مهمة لليونان والهنود واضافوا اليها اضافات مهمة ونبغ منهم عشابون لعل
اقدمهم على بن العباس (٩٩٤ م) الذى كان كتابه « الملكي » مرجعاً أساسيا
الى ظهور قانون ابن سينا . واشتهر من كتب العقاقير والاعشاب « الجامع
لمفردات الاغذية والادوية » لابن البيطار الاندلسي (١٢٤٨ م) الذى اشتمل
على مايناهز الألف واربعمائة مادة طبية .

وستظهر لنا الاوجه الكثيرة التي اسهم بها الاطباء والجراحون العرب
في حقـل الطب ممـا سنذكـر من مشـاهيرهم فنذكر عل سبيـل المثال

اكتشاف ابن النفيس (١٢٨٨م) للدورة الدموية التي يعزى اكتشافها
الى الانجليزى " هارفي " (القرن السابع عشر) والابتكارات الكبرى التي
التي اوجدها مشاهير الجراحين من امثال الزهراوى (١٠١٣ م) الذى اشتهر
بمؤلفه الطبي الموسوم : « التعريف لمن عجز عن التأليف» وقد ضمن الجزء
الاخير منه المعارف الجراحية الى زمنه وفيه رسوم لبعض الالات الجراحية
ودعا ابن النفيس الى اهمية التشريح واتقانه والافادة منه واشتهر بجراحة
العين صلاح الدين بن يوسف في مصر (اواخر القرن الثالث عشر الميلادى) ،

وذكر انه نجح في اخراج الماء الازرق من العين بعملية جراحية ، وخلف في طب العيون كتابا مهما بعنوان « نور العين » والجدير بالذكر ان الطب لم يكن حكرا على الرجال بل مارسته نساء طبيبات ولا سيما في الامراض النسائية .

وظهرت مبادئ علم الحيوان (Zoolog) والنبات في اطوار مبكرة من تاريخ الحضارة العربية الاسلامية ، منذ القرن الثامن الميلادى ، بالرغم من ان بعضها وضع لاغراض ادبية الا انها حوت معلومات علمية مهمة ، مثل المؤلفات المنسوبة الى الاصمعي البصرى (٧٤٠ – ٨٢٨م) الذى الف كتبا عن الابل (المطبوع في بيروت عام ١٣٢٢ هـ) '' واسماء الوحوش '' (طبع فينا عام ١٨٨٨م) وكتاب '' الخيل '' طبع فينا ايضا ، (١٨٩٥ م) وغبرها من الرسائل في النبات والشجر والنخيل ، ومنها كتاب ''الفلاحة النبطية'' لابن وحشية (الذى عاش في حدود ٨٠٠ م) ، وفيه اشياء مهمة عن النبات والحيوان والاساليب الزراعية في تنمية النباتات وتكاثرها ، والجدير بالذكر ان هذا الباحث كان نبطيا من اهل العراق وفيه كثير من الاشارات والادلة التي تشير الى ان الاصول الاولى للعلوم والمعارف العربية لم تقتصر على مصدر الحضارة اليونانية بل كانت هناك منابع وطرق لم يتم كشفها عن انتقال كثير من تراث حضارة وادى الرافدين في الرياضيات والمعارف الاخرى الى الحضارة العربية الاسلامية ولايسعنا ان نعدد الباحثين الاخرين ممن الف في الزراعة والفلاحة فنكتفى ان نذكر على سبيل المثال احد الاعلام المسمى « ابن العوام » وهو أبو زكريا يحيى بن محمد بن العوام الاشبيلي (المتوفى ظام ١١٩٠) وله كتاب الفلاحة وقد ترجمه المستشرق الفرنسى كلما (١٨٥٥) ونسخة الكتاب الأصلية في مكتبة الاسكوريال. اما في مبادئ الجيولوجيا فان الباحثين العرب لم يقتصروا على ترجمة كتاب ارسطو الشهير في المعادن بل انهم الفوا في موضوع الاحجار ولاسيما الكريمة منها ، مثل مؤلفات جابر بن حيان والكندى ، والف الكندى كذلك في

الحديد والصلب واستعمالاته المختلفة في صنع الاسلحة ، وظهرت مؤلفات مهمة في الصيدلة وفي تركيب السموم وبدأ التأليف فيها منذ عصر جابر بن حيان ، وسنقف على مثل هذه البحوث العلمية العربية وغيرها من عرضنا لمشاهير العلماء والباحثين .

وفي ختام هذه الملاحظات التمهيدية ننوه بالمنجزات العلمية العربية في حقل علم الجغرافية فنقول ان الفتوح العربية الواسعة والاسفار التجارية البعيدة اسفرت عن اكتشافات جغرافية مهمة ومنها ان الجغرافيين العرب وصفوا اقاليم بعيدة مجهولة من شمالي القارة الاوربية مثل روسية والاقطار الاسكنداوية ، وقد وجدت نقود عربية في بعض هذه الاصقاع النائية واكتشف الرحالة العرب جزرا مهمة في المحيط الاطلسي مثل جزر الآزور (Azores) واوجدوا البوصلة البحرية (Mariner Compass) التي كانت من العوامل المهمة في تطوير الملاحة البحرية . وطور الجغرافيون العرب مبدأ الطريقة اليونانية في تقسيم سطح الارض الى سبعة مناخات فأوجدوا مايطلق عليه الان مصطلح الجغرافية الاقليمية (Regional geography) حيث قسموا الارض الى سبعة اقاليم (انظر مثلا مقدمة تاريخ ابن خلدون) ونبغ منهم اعلام مشهورون في الجغرافية والتاريخ مثل الطبرى والمسعودى (المتوفي عام ٩٥٧ م) الذى لقبه الاوربيون " بليني العرب " ومن كتبه التي اشتهر فيها " مروج الذهب " الذى تتجلى فيه براعته في وصف الاقاليم والعوارض الارضية ومثل الاصطخرى (٩٥٣م)(١) وابن حوقل (٩٧٦م)(٢) والبكرى الاندلسى (المتوفي ١٠٩٤م) (٣) والادريسي (المتوفي ١١٦٥م) (٤)

---

(١) كتابه الشهير " كتاب المسالك والممالك "

(٢) له ايضا الكتاب " كتاب المسالك والممالك "

(٣) من مؤلفاته الجغرافية المشهورة " معجم ما ماستعجم " و "المسالك والممالك "

(٤) الادريسي (١٠٠ — ١١٦٥) الذى ولد في سبته ودرس في قرطبة واشتهر برحلاته الجغرافية الواسعة حيث طاف مصر وبلاد الروم واليونان وفرنسه وبريطانية ، وقد دعاه روجر الثاني ملك النورمانديين الى صقليه ، وفيها رسم له له صورة الارض . ومن مؤلفاته التي اشتهر فيها نزهة المشتاق في اختراق الآفاق " وكتاب النبات " الجامع لصفات اشتات النبات "

وياقوت الحموى (١١٧٥ – ١٢٢٩) مؤلف معجم البلدان الشهير و « تقويم البلدان لابي الفداء (١٣٣٢م) .

وقد وصل بعض الرحالين العرب الى الصين والهند ، وخلف بعضهم مثل الملاح المعروف باسم " سليمان السيرافي " او " سليمان التاجر " كتابا ممتعا في رحلاته الى الهند والصين وقد بدأ سياحته من مرافئ البحر العربي وهو من ابناء القرن الثالث الهجرى (التاسع الميلادى) وكان سليمان اول رحالة عربي وصل الى سواحل الصين وقد طبعت اخبار سياحته في الفرنسية .

وتقدم علم الجغرافية كثيرا من بعد بدايته في القرن التاسع الميلادى ابتداء من القرن العاشر ، حيث كثرت المعلومات الجغرافية المنظمة والاسفار البحرية البعيدة الامر الذى مكن الجغرافيين العرب من وضع جغرافيات جديدة لم تكن معروفة لدى الجغرافيين اليونان ، وصححوا كثيرا من اوهامهم واخطائهم ، ورسموا عدة انواع من الخرائط المختلفة مبينين فيها خطوط العرض والطول بالدرجات ووضعوا نماذج للكرة الأرضية مثل كرة الادريسي الشهيرة .

ثانيا – العلوم الرياضية

سيظهر لنا مما ستتكلم عنه من المواضيع الرياضية التي بحث فيها الرياضيون العرب وما انجزوه من تطور في العلوم الرياضية . وماسنذكره من مشاهيرهم المدى الذى ساهمت به الحضارة العربية الاسلامية في هذه الحقول المهمة من المعارف الانسانية ، ويتضح ذلك جليا من مقارنة هذا المستوى الجديد بالرياضيات اليونانية التي اوجزنا عرضها في القسم الذى خصصناه للحضارة اليونانية ، فنترك استنتاج ذلك الى القارئ ونكتفي بالاشارة الى ابرز المنجزات العربية في الرياضيات وهي :

١ – **موضوع علم الجبر** : وتطويره الى علم مستقل قائم بذاته ووضع اسم له هو مصطلح ‶الجبر‶ (Algebra) الذى يرجح كثيران الخوارزمي كان اول من وضعه من الرياضيين العرب و كان اصل اسم هذا العلم في جميع لغات العالم .

٢ – **نظام العدد والارقام** : الذى طوره الخوارزمي عن الارقام الهندية على ما يرجح وعرفه الاوربيون باسمه اى ‶الخوارزم‶ (Algorism. Alcharism) و كان من اهم العوامل التي سهلت العلمليات الرياضية وتسريع تطور العلوم الرياضية ، كما سنشرح ذلك بعد قليل .

٣ – **تطوير علم المثلثات** (Trignometry) : وجعله علما مستقلا بعد ان كان من الموضوعات الفلكية ولكن الرياضيين العرب جعلوه موضوعاً مستقلا وفي مقدمتهم البتاني (٨٧٧ – ٩١٨ م) ثم البوزجاني بعد نحو ٦٠ عاما ممن استبدل القياسات اليونانية بواسطة الاوتار والاقواس بالنسب المثلثية

١٩٣

وبالاضافة الى المثلثات المستوية اوجدوا المثلثات الكروية ، وهما الموضوعان اللذان لم يكن للرياضيين اليونان فضل في ايجادهما (١)

٤ ـ **الرموز الجبرية** : يرجع الفضل في نشوء الرموز الجبرية التي هي عماد علم الجبر التي تميزه عن العلوم العددية الاخرى الى الرياضيين العرب وقدبدأ بذلك الخوارزمي ثم القلصادى وغيرهمافيوضع الأسس لظهور الرموز الجبرية في اوربة منذ القرن السادس عشر .

٥ ـ **تطوير البحوث** : المهمة الخاصة بالمخروطيات (Conics) والقطوع المخروطية (Conic Sections) التي بدأ بها الرياضيون اليونان من امثال ابولونيوس (Apollonius) ، وسيتضح اسهام الرياضيين العرب في هذا الحقل المهم وفي مقدمتهم البيروني (٩٧٣ ـ ١٠٤٨م).

٦ ـ **الاتجاه الرياضي** : مربنا في كلامنا على الرياضيات في حضارة وادى الرافدين وفي الحضارة اليونانية اختلاف الاتجاه العام في الرياضيات في كل من هاتين الحضارتين حيث غلبة الاتجاه العددي الجبرى اوبالاحرى الجبرى ـ الهندسي " في رياضيات العراق القديم في حين ان الاتجاه الهندسي هو الذى غلب في الرياضيـــات اليونانيــة . ثم ارجع الرياضيـون العرب مسار تطور الرياضيات الى الاتجاه الصحيح في الجمع مابين العدد (الجبر) والشكل (الهندسـة) . وكان لهـــذا الاتجاه الصحيح اثره البعيــد في نشؤالرياضيات الحـــديثة التي تقوم على اساس الجمع والشكل ، وبذلك يمكن القول ان الرياضيين العرب وضعوااسس الهندسة التحليلية (Analytical geometry) .

وبعد هذه المقدمة التمهيدية نورد فيما يلي خلاصة عن العلوم الرياضية في الحضارة العربية الاسلامية .

---

(١) تراث الاسلام ، ترجمة جقرجيس فتح الله (١٩٧٢م) ص ٥٦٤

مصادر الرياضيات عند العرب وتطويرها

يمكن ايجاز القول ان مصادر العلوم الرياضية عند العرب جاء عن ثلاثة طرق :

١ ــ **الرياضيات القديمة :** من الحضارات القديمة التي ازدهرت في الاقاليم العربيةوالتي اوجزنا تاريخ الرياضياتفيها مثلحضارة وادى الرافدينومصر القديمة ، ولكن وقوف العرب على مثل هذه الرياضيات كان بطرق غير مباشرة اى تم عن طريق الحضارات القديمة الاخرى اللاحقة التي اخذت من تلك الحضارات القديمة السابقة مثل اليونان والهنود والحرانيين (الصائبة من أهل حران) والسريان وغيرهم .

٢ ــ **الرياضيات اليونانية بشكليها :** الرياضيات اليونانية القديمة (الهيلنية Hellenic) والهلنستية (Hellenistic) .

٣ ــ **الرياضيات الهندية :**

التي أخذت كذلك من الرياضيات القديمة السابقة وطور الرياضيون العرب هذا التراث الرياضي وبحثوافيه فكونوا رياضيات خاصة بهم مستندة الى اصول ذلك التراث ، وكانت الحاجة الى الحساب (مثل حسابات واردات الدولــة واحصائها وتدوينها وحساب الفرائض والمواريث والاعمال التجارية المتشعبة) وضبط التقويم والحسابات الفلكية والتنجيم في مقدمة الدوافع التي حملت العرب على الاشتغال بالعلوم الرياضية ، ومن الامثلة على ذلك اهتمام الخليفة العباسي ابي جعفر المنصور في التنجيم بحيث انه كان يصطحب معه المنجم ــ الفلكي نوبخت الفارسي ، كما كان ملازما لحاشيته المنجم ابراهيم الفزارى وعلي بن عيسى

الاسطرلابي . وقـــد سـبق العصر العباسي كما نوهنا ، ترجمـة بعض المؤلفات القـــديمة في الفلك والتنجيم في اواخر الـــدولة الامـــوية ، ومنها كتاب ينسب الى "هرمس" الحكيم (١) . ولكن يمكن القول بوجه عام انه لم تصل الينا كتب ومؤلفات من العصر الاموى ، وان تاريخ بدء العلوم وتدوينها يبتدئ من العصر العباسي ، ويمكننا تحديد بداية الاشتغال في الرياضيات في الحضارة العربية عندما ترجم "محمد بن ابراهيم الفزارى "كتاب الحساب والفلك الهندى" (+) المسمى "سندهانتا" في زمن الخليفة العباسي المنصور (في حدود ١٥٦هـ) وقد سماه العرب "كتاب السائد هند الكبير" (٧٧٣م) ، كما ترجمت بعض الرسائل الهندية في الفلك واقتبست بعض بعض الاسطرلابات (++) وأعد الفزارى أزياجا فلكية ، وتكاثرت الترجمات من بعد ذلك ونشط البحث ولاسيما في زمن الخليفة المأمون (١٩٨–٢١٨هـ) حيث ازدهر في عهده مركز البحوث والترجمة الشهير الذى ذكرناه باسم «بيت الحكمة» في بغداد ، وكان اول كتاب في الرياضيات ترجم الى العربية في عهب الرشيد ترجمة كتاب الاصول "لاقليدس" وكتاب المجسطي لبطليموس (القرن الثاني الميلادى) اللذان ترجمهما الحجاج بن يوسف بن مطر المجطى البطليموس (٧٨٦ – ٨٣٥ م – ١٦٦ – ٢٢٠ هـ) المولود في الكوفة وعاش في بغداد

---

(١) انظر : نلينو " ، علم الفلك عند العرب " ص ٣٣١ ، المشار اليه في " تراث العرب العلمي " لقدرى طوقان (١٩٥٤) ص ١٨٨ . ص ١٨٨ .

(+) السدهنتا او " السندهانتا" رسائل هندية في علم الفلك وفيها الحساب والا رقام الهندية ويرجع زمن تأليفها الى حدود ٤٢٥ ق . م ، والمرجح ان هذا الكتاب الذى ترجم الى العربية كان من الوسائل الرئيسية في انتقال الا رقام الهندية والصفر الى الحضارة العربية الا سلا مية .

(+) سيأتي الكلا م على الا سطرلا ب (Astrolabe) المأخوذ من اليونانية وسماه العرب ايضا ذات الصفائح وكانت تستعمل لقياس دوائر الكرة واستخدموها في التنجيم والفلك ومن الآلا ت الفلكية التي تعزى الى الفزارى " ذات الحلق ، وهي آلة فلكية قوامها كرة كرة وحلق معدنية وخشبية (Armillary Sphere) . وقد سبق ان ذكرناه ان فكرة الا سطر لاب مأخوذة من حضارة وادى الرافدين .

وكان من موظفي بيت الحكمة (انظر رواية القفطى عنه حيث ذكر انه نقل اصول الهندسة لاقليدس مرتين سمى الترجمة الاولى " الهاروني " والثانية " المأموني " كما ترجم المجسطى حنين ابن اسحق " ونقحه وشرحه ثابت بن قره ، وترجمت جغرافية بطليموس في النصف الأول من القرن التاسع الميلادى .

وندرج فيما يلي بعض الملاحظات الموجزة الاساسية عن الرياضيات عند العرب ، تاركين الاسهاب والفصيل الى الرجوع الى المصادر الاساسية الكثيرة التي الفت في الموضوع وسيتضح لنا من الملاحظات التي سنذكرها الاسهام الكبير الذى حققه الرياضيون العرب في تقدم العلوم الرياضية بعد ان هضمو اوتمثلوا تراث الرياضيات القديمة التي عددناها . ونعيد هنا ما سبق ان نوهنا به في كلامنا على الرياضيات اليونانية كيف ان اوربا تعرفت على المؤلفات الاساسبية عنها عن طريق ترجماتها من جانب الرياضيين العرب الذين شرحوها وعلقوا عليها واضافوا اليها ، ومن بينها مؤلفات مشهورة مثل هندسة اقليدس التي تضمنها كتابة الشهير " الاصول " وكتابات " ارخميدس " " وزينو " وديوفانتس (ديوفنطس) وغيرهم من الرياضيين اليونان الذين اوجزنا ترجماتهم .

٢ ــ نظام العدد والارقام :

أ ــ الحروف مقام الارقام : قبل ان يقتبس العرب الارقام الهندية ويطوروها على يد الخوارزمي (القرن التاسع الميلادى) كانوا يستخدمون الحروف للتعبير عن الارقام ، وقد رأينا كيف ان استعمال الحروف الهجائية للارقام كان قديم العهد ، فقد استعمله الفينقيون والاراميون والعبرانيون واليونان والرومان ، وقد اقتبس العرب هذا المبدأ لما اخذوا الحروف الهجائية

(١) سنذكر في اخر هذه المحاضرات المصادر الا ساسية عن الموضوع.

من الانباط (حيث الخط النبطي مشتق من الخط الارامي كما ان الخط العربي اصله من الخط النبطي)، فاستعملت الحروف على الترتيب الابجدى فالحروف التي تتضمنها "ابجد"، "هوز" "حطي" يعبر بها عن الارقام من (١) الى (١٠) ثم تزداد قيم الحروف ابتداء من حروف "كلمن" عشرة عشرة، الى رقم ٩٠ في حرف (ص) من "سعفص"، ثم مائة مائة ابتداء من "ق" في فرشت حتى رقم (١٠٠٠) في آخر حروف "ضظغ" وعبروا عن الارقام التي تزيد على الالف بضم الحروف بعضها الى بعضهامثل،ب غ "تساوى ٢٠٠٠ اى ب ×غ (٢× ١٠٠٠) و "جغ" = ٣٠٠٠ و "كغ ٢٠,٠٠٠ أى ك ×غ (٢٠ × ١٠٠٠) وهكذا. وبعد بداية استعمال الارقام الهندية منذ القرن التاسع الميلادى اخذ استعمال الحروف مقام الارقام يزول من الاستعمال، ولكنه ظل يستعمل في التنجيم فيما يسمى حساب الطالع وفي تاريخ الحوادث في الشعر. فمثلا ارخ بعضهم دخول استعمال التدخين في البلاد العربية بالاية "يوم تأتي السماء بدخان".

ب ـ الارقام "الهندية ـ العربية":

يعزى الى الرياضيين الهنود انهم طوروا مبدأين مهمين في الحساب هما النظام العشرى ومبدأ المرتبة العددية الذى كان اول ظهور له في حضارة وادى الرافدين في مطلع الالف الثاني ق. م، كما بينا في كلامنا على رياضيات العراق القديم، وقد تم الجمع مابين هذين المبدأين على ايدى الهنود واضافوا الى ذلك استعمال رمز على قدر كبير من الاهمية، ذلك هو "الصفر المعبر عن المرتبة الخالية في كتابة الارقام والذى تتبعنا ظهوره في رياضيات العراق القديم في العصر الهنلستي (القرن الثالث ق. م)، ولكنه كان ناقص الاستعمال حيث لم يستعمل الافي وسط الارقام للدلالة على المرتبة الخالية وليس في المراتب الاخيرة الفارغة، وقد اقتبسه اليونان ثم الهنود الذين جمعوه الى المبدأين اللذين ذكرناهما، أى النظام العشرى ومبدأ المرتبة العددية.

والمرجح ان استعمال هذين المبدأين قد ظهر عند الهنود في اواخر القرن السادس الميلادي ، ولكن تأخر استعمال الصفر عندهم الى مابعد ذلك التاريخ لعله مابين القرنين الثامن والتاسع الميلادي . ولما اتصل العرب بالهنود اقتبسوا هذا النظام وهذبوا في الرموز التي وجدوها مستعملة للارقام عند الهنود . وكنا ذكرنا ان اقدم ترجمة الى العربية للحساب الهندي ترجمة " الفزاري " للحساب المسمى " السندهانتا " (في حدود ٧٧٣م) ثم جاء الخوارزمي الشهير في زمن المأمون (القرن التاسع الميلادي) فزاد في التهذيب ، ويبدو انه اختار سلسلتين مهمتين من الارقام الهندية هما : (١) مايسمى بالارقام الغبارية لعله بسبب كتابتها على منضدة اولوحة من الرمل عند اجراء العمليات الحسابية ، وتطور عن هذه الارقام الغبارية الارقام التي انتقلت الى اوربة وسميت عندهم بالارقام العربية (Arabic numerals) ، حيث انحصر استعمال هذا النوع من الارقام في المغرب العربي (شمالي افريقية)ولاتزال تستعمل الان في الجزائر والمغرب) ومنها انتقلت الى الاندلس ثم الى اوربة والملاحظ في الارقام الغبارية (اى الارقام الاوربية) أنّ هيئاتها وترتيبها تستند الى عدد الزوايا التي يكونها كل رقم منها . (٢) الارقام " الهوائية " ، وهي النوع الثاني الذي انحصر استعماله في اقطار المشرق العربي ومنها الارقام المستعملة الان في هذه الاقطار . وقد ألف الخوارزمي كتابا خاصا في الحساب شرح فيه نظام العدد الهندي . وقد بدأ انتشار الارقام العربية الهندية " الى اوربة منذ القرن العاشر الميلادي ، ولكن لم يعم استعمالها في الاعمال الحسابية والتجارية الا مابين القرنين الثالث عشر والخامس عشر الميلاديين (١) .

---

(١) سمي الرياضيون الهنود الصفر " سونيا " ، وسماه الخوارزمي بالكلمة العربية " صفر " التي تعني لغويا " فراغا " و " لاشيء " . وقد فقد الاصل العربي لكتاب الخوارزمي السالف الذكر ولم يصل الينا الا ترجمته اللاتينية التي وضعت له في القرن الثاني عشر الميلادي بعنوان :
=

وقد استخدم الرياضيون العرب للمصطلح اليوناني " مثيما طبقا "
(Mathematike) اى مايطلق عليه الان الرياضيات عدة مصطلحات اشهرها
واهمها " العلوم العددية والهندسية " كما جاء في مقدمة ابن خلدون (١) ،
وقد جعل ابن خلدون اول فرع من العلوم العددية الـ " ارتماطيقي "وهو عنده
الحساب النظرى اى تعريب المصطلح اليوناني (Aritematike) وفرعها الثاني
" صناعة الحساب " مما يراد ف مصطلح الحساب العملي اليوناني (لوجستك)
(Logistic) وفرعها الثالث : " الجبر والمقابلة " ويعرفه ابن خلدون بانه صناعة
يستخرج بها العدد المجهول من قبل المعلوم المفروض اذا كان بينهما نسبة
تقتضي ذلك .. وجعلوا للمجهولات مراتب .... أولها العدد لان به يتعين المطلوب
المجهول باستخراجه من نسبة المجهول اليه .. وثانيهما الشيء ، لان كل مجهول
فهو من جهة ابهامه شيء . وهو أيضا جذر لما يلزمه من تضعيفه في المرتبة الثانية ،
وثالثها المال وهوامر مبهم ... ثم يقع العمل المفروض في المسألة فتخرج الى معادلة

= (Algorithmi de numero Indorum) وعن طريق هذه الترجمة انتشر النظام العشري
مع الارقام " الهندية ــ العربية " والصفر ومبدأ المرتبة العددية وصار يعرف لدى الاوربيين
بمصطلح " الخوارزم (Algorism)المأخوذ من اسم الخوارزمي .
ومما يقال عموما ان اصل رمز الصفر مجهول ، وقد مرفي كلا منا على رياضيات العراق القديم
ظهور مبدأ استعمال رمز خاص للصفر في الحساب البابلي في العصر السلوقي (القرن الثالث ق .م)
و نوهنا بانتقال استعماله الى اليونان ثم انتقال الفكرة الى الهنود . اما الرمز المستعمل له عند الهنود
فلا يعلم شكله الا صلي على وجه التأكيد ، والمحتمل انهم استعملوا اولا النقطة ثم الدائرة الصغيرة
ويبدو ان العرب استعملوا هذين الرمزين ، وخصوا استعمال النقطة في الارقام الهوائية بدلا من
الدائرة التي تلتبس برقم ٥ ، واستعملوا الدائرة في الارقام الغبارية اى هيئة الصفر المستعملة
في الارقام الاوربية الآن التي هي كما قلنا ارقام عربية . ويجدر ان نذكر بهذا الصدد ان لفظة
صفر العربية (وتعني لغويا خلو ، فراغ) انتقلت الى اللغات الاوربية مثل(Cipher, Zero)
الانجليزية والايطالية
(١) انظر مقدمة ابن خلدون (دار البيان) ص ٤٨٢ فما بعد .

بين مختلفين او اكثر من هذه الاجناس فيقابلون بعضها ببعض ويجبرون مافيها من الكسر حتي يصير صحيحا، ويحطون المراتب الى اقل الاسس ان امكن حتي يصير الى الثلاثة التي عليها مدار الجبر عندهم وهي العدد والشيئ والمال ..... ومن فروع " علوم العدد " المعاملات التي يعرفها ابن خلدون بانها " تصريف» الحساب في معاملات المدن في البياعات والمساحات والزكوات " . ويفرد للعلوم الهندسية موضوعا منفصلا .

نظام الكسور : وللرياضيين العرب فضل آخر في تقدم نظام العدد والارقام هو مبدأ الكسور العشرية ، وقد مر بنا في كلامنا على الرياضيات البابلية كيف ان الكسور الستينية هي التي شاع استعمالها في الحسابات الفلكية اليونانية لسهولتها وامكان التعبير عن سلسلة كبيرة من الكسور بهيئة ارقام صحيحة . اما العلامة المستعملة للكسور العشرية فيبدو ان استعمالها قد تأخر في تاريخ الحضارة العربية الاسلامية ، الى حدود القرن الخامس عشر الميلادى واقدم استعمال واضح للكسور العشرية يرجح الى الرياضي غياث الدين الكاشي (المتوفي في عام ١٤٣٦ م) ، الذى خلف كتابين في الرياضيات هما " الرسالة المحيطية " الذى وردت فيه النسبة بين محيط الدائرة وقطرها (النسبة الثابتة) بالكسر العشرى والعلامة الفارزة حيث ورد الرقم ٦,٢٨٣١٨٥٠٧١٧٩٥٨٦٥ وهذا هو مضاعف النسبة الثابتة ، كما تناول في رسالته المعنونة " مفتاح الحساب " بحوثا في الكسور الستينية والعشرية وانه هو الذى اخترع الكسور العشرية (١) .

٣ ــ علم الحساب :

اشتغل العرب في الحساب والفوا في الحساب الذى ميزوه عن الحساب

---

(١) انظر " تراث العرب العلمي " لقدرى طوقان (الطبعة الثانية ١٩٦٣) الص ٥١ .

العملى بالمصطلح اليوناني « ارتمطيقاً كما ذكرنا(١) وقسموا الحساب العملي الذى سماه اليونان ُُلوجستك ُُ (Logistic) الى نوعين :

(١) ُُالحساب الغبارى ُُ وهو الحساب الذى يحتاج الى كتابة وورق .

(٢) ُُالحساب الهوائي ُُ ويقصد به الحساب الذهني ، وكما جاء في المصادر العربية : انه علم يتعرف منه كيفية حساب الاموال العظيمة في الخيال بلا كتابة ، ووضعوا له طرقا وقوانين ضمنوها في كتب الحساب التي القوها وهذا العلم عظيم النفع للتجار في الامصار واهل السوق من العوام الذين لايعرفون والخواص اذا عجزوا عن احضار الالات الكتابية (٢) . وقد سبق ان ذكرنا اقدم الكتب التي الفها الرياضيون العرب في الحساب النظرى مثل ترجمة الفزارى لكتاب ُُالسندهانتاس ُُ الهندى(٧٧٣م)و كتاب الخوارزمي عن نظام العدد وقد عالجوا في المؤلفات الحسابية طائفة من العمليات الحسابية ومبادئ ما يسمى الان نظرية العدد (Number Theory) ، وعالجوا القضايا المتعلقة بالفرائض والوصايا والمواريث وتقسيم الارض والجذور والقسمة التناسبية (واطلقوا عليها قسمة المحاصصة) واستعمالها في الوصايا والشركات كما بحثوا في النسبة والمتواليات التي قسموها الى ثلاثة انواع :

(١) المتواليات العددية (٢) المتواليات الهندسية (٣) المتواليات التآلفية التي استعملوها في بحوثهم الموسيقية في استخراج الالحان والانغام ، وطبقوا التناسب في حساب الاثقال . وللمثال على ذلك نقتبس العبارة التالية من رسائل اخوان الصفا(٣) في استخدام النسبة في ايجاد الاوزان والارتفاعات والابعاد

---

(١) من الأمثلة على مؤلفات الرياضيين العرب في الحساب النظرى اى الا رتمطيفا رسالة ابي الوفاء البوزجاني المعنونة : « المدخل الحفظي الى صناعة الا رماطيقى ُُ (تحقيق الدكتور صالح أحمد العلي في مجلة « التراث العلمي العربي (جامعة بغداد العدد الأول ١٩٧٧)

(٢) حاج خليفة : ُُ كشف الظنون ُُ ج ١ ، ٤٣٧

(١) كان ُُ اخوان الصفا ُُ جماعة ذات طابع سياسي – ديني ُُ في حدود ٩٨٣ م ، وكانوا =

«من عجائب خاصية النسبة مايظهر في الابعاد والاثقال من المنافع : ومن ذلك مايظهر في " القرسطون " (القبان) وذلك ان احد رأسي عمود القرسطون طويل بعيد عن المعلاق (نقطة الارتكاز) والاخر قصير قريب منه ، فاذا علق على رأسه الطويل ثقل قليل وعلى رأسه القصير ثقل كبير تساويا وتوازيا حتى كانت نسبة الثقل القليل الى الثقل الكبير كنسبة بعد الرأس الصغير الى بعد الرأس الطويل من المعلاق ...... ومن امثال ذلك مايظهر في ظل الاشخاص من التناسب بينها ، وذلك ان كل شخص مستوي القد منتصب القوام فان له ظلا وان نسبة طـول ظل ذلك الشخص الى طـول قامته في جميع الاوقات كنسبة جيب الارتفاع في ذلك الى جيب تمـام الارتفـاع (١) .

نظريات العدد :

وعلى غرار مارأيناه عند بعض الرياضيين اليونان بحث الرياضيون العرب في خصائص العدد او نظرية العدد ومن ذلك انواع المتواليات والنسبة والتناسب، فقسموا الاعداد الى أولية أو فردية أو زوجية ، كما صنفوها الى اعداد تامة وزائدة وناقصة ومتحابة . فالعدد التام (Perfect) هو العدد الذى اذا جمعت اجزاؤه او عوامله كان المجموع مساويا له مثل الاعداد :

٦ ، ٢٨ ، ٤٩٦ ، ٨١٢٨ فان ٦ = ١+٢+٣ و ٢٨ = ١+٢+٤ +٧ +١٤ ،

= اسماعيلي النزعة ومركز نشاطهم البصرة ، وقد عالجوا عدة قضايا فلسفية ودونوا تعاليمهم ومعارفهم في (٥٢) رسالة ، ومن عقائدهم الفلسفية الا ساسية " ان العالم صادر عن الله وان الله علة كل فيض (emanation) ، وقد فاض عنه بالتسلسل: العقل ثم النفس ثم المادة الا ولى ثم عالم الطبيعة ثم الا جسام فالا فلا ك ثم العناصر .

(١) اى في المثلث القائم الزاوية أ ب جـ . اذا فرض (ع) طول الشخص وطول ظله ظ فيكون:

$\frac{ع}{ظ} = \frac{جا أ}{جتا أ}$ وذلك لان جا أ = $\frac{أ جـ}{أ جـ}$

وجتا أ = $\frac{ب جـ}{أ جـ}$ فيكون $\frac{جا أ}{جتا أ} = \frac{أ جـ × أ ب}{أ جـ × ب جـ} =$

$\frac{ع}{ظ} = \frac{أ ب}{ب جـ}$

٢٠٣

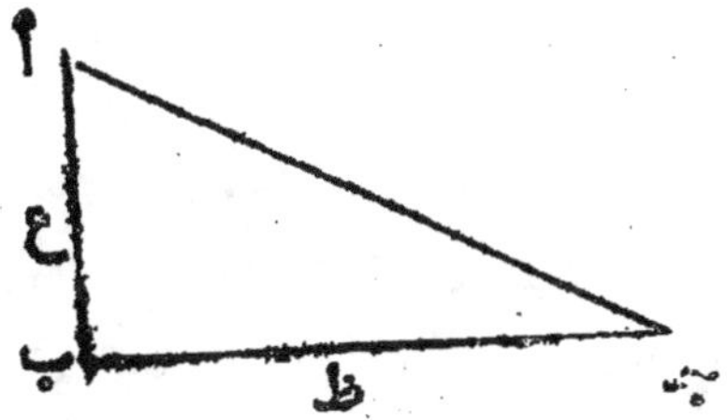

وهكذا بقية الاعداد في المثال . اما العدد الناقص فهو العدد الذى اذا جمعت عوامله كانت اقل منه مثل رقم (١٠) أى : ١+٢+٥ > ١٠ . والعدد الزائد اذا جمعت عوامله كانت اكثر منه مثل العدد (١٢) لان :

١+٢+٣+٤ > ١٢ . والعددان المتحابان (Amicable numbers) اذا كانت مجموع عوامل احدهما يساوى العدد الثاني ، ومجموع عوامل الثاني يساوى العدد الاول مثل العددين ٢٢٠ و ٢٨٤ ، لان عوامل ٢٢٠ وهي ١ ، ٢ ، ٤ ، ٥ ، ١٠ ، ١١ ، ٢٠ ، ٢٢ ، ٤٤ ، ٥٥ ، ١١٠ = ٢٨٤ ، كما ان عوامل ٢٨٤ وهي : ١ ، ٢ ، ٤ ، ٧١ ، ١٤٢ مجموعها = ٢٢٠ .

ومثل الرياضيين الصينيين بحثوا في ماسميناه بالمربعـــات السحريـــة (Magic Squares) مثل المربع (أ) ، الذى مجموع الارقام فيه ١٥ باى إتجاه من المربـــع .

٤	٩	٢
٣	٥	٧
٨	١	٦

(أ)

ومثل المربع (ب) الذى مجموع ارقامه ٣٤ باى اتجاه من المربـــع .

٤	١٤	١٥	١
٩	٧	١٦	١٢
٥	١١	١٠	٨
١٦	٢	٣	١٣

٣ – الجبر :

ابتدأ اشتغال الرياضيين العرب بالجبر في القرن التاسع الميلادى ، وبوجه التحديد في عهد الخليفة العباسي المأمون حيث عاش فيه اوائل الرياضيين العرب وفي مقدمتهم محمد بن موسى الخوارزمي (توفي عام ٨٤٥ م) ، واعقبه علماء كثيرون اسهموا في تقدم علم الجبر ، وخلفوا فيه تراثا مهما في الرياضيات الحديثة . ويغلب على الجبر العربي الاتجاه الشرقي العام الذي تمثله الرياضيات البابلية والهندية واليونانية في العصر الهلنستي المتأخر مثل هيرون وديوفانتس (ديوفنطس) ، كما بينا ذلك ، فكانوا بخلاف اتجاه الرياضيين اليونان في دورهم القديم . وعلى هذا يمكن القول ان الرياضيين العرب اعادوا تطور الرياضيات الى الاتجاه الصحيح الذى بدأ به رياضيو العراق القديم من الاهتمام بالعدد اى الجبر والجمع مابين الجبر والهندسة . ولعل احسن مايدل على اهمية التراث الرياضي العربي ابتداء من اشتغال الخوارزمي في الجبر ان كلمة الجبر (Algebra) في جميع اللغات الاوربية مأخوذة من المصطلح العربي « الجبر » الذى يرجح ان الخوارزمي كان اول من استعمله في عنوان رسالته المشهورة : « حساب الجبر والمقابلة » ، فقد عنون هذه الرسالة باشهر عمليتين من العمليات الجبرية في حل المعادلات هما : (١) الجبر (٢) المقابلة . ويعني مصطلح الجبر نقل الحدود من طرف الى طرف آخر في المعادلةمع تغيير اشاراتها السالبة او الموجبة اى مايعرف في الجبر الحديث بالنقل والاختزال (Transposition) أو (Reduction) أو الاصح (restitution) (١)

---

(١) للمثال على مصطلحي الجبر والمقابلة : ب س + ٢ ج = س٢ + ب س – ج فانها بالجبر (اى النقل) تصبح :
ب س + ٢ ج + ج = س٢ + ب س . وبالمقابلة اى الحذف والاختزال تصبح : س٢ = ٣ ج . وقبل ان يعم استعمال كلمة الجبر عند الرياضيين الاوربيين على اثر اطلاعهم على رسالة الخوارزمي استعمل بعضهم من اهل القرون الوسطى مصطلحا آخر للجبر بالاضافة الى مصطلح الخوارزمي الجديد ، ذلك هو " كوسيكا " (Cossica) او بمصطلح قواعد الشيء (Rules of The Cosa) وفي بعض المؤلفات الانجليزية القديمة ((Cossik art) ، وقد أدخل هذا المصطلح في=

اما مصطلح المقابلة فيعني حـذف الحـدود المتشابهة من كل طـرف من طرفي المعادلة ، اى مايصطلح عليه الآن الحذف والاسقاط (Cancellation) ، فيكون مفهوم الجبر عند الخوارزمي « علم النقل والاختزال » او « علم المعادلات » بوجه عام . وبقي هذا المفهوم للجبر في الغرب ، أى كما اشتغل فيه الرياضيون على انه علم المعادلات الى القرن التاسع عشر تقريبا ، وظلت رسالة الخوارزمي في الجبر معروفة في اوربة عن طريق

= في القرن الخامس عشر الرياضي الاوربي « كسيلاندر » Xylander مشتقا أياه من الكلمة الايطالية COSA التي « شـيئا » ، وهي بــدورهــا ترجمـة للمصطلح العربـي « شـيء » الـذي استعمله بعض الرياضيين العرب ومنهم الخوارزمي بالاضافة الى مصطلحه « الجذر » ولكن لم يكتب لمصطلح الا " كوسيكا " البقاء مثل المصطلح المأخوذ من رسالة الخوارزمي اى " الجبر " (Algebra) ، وخلاصة القول ان الخوارزمي اوجد اسما خاصا لهذا الفرع المهم من العلوم الرياضية فاكتسب بذلك شخصية مستقلة عنها ، فقد سبق ان رأينا انه لم يكن للجبر اسم خاص عند الرياضيين اليونان ومن اعقبهم بل انه كان ضمن ماأطلقوا عليه مصطلح "ارتمطيقا" ضمن الموضوعات الرياضية "مثيمطيقا"(Mathematike) والجدير بالملا حظة عن مصطلحي " الجبر والمقابلة " انه على الرغم من ان الخوارزمي لم يفسرهما صراحة في رسالته الا انه استعملهما بالمفهوم الذى اوردناه عنهما (انظر حساب الجبر والمقابلة ص ٣٥، ٣٧ و كذلك كان الحال لدى الجبريين العرب الآخرين ، وبعضهم استعمل " الجبر " لجبر الكسور (مقدمة ابن خلدون ص ٤٨٣) ، وفسرهما بعضهم مثل الرياضي السورى المتأخر العهد " بهاء الدين العاملي " (١٥٤٧ – ١٦٢١) الذى عرفهما في كتابه المعنون " خلاصة الحساب " ، وتوجد نسختان مخطوطتان لهذا الكتاب في حيازة المتحف العراقي بتسلسل ١٥١٩٠ و ١٥١٢٩٣، ونسخة في مكتبة المخطوطات في متحف البحرين ، حيث نجد فيه تعريفا واضحا لمصطلحي "جبر و " مقابلة " اذ يقول مانصه : انه عند حل مسألة من المسائل بطريقة الجبر والمقابلة نفرض المجهول شيئا . . . . وتستعمل مايتضمنه السؤال سالكا على ذلك المنوال ليتنهي الى المعادلة ، والطرف ذو الا ستثناء يكمل ويزداد مثل ذلك على الا خر وهو الجبر ، والا اجناس المتجانسة المتساوية ، في الطرفين تسقط منها وهو المقابلة ثم المعادلة انظر التعليق على ذلك في سمث : " تاريخ الرياضيات "الجزء الثاني ص ٣٨٨ ، وقدرى طوقان " تراث العرب العلمي (١٩٦٣) ص ٤٧٨ . (الدكتور قيس الوهابي في مجلة المجمع العلمي العراقي (، ٢٥ ، (١٩٧٤) ص ١٠٨ وقد اورد الوهابي رأيا للباحث " جاندز (Gandz) ان اصل كلمة "جبر " بابلية انتقلت الى العربية ومع انه يوجد في اللغة البابلية كلمة " جبرو " (بلفظ الجيم كافا فارسية أى (gabru) الا انها لم تستعمل في الرياضيات البابلية لموضوع الجبر بل ان معناها اللغوى " مساو " او معادل " او "نسخة" . ويجدر ان ننبه الى انه ورد في نص فلكي بابلي في معنى غير=

٢٠٦

ترجماتها اللاتينية الى ان عثر الباحثون الغربيون على احد نصوصها العربية في مخطوطة محفوظة في اكسفورد (مكتبة بودلين) يرجع تاريخها الى حدود ١٣٢٥ م (اى انها من بعد زمن المؤلف بنحو ٥٠٠ عام) ، وصدرت لها نشرة عربية في اوربة عام ١٨٣١ ، ثم نشرت في العربية في عام ١٩٣٧ من جانب الدكتور على مصطفى مشرفة والدكتور مرسي احمـــد .

الرموز الجبرية :

مر بنا في كلامنا عن الجبر في الحضارات القديمة ومنها الحضارة اليونانية كيف ان الجبر فيها كان وصفيا او خطابيا (Rhetoric) ولم تستعمل الرموز الجبرية المألوفة لدينا في الجبر الحديث . اما الجبريون العرب فانهم استعانوا بعدة وسائل او مصطلحات للتعبير عن الكميات المجهولة وغيرها من الكميات ، وقد قارب البعض منهم ان يوجد رموزا جبرية تضاهي الرموز المستعملة في الجبر الحديث . فنجد الخوارزمي مثلا ، وكان اقدم الجبريين العرب على مايوجح ، ، يقسم المصطلحات التي يحتاج اليها في المعادلات الى ثلاثة اصناف :

(١) الجذر للمجهول (س) في الجبر الحديث (٢) المال لمربع المجهـــول (أى س٢) (٣) والعدد المفرد وهو الحد الخالي من المجهول . واستعمل جبريون آخرون ومنهم الخوارزمي كلمة « شيء » للمجهول (س) ، والمال لمربع (س) (اى نفس مصطلح الخوارزمي) . و « الكعب » وهو مضروب المال في « الشيء » أى (س ٣) ، ويتفرع من ذلك «مال المال » أى (س ٤) ومال «الكعب» أى : س٢ × س٣=س٥ ، «وكعب الكعب » أى س٣ × س٣=س٦ ، كما استعملوا

= واضح ترجمه الباحث " نويكيبور " بانه (EPACT) وهو الفرق مابين ايام السنة الشمسية وأيام السنة القمرية ويجدر ان ننبه بمناسبة ذكرنا للعاملي انه يوجد رياضي عربي باسم " محمد بن احمد الاملي " الاندلسي ، من علماء القرن الرابع عشر الميلادى وله كتاب بعنوان "نفائس الفنون" أنظر أيضا بحث المؤلف في مجلة « آفاق عربية » العدد كانون الأول (١٩٧٧) الص .

مصطلح « جزء الشيء » لمعكوس « س » اى ١ ٪ س « وجزء المال » لـ ١ / ٢ س وجزء الكعب « ١ / ٣ س » .

وتطور استعمال الرموز عند بعض الجبريين العرب المتأخرين مرحلة اخرى جعلتها اقرب الى الرموز الجبرية الحديثة ، نذكر منهم الرياضي الاندلسي — التونسي « المسمى » « القلصادى » (المتوفى عام ٨٩١ هـ ٪ ١٤٨٦ م) فقد استعمل الحرف جـ لمصطلح جذر $\sqrt{\ }$ وللمجهول الحرف «ش»(المأخوذ من شيء) (أى س) والحرف « م » س٢ اى المال والحرف « ك » لـ س٣ (الكعب) . والحرف ل للاشارة = (يساوى) . والنقاط الثلاث (.٠.) للنسبة . فمثلا كان يكتب المعادلة : ٥س٢=١٢ س+ ٥٤ بالشكل الآتي : ٥م ل ١٢س+ ٥٤ . والمرجح كثيرا ان الرياضي الفرنسي «فرانسوا فيته» (Francois Viete) (١٥٤٠—١٦٠٣م) اخذ فكرة « القلصادى » وطورها في تعبيره عن المجاهيل بالحروف ، واضاف الى ذلك بعض الاشارات المهمة مثل علامة زائد (+) و (—) للناقص ، وبعد هذا الرياضي اول من اوجد مبدأ الرموز الجبرية فـي اوربـــة .

انواع المعادلات الجبرية :

بحث الرياضيون العرب ، وفي مقدمتهم الخوارزمي ، في عدة انواع من من المعادلات الجبرية وصنفوها وبوبوها وبحثوا في قواعد حلها ، ومنها المعادلات الخطية (Linear equations) ومعادلات الدرجة الثانيـــة (quadratic equations) والدرجة الثالثة . وصنفوا مثل هذه المعادلات الى ا صناف خاصة ، وحلوا كل صنف منها بموجب قواعد مقررة . ولم يفتهم ان لمعادلات الدرجة الثانية جذرين . وقد اتبعوا قاعدة عامة في حل معادلات الدرجة الثانية ، هي التي لخصها احد الجبريين بقوله : « اذا كانت الجذور مع الاموال تطرح النصف وان كانت مع العدد تحمله ، وان كانت وحدها طرحت العدد من ضرب التنصيف في نفسه وحملت جذر الفاضل ونقصته يخرج لك جذر المال ......»

فمن الامثلة على هذه القاعدة : (١) اذا كانت المعادلة من نوع :

$$\text{س}^٢ + \text{ب س} = \text{ج} \quad \text{فان س} = \sqrt{(\tfrac{\text{ب}}{٢})^٢ + \text{ج}} - \tfrac{\text{ب}}{٢}$$

(٢) وان كانت من النوع : ب س + ج = س٢

$$\text{فان س} = \sqrt{(\tfrac{\text{ب}}{٢})^٢ - \text{ج}} + \tfrac{\text{ب}}{٢}$$

(٣) واذا كانت من النوع : ب س = س٢ + ج

$$\text{فان س} = \tfrac{\text{ب}}{٢} \pm \sqrt{(\tfrac{\text{ب}}{٢})^٢ - \text{ج}}$$

وقسم الخوارزمي المعادلات الى ستة انواع ، هـي :

١ — اموال تعدل جذورا أى : س٢ = ب س   1-Squares equal roots

٢ — اموال تعدل عددا أى : س٢ = ج   2-Squres equal numder

٣ — جذور تعدل عددا أى : ب س = ج   3- Roots equal number

٤ — اموال وجذور تعدل عددا أى : س٢ + ب س = ج
4-Squaras and roots equal number

٥ — جذور وعدد تعدل امولا أى : ب س + ج = س٢
5-Roots and number equal squares

٦ — اموال واعداد تعدل جذورا أى : س٢ + ج = ب س
6-Squares and numbers equal roots

وبعد ان عدد الخوارزمي الحالات الست للمعادلات الجبرية بين طريقة حل
كل منها بالكلام اللغوى الوصفي دون الارقام، مع استعمال المصطلحات التي
وضعها مثل « المال » لس٢ والجذر لس لان الرموز الجبرية لم تكن قد استعملت
كما بينا ، وبين البراهين لتحقيق قواعد الحل التي وضعها بالاشكال الهندسية،
وهذا من بين الامثلة المهمة على الجمع مابين الهندسة والجبر عند الرياضين العرب
وستذكر مثالا على حل الخوارزمي الخوارزمي لمعادلات الدرجات الثانية عندما
يكون معامل س٢ غير الوحدة في ترجمة حياة الخوارزمي (١) .

_____

(١) راجع قدرى طوقان : " تراث العرب العلمي العلمي في الرياضيات والفلك " (الطبعة الثانية
١٩٥٤ ، الصص ٤٩) .

(م ١٤ ــ حضارة العلوم)

حل بعض المعادلات الجبرية هندسيا :

الى جانب استعمال الرياضيين العرب الجبر في حل بعض القضايا الهندسية وضعوا طرقا هندسية لحل بعض المعادلات من الدرجة الثانية . وقد ذكر « الخوارزمي » قضايا متعددة حقق حلها بالطرق الهندسية مثل المعادلة :

س٢ + ١٠ س = ٣٩ والمعادلة س٢ = ٣ س + ٤

وحل الجبريون العرب بعض المعادلات من الدرجة الثالثة مثل ابن الهيثم وثابت بن قرة وسنان بن الفتح وعمر الخيام وغيرهم ممن سيأتي ذكرهم في كلامنا على مشاهير الرياضيين العرب . وقد قيم مؤرخو الرياضيات طرق الحلول التي اتبعها الجبريون العرب في حل هذه المعادلات . فقد قال « كاجورى » : ان حل المعادلات التكعبية بواسطة قطوع المخروط من اعظم الاعمال الرياضية التي انجزها العرب » (١)، وبذلك يكون الرياضيون العرب قد سبقوا « ديكارت » و « بيكر » في هذا الميدان . كما ان « ثابت بن قرة » اورد حلولا هندسية لبعض المعادلات التعكيبية ، ويتبين من هذه الحلول انهم جمعوا بين الهندسة والجبر ، اى انهم بدأوا بوضع اسس الهندسة التحليلية التي ظهرت بشكلها المنظم منذ القرن السابع عشر على ايدى امثال « ديكارت » و « فرما » واستتبع عنها بعض فروع الرياضيات الحديثة مثل « التكامل والتفاضل » الذى يمكن ارجاع اسسه الى ثلاثة مصادر :

(١) رياضيو اليونان (٢) رياضيو الهنود (٣) التحسينات التي ادخلها الرياضيون العرب ابتداء من ثابت بن قرة الذى اوجد حجم الجسم المتولد من دوران القطع المكافىء (PARABOLA) حول محوره (٢) .

وبحث الرياضيون العرب ايضا في المعادلات التي يصطلح عليها « المعادلات الغير المحدودة » (INDETERMINATE) وكذلك باسم « المعادلات

---

(١) F. Cajori, AHistory of Mathematics (1938)

(٢) انظر ، سمث " تاريخ الرياضيات ، الجزء الثاني ص ٦٨٥ المشار اليه في قدرى طوقان تراث العرب العلمي (١٩٦٣) ص ٨٧ .

السيالة » لانها تخرج بحلول كثيرة (١) ، وقد سبق للرياضي اليوناني « ديوفانتس (ديو فنطس) (القرن الثالث الميلادى) ان عالج مثل هذه المعادلات . وبحثوا كذلك في النظرية المعروفة بذات الحدين التي يمكن بواسطتها رفع اى مقدار جبرى ذى حدين الى قوة معلومة أسها عدد صحيح موجب . والجدير بالتنويه بهذا الصدد ان « اقليدس » لم يستطع الا ان يفك مقدارا جبريا ذا حدين أسه اثنان . ولكن ظهر في جبر الخيام محاولة لرفع اى مقدار جبرى الى « اس » اكثر من اثنين على انه لم يعط دستورا خاصا لذلك . وعالجوا مسألة الجذور الصماء . وكان الخوارزمي اول من استعمل مصطلح « اصم » لتدل على العدد الذى لاينجذر (لاجذر له) ، ويكاد يكون من المؤكد ان التسمية الاوربية (Surd) ترجمة حرفية للكلمة العربية « اصم » . وكان « الكرخي » (القرن الحادى عشر المبلادى) و « القلصادى » (الرابع عشر الميلادى) و « الآملي » الاندلسي (القرن الرابع عشر الميلادى) من مشاهير الرياضيين العرب الذين اشتغلوا في الجذور الصماء . وقد اوجد « الاملي » الدستور الآتي للجذور الصماء (٢) :

اذا فرضنا العدد الاصم « م » ، واقرب عدد مربع مجذور « ب٢ » والفرق مابينهما هـ أى : م ــ ب٢ = هـ

فيكون $\sqrt{\text{م}} = \text{ب} + \frac{\text{هـ}}{\text{٢ب} + ١}$

وتطبيقا على ذلك يكون $\sqrt{١٠} = ٣ + \frac{١}{٢ \times ٣ + ١} = ٣ + \frac{١}{٧}$ ، $٣\frac{١}{٧}$.

واستعمل رياضيون آخرون دساتير اخرى تنتج قيا اقرب من طريقة

(١) اشهر من تناول هذه المعادلا ت " ابن بدر " من علماء اشبيلية (اواخر القرن الثالث عشر الميلا دي) . وله كتاب في اختصار كتاب الخوارزمي : " الجبر والمقابلة (تراث العرب العلمي ص ٣٦٧) . . . . . .

(٢) وقد عبر الآملي عن دستوره بالعبارة التالية : " وان كان (العدد) اصم فاسقط منه اقرب المجذورات اليه وانسب الباقي (اقسم الباقي) الى جذر المسقط مع الواحد... فجذر المسقط مع حاصل النسبة (القسمة) هو جذر الا صم بالتقريب (انظر تراث العرب العلمي الثانية ١٩٦٣ الص ٨٢ – ٨٣) .

الآملي (١) . والجدير بالذكر في هذا الصدد ان رياضي العراق القديم عالجوا جذور الاعداد الصماء واوجدوا دستورا يشبه طريقة ارخميدس (القرن الثالث ق . م) وطريقة « هيرون » (القرن الاول الميلادى) . فاذا فرضنا ان س الجذر التربيعي للعدد أ (الذى لاينحدر) وكان أ ــ س٢ = ب فتكون اقرب قيمة

$$\text{ل}\ \sqrt{\text{أ}}\ \text{هي}\ \text{س}_1 = \text{س} + \frac{\text{ب}}{٢\text{س}}\ \text{ومنها} = \text{س}_1 + \frac{\text{ب}_1}{٢\text{س}_1}$$

الهندســـــة :

كانت هندسة اقليدس (القرن الثالث ق . م ، وقد مر الكلام عنها في تاريخ الرياضيات اليونانية) اقدم الكتب اليونانية التي نقلت الى اللغة العربية ، فقد سبق ان ذكرنا ان العرب ترجموا كتابه المعنون باليونانية STOCHAI (وبالانجليزية ELEMENTS) وسموه « الاصول » وفي تسمية اخرى « الاركان » . ويرجح ان اولى ترجمة له كانت في زمن الخليفة العباسي المنصور ثم ترجم ترجمات اخرى واشتهر من بين مترجميه حنين » بن اسحــــق المتوفي عام ٩١١ م) وثابت بن قره الحراني (٩٠٨ ــ ٩٣٢ م) واختصــر جملة اختصارات مثل اختصار ابن سينا (٣٧١-٤٢٨ هـ/ ٩٨٠-١٠٣٧م) (+). ثم ظهرت المؤلفات العربية المختلفة في الهندسة ، وتناول الرياضيون العرب قضايا وبحوثا جديدة لم يتطرق اليها « اقليدس » وغيره من الرياضيين اليونان ، واضافوا امورا جديدة كما طوروا في اسلوب البرهان الاقليدى ، نذكر من مشاهيرهم « ابن الهيثم « (الخامس الهجرى / الحادى عشر الميلادى) وقد قيل في كتب ابن الهيثم الهندسية انها كانت واسطة بين كتاب القواعــد المفروضة والبراهين الارستقرائية الخاصة باقليدس وبين قواعد « ابولونيوس » اليوناني (القرن الثالث ق . م) . وكان ابن الهيثم من اشهر من جمع بين الهندسة والجبر ، كما يقول في كتابه المعنون :

---

(١) انظر " تراث العرب العلمي " الص ٨٢ ــ ٨٣ .

(+)عن هندسة اقليدس انظر " ابن القفطي " أخبار العلماء بأخبار الحكماء " ومقدمة ابن خلدون.

«الجامع في اصول الحساب» : ... واستخرجت اصوله لجميع انواع الحساب من اوضاع اقليدس في اصول الهندسة والعدد ، وجعلت السلوك في استخراج المسائل الحسابية بجهتي التحليل الهندسي والتقدير العددى . وعدلت فيه عن اوضاع الجبريين والفاضهم «ويقول ايضا : « والفت كتابا جمعت فيه الاصول الهندسية والعددية من كتاب « اقليدس » و « ابولونيوس » ونوعت فيه الاصول وقسمتها وبرهنت عليها ببراهين نظمتها من الامور التعليمية والحسية والمنطقية » وسنذكر في ترجمة ابن الهيثم كيف انه برز كذلك في البصريات (OPTICS) والعدسيات . وقد اورد قضية هندسية اعتبرها من المسائل العويصة وهي : كيف ترسم مستقيمين من نقطتين مفروضتين داخل دائرة معلومة الى اى نقطة مفروضة على محيطها بحيث يصنعان مع المماس المرسوم من تلك النقطة زاويتين متساويتين » ، وطبق ابن الهيثم مبادىء الهندسة المستوية والمجسمة في بحوثه في الضوء وتعيين نقطة الانعكاس في المرايا الكروية والاسطوانة المخروطية والمقعرة والمحدبــة .

ومن الامثلة على التنقيحات والاضافات التي ادخلها الرياضيون العرب على الهندسة اليونانية ، ولاسيما هندسة « اقليدس » فرضية التوازى (PRALLEL AXIOM) التي لم يستطع اقليدس ان يبرهن عليها ويعرضها على هيئة نظرية ، فعالج هذه المسألة اولا عمر الخيام (القرن الحادى عشر الميلادى في رسالته « مصادرات اقليدس » ثم نصير الدين الطوسي (القرن الثالث عشر الميلادى) كما جاء ذلك في كتابه : « تحرير اصول اقليدس « وفي » الرسالة الشافية » ، ومع ان محاولتهما لايجاد برهان على هذه الفرضية لم تبلغ مرتبة البرهان القطعي الا ان ذلك كان حافزا او مفتاحا لدى بعض الرياضيين الاوربيين في العصور الحديثة لوضع هندسات اخرى « لااقليدية » مثل هندسة « ريما ن » وغيره .

وفيما يتعلق بالدائرة حسبوا للنسبة الثابتة قيما تقريبية مطولة ، ففي كتاب الخوارزمي : « الجبر والمقابلة » ذكرت ثلاث قيم هي :

٢١٣

$\frac{٢٢}{٧}$ و $\sqrt{١٠}$ و $\frac{٦٢٨٣٢}{٢٠٠٠٠}$ ، واستعملت القيمة الثالثـــة في الفلك ، ويجدر ان نذكر بهذا الصدد ان قيمة مطولة اخرى استعملت في الحسابات الفلكية هي التي اوجدها الفلكي « غياث الدين » الكاشي (القرن الخامس عشر الميلادى) ومقدارها ١٤٥٩٢٦٥٣٥٨٩٨٧٣٢ ر٣ ، ومن مشاهير العلماء الذين اسهموا بالاضافة الى الرياضيات بوجه عام والهندسة بوجه خاص البيرونـــي (٩٧٣ ــ ١٠٤٨ م) الذى ستأتي ترجمته وخلف في ذلك رسائل وبحوثا تستحق الدرس مثل رسالته المعنونة « استخراج الاوتار في الدائرة بخواص الخط المنحني » « افراد المقال في امر الظلال » وذكر في الرسالة الاولى برهانا جديدا لمساحـــة المثلث بدلالة اضلاعه (١) ، وهو غير البرهان الذى اورده هيرون (القرن الاول الميلادى) والذى ذكرنا دستوره الخاص بمساحة المثلث باستعمال اضلاعه .

ومن الاشياء الجديدة التي أحدثها الرياضيون العرب في علم الهندسة انهم ولاسيما ابن الهيثم استخدموها بكلا نوعيها المستوية والمجسمة في بحوث الضوء والبصريات ، وتحديد نقطة الانعكاس في المرايا الكروية والاسطوانية والمخروطية ولعله من المفيد ان نقتبس بعض العمليات الهندسية المستخلصة من ابن الهيثم (٢) :

١ ــ المعلوم نقطة أ على محيط دائرة قطرها ب ج ، ويراد اخراج مستقيم من أ يقطع محيط الدائرة في د والقطر ب ج (او امتداده) في نقطة هـ ، بحيث يكون د هـ يساوى طولا معلوما وقد استعمل ابن الهيثم في حل هذه العملية القطع الزائد (PARABOLA)

٢ ــ المعلوم مثلث أ ب ج قائم الزاوية في ج ونقطة د على الضلع ج ب (هو او امتداده من جهة ب) ويراد من النقطة د اخراج مستقيم يقطع

---

(١) انظر مجلة الجمعية المصرية لتأريخ العلوم . العدد الثالث (١٩٦٢) المشار اليه في قدرى طوقان : « تراث العرب العلمي » (١٩٦٣) ص ٩٢

(٢) " الحسن بن الهيثم " لمصطفى نظيف ، والعمليات المنقولة " تراث العرب العلمي " (١٩٦٣) ، ص ٩٦ .

الضلع الثاني أ ب (هو او امتداده) على نقطة ك ويقطع الوتر أ ج (هو او امتداده) في نقطة ط بحيث تكون النسبة $\frac{ط\ ك}{ط\ ج}$ = نسبة معلومـة .

٣ – المعلوم دائرة مركزها ج وقطرها أ ب ونقطة ه مفروضة . والمطلوب اخراج مستقيم من نقطة ه يقطع محيط الدائرة في نقطة د والقطر أ ب على نقطة ر ، بحيث يكون د ر – ج ر .

٤ – المعلوم دائرة مركزها ج ونقطتان ه ، د حيثما اتفق . ويراد ايجاد نقطة مثل أ على محيط الدائرة بحيث اذا اوصل المستقيمان ه أ ، د أ ، أحاط احدهما مع الآخر بزاوية ، وكانت الزاوية التي يحيط بها احدهما والمماس من نقطة أ مساوية للزاوية التي يحيط بها الآخر وهذا المماس .

وننهي هذه الملاحظات الموجزة عن الهندسة عند العرب ان الترجمة العربية لهندسة اقليدس وشروحها وتنقيحاتها هي التي تعلمت منها اوربة الهندسة كما كما تعلمت من الرياضيات الاخرى العربية ، ولم يكتشف الاصل اليوناني لهندسة اقليدس في اوربة الا في عام ١٥٨٣ م .

المثلثات والفلك :

يجمع مؤرخو الرياضيات على ان الرياضيين العرب اسهموا بنصيب كبير في تقدم المثلثات (TRIGNOMETRY) وجعله علما منتظما ومستقلا عن الفلك بل انهم هم الذين اوجدوه . فقد ظهرت مبادىء علم المثلثات على ايدى بعض الرياضيين اليونان ولاسيما بطليموس ، ولكنه كان كما قلنا في بداياته وجزءا من علم الفلك . وكان اعتماد بطليموس في حساباته الفلكية على الاوتار والاقواس اما الرياضيون العرب فانهم استعملوا النسب المثلثية بدلا من ذلك مثل الجيوب (SINE) وجيوب التمام (COSINE) وغيرها من النسب المثلثية التي اخذوا مبادءها من الهند وحسنوا فيها فاستعملوا الجيب بدلا من وتر

ضعف القوس الذي كان يستعمله الفلكيون اليونان . ويرجح انهم كانوا اول من ادخل مصطلح المماس وألظل (TANGENT) في النسب المثلثية وقد نسب « البيروني » ذلك الى الرياضي المشهور « ابو الوفا البوزجاني » (القرن العاشر الميلادي) ويرى مؤرخو الرياضيات ان الرياضيين العرب كانوا اول من استعمل المعادلات المثلثية ولاسيما « البتاني (القرن التاسع الميلادي) الذى ادخل الظل وظل التمام ، ونظم في ذلك جداول لجميع الزوايا ، واضاف الى ذلك الرياضي ابو الوفاء البوزجاني (المتوفي عام ٩٩٨م) القاطع والقاطع التمام ، واسهم في تقدم حساب المثلثات الكروية . واشتغلوا ايضا في المثلثات الكروية واثبتوا ان ان « نسب جيوب اضلاع المثلثات الحادثة من تقاطع القسى (الاقواس) العظام في سطح الكرة كنسب جيوب الزوايا الموترة بها . وبلغ علم المثلثات عند نصير الدين الطوسي (القرن الثالث عشر الميلادي) اوج تقدمه في استقلاله التام عن علم الفلك وكتابه المشهور في المثلثات المسمى «شكل القطاع » (١) .

وعرف الرياضيون العرب الدستور الاساسي لمساحات المثلثات الكروية ونظموا جداول رياضية للمماس والقاطع وقاطع التمام وجداول في جيوب الزوايا ، ومنها جيب الزاوية ٣٠ ، وتتفق النتائج التي حصلوا عليها الى ٨ أرقام عشرية مع القيمة الحقيقية لهذا الجيب .

وعني الرياضيون العرب كذلك بعلم الفلك (ASTRONOMY) . وقد بدأ الاشتغال فيه ، مثل الموضوعات الرياضية الاخرى ، منذ صدر الدولـة العباسية . وقد سبق نقل المعارف الفلكية الى العربية ترجمة بعض الكتب المتعلقة بعلم النجوم والفلك والهيئة ومنها الازياج الفلكية من اليونانية في أواخر العصر العصر الاموى مثل الكتاب المعنون « مفاتيح النجوم » المنسوب الى « هرمز » (هرمس الحكيم) وعرف عن الخليفة العباسي المنصور اهتمامه الكبير بالتنجيم

_____

(١) راجع ايجاز التعريف بذلك في قدري طوقان " تراث العرب العلمي " (١٩٦٣) ، ص ١٠١ بعد .

والفلك ، فلقد سبق ان نوهنا ان اصطحابه للمنجم المشهور « نوبخت الفارسي » واشتهرفي زمنه ايضا « ابراهيم الفزارى » . ونقل في عهده « ابو يحيى البطريق » « كتاب » الاربع مقالات « لبطليموس ومما زاد في اهتمام العرب بعلم الفلك والاشتغال فيه الحاجات الكثيرة المتعلقة به . ومنها الحاجات الدينية كمعرفة الاوقات وتحديد اطوال الليل والنهار والتقويم وحركة الشمس والبروج ومعرفة سمت القبلة (اى اتجاه القبلة الصحيح) والاستهلال ورصد القمر والكواكب الاخرى بوجه عام .

ومما تجدر ملاحظته ان الفلكين العرب اطلقوا مصطلح « علم النجوم » او عـلـم الفلك اوالهيئة على (ASTRONOMY) ومصطلح التنجيم او الاحكام على (ASRTROLOGY)

وكما حدث بالنسبة الى الموضوعات الرياضية الاخرى لم يقتصر العرب على مجرد نقل المؤلفات الفلكية اليونانية وفي مقدمتها كتاب « المجسطي » لبطليموس ، بل انهم فسروها وشرحوها وصححوا فيها واضافوا اليها. وقد طبقوا معارفهم الرياضية في الارصاد الفلكية . وقد تم في زمن الخليفة المأمون قياس محيط الكرة الارضية وجرى ذلك في مكانين : (١) في البرية الكائنة شمال تدمر (٢) في برية سنجار (١) . وقد حسبوا طول الدرجة بنحو ١١١٨١٥ مترا او ٥٦ $\frac{٢}{٣}$ ميلا ومنها طول محيط الارض ٤١٢٤٨ كم ، وهذا مقدار قريب من الصحة . وحسبوا طول السنة الشمسية فلم يكن الخطأ في المقدار سوى دقيقتين

---

(١) سنجار في شمالي العراق في منطقة الموصل ، وقد تم قياس ماسمي بالهاجرة (MERIDIAN) (اى خط نصف النهار اوخط الزوال وهي الدائرة العظيمة العمودية على خط الاستواء والمارة بالقطبين) وقد جرى القياس بطريقة مختلفة عن الطريقة التي أتبعها الفلكيون اليونان فقد سار عدد من الراصدين من نقطة واحدة باتجاهات مختلفة شمالا وجنوبا حتى امكنهم مشاهدة النجم القطبي وهو يظهر ويختفي بمقدار درجة واحدة ، ثم قاسوا المسافة التي قطعوها واخذوا باصغر النتائج ، ثم اخذوا بأكبر القيمتين الصغيرتين وهي ٥٦ ميلا و $\frac{٢}{٣}$ الميل ، ووصلوا الى حساب الدائرة العظيمة بمقدار ٤٧٣٣٢٥ كم وهي نتيجة كبيرة نوعاما (تراث الاسلام ، ترجمة جرجيس فتح الله ١٩٧٢ ص ٥٧٠) و « القاموس الفلكي » لمنصور جرداق (١٩٥٠) ص ٧ . وكان الميل عند الجغرافيين العرب اربعة الاف ذراع هاشمية ، والذراع الهاشمية في زمن المأمون ٤٩٣٣ مليمتر)

و ٢٢ ثانية . وحسب الخيام (١٠٣٣ ـ ١١٢٣ م) مقدار السنة الشمسية وحصل على قيمة اصح القيم فانها لاتقصر الا يوما واحدا في كل (٥٠٠٠) عام ، في حين ان مقدار السنة الغريغورية تقصر يوما واحدا في كل (٣٣٣٠) عام .

وضبط بعض الفلكيين العرب ومنهم « البتاني » (القرن التاسع ـ العاشر الميلادى) مواقع كثير من النجوم . واكتشف ان مواقع البعض منها قد تغيرت عما كانت في زمن بطليموس ، ولايزال اسماء العديد من هذه النجوم مستعملة بلفظها العربي في الفلك الحديث لدى الغرب .

وقد ساعدت المراصد الفلكية التي اقيمت في العصر العباسي على تقدم علم الفلك ، فقد اقيم العديد من هذه المراصد في مواضع مختلفة من العالم الاسلامي ، من اشهرها مرصد جبل فاسيون في دمشق ومرصد « الشماسية » في بغداد والمرصد الفاطمي على جبل المقطم في مصر . ومرصد مراغة الذى اقامه نصير الدين الطوسي وكان اكبر المراصد وادقها . وقد استخدموا في الارصاد الفلكية آلات متنوعة جاء وصفها في الكتاب الذى الفه « الخازن » (القرن الثاني عشر الميلادى) بعنوان « كتاب الآلات العجيبة » فمن بين هذه الآلات : (١) اللبنة ، وهي عبارة عن جسم مربع مستو كان يستعمل لقياس ابعاد الكواكب وحساب الميل الكلي وعرض البلدان (٢) « ذات الاوتار » ، وهي آلة مؤلفة من اربع اسطوانات كانوا يستعملونها لمعرفة التحويل الاعتدالي وتحول الليل .

(٣) « ذات الحلق » وكانت عبارة عن خمس دوائر من نحاس كل منها يستعمل لقياس دائرة نصف النهار ودائرة معدل النهار ودائرة منطقة البروج ودائرة العرض ودائرة الميل والدائرة الشمسية لمعرفة سمت الكواكب . (٤) الاسطرلاب وهي كلمة يونانية (ASTROLABE) ولفظها باليونانية اسطرلابون المكونة من كلمتين : « استر » اى نجم و « لايون » اى مرآة) . وقد عرف مبدأ الاسطراب في حضارة وادى الرافدين واستعمله اليونان ، ولكن

الفلكيين العرب حسنوا فيه وتفننوا في صنعه وتعدد انواعه مثل الاسطرلاب التام والمسطح والطومارى والهلالي والزورقي والعقربي والقوسي وعصا الطوسي وغيرهـــا .

ونظم الفلكيون العرب انواعا متعددة من الازياح الفلكيـــــــة (EPHEMERIDES)، وكانت هذه جداول مرتبة بعضها عن معرفة مواضع الكواكب في افلاكها وبعضها لمعرفة الشهور والايـــام والتقاويـــم المختلفة .

من مشاهير العلماء في الحضارة العربية الاسلامية

اتماماً للموجز الذى اوردناه عن الرياضيات والعلوم والمعارف الاخرى في الحضارة العربية الاسلامية وتوضيحا للحقائق التي ذكرناها عن الموضوع يحسن ان نعرض ايجازا في تراجم المشاهير من العلماء في تلك الحضارة لنقف على مدى ما اسهموا به في الحقول العلمية المختلفة ومقدار تراثهم العلمي في تقدم العلوم والمعارف البشرية ، ونمهد لذلك ببعض الملاحظات التوضيحية وقد سبق ان نوهنا ببعضها في مقدمة الكلام على الحضارة العربية الاسلاميــة :

١ ــ لعل من اهم ما يلفت اليه نظر مؤرخ العلوم ان الحضارة العربية الاسلامية تميزت على سائر الحضارات القديمة بكثرة من ظهر فيها من العلماء والباحثين في شتى صنوف العلوم والمعارف ، فهي تضاهي في هذه الظاهرة الحضارية حضارة العصر الحديث ، فكان طريق تحصيل المعرفة مفتوحا للجميع بدون تمييز في الجنس والاصل والمكانة الاجتماعية من فقر وغنى وعنصر وعرق فلم يكد يحل القرن الثالث الهجرى (التاسع الميلادى) حتى نبغ اعداد غفيرة ممن جذبهـــم الاشتغال في العلوم الجديدة كالرياضيات والطبيعيات والطب ، بالاضافة الى العدد الجم من المشتغلين في العلوم اللغوية والدينية والجغرافية والتأريخية. وعلى ذلك فان من سنذكرهم من العلماء لا يؤلفون في الواقع سوى طائفة مختارة من مشاهير الرياضيين والعلماء الطبيعين وان هناك غيرهم كثيرين لا تتسع هذه المقدمـــة التعريفية للاتيان على ذكرهم جميعا ، بل نحيل القارىء المهتم الى المراجـــع والمصادر التي اثبتناها اذا شاء الاستزادة من التعرف على غيرهم من العلماء . والى ذلك فان ما جاء الينا من مؤلفات علمية عربية لا تمثل في الواقع سوى نسبة قليلة مما

في الادوار المختلفة من عصر النهضة العربية ، وتكاد تنحصر هذه النسبة القليلة في المؤلفات التي اطلع عليا الاوربيون وترجموها ، اما الى اللغة اللاتينية او اللغات الاوربية الاخرى ، وان اصول بعض هذه المترجمات العربية قد ضاعت وياللاسف او انها لاتزال مطمورة في زوايا المكتبات الشخصية والمتاحف العالمية والجوامع والزوايا ، واذا أضفنا الى ذلك ان الوفا مؤلفة من الكتب قد فقدت والى الابد من جراء التدمير الذي اصاب مدن العالم الاسلامي (وافضعها تدمير بغداد على يد هولاكو ١٢٥٨ م) ادركنا المدى البعيد الذي قطعته الحضارة العربية الاسلامية في تقدم المعارف البشرية وانها من ناحية التأليف والتدوين تكاد تنفرد وتتميز على جميع الحضارات البشرية ، ويزداد تقديرنا وعجبنا اذا علمنا ان تلك الألوف بل الملايين من الكتب خطت باليد حيث لم تظهر الطباعـــــة .

٢ ــ يكاد يكون من المتعذر على مؤرخ الحضارة والعلوم ان يصنف الباحثين والعلماء في الحضارة العربية الاسلامية على اساس التخصص والاختصاص العلمي ، وحتى اذا حاولنا مثل هذا التصنيف فانه تصنيف غير قاطع اي انه من باب التعميم والتغليب فقد سبق ان نوهنا بظاهرة تداخل الاختصاصات بين العلماء والباحثين في الحضارات القديمة ومتها الحضارة العربية الاسلامية التي تميزت بالظاهرة التي اطلقتا عليها « وحدة المعرفة » ، وانه اذا ظهر للقارىء ان بعض اولئك العلماء قد برز فيهم نوع خاص من الاختصاص فانه كما قلنا كان من باب التغليب لا الحصر . فاذا ظهر لنا مثلا ان ابن الهيثم اشتهر ببحوثه في علم الفيزياء فانه كذلك برز في الرياضيات والفلك ، وكان الكثير ممن سندكرهم باحثين في الرياضيات وفي الفلك وفي العلوم الطبيعية والطب والفلسفة والموسيقى وحتى الشعـــر .

٣ــ يحسن بالقارىء قبل استعراضه لتراجم مشاهير العلماء الذين سندكرهم ان يرجع الى الملاحظة المهمة التي ذكرناه عن مسألة الاصل العرقي او القومي لعلماء الحضارة العربية الاسلامية ، وكيف ان الواقع الحضاري ان جميع من نبغ

من علماء وباحثين في تلك الحضارة كانوا عربا رغم ان بعضهم لم يكن في اصله من عرق عربي ، ولكنه كان عربيا من حيث الانتماء الحضارى والثقافي واللغة والدين والشعور ، فالحضارة العربية الاسلامية كانت كما ذكرنا اوسع الحضارات البشرية التي دخلت في حظيرتها وانصهرت في بودقتها شعوب وأمم وثقافات متنوعة الاصول والقوميات ، فهي من هذه الناحية لاتكاد تضاهيها حضارة في صفتها « العالميـــة » .

وفي ضوء هذه الملاحظات التمهيدية نورد فيما يلي موجزا بتراجم لطائفة مختارة من مشاهير العلماء والرياضيين في الحضارة العربية الاسلامية بحسب تسلسلهم التأريخي :

١ – جابر بن حيان – واضع علم الكيمياء :

جابر بن حيان (وعرف في اوربة باسم Geber) عاش في آواخر القرن الثامن الميلادى واصله من الكوفة حيث كان ابوه فيها يمتهن .. الصيدلة (صيدلانيا) ، ولايعلم تأريخه بوجه التأكيد سوى انه عاش في عصر الخليفة الرشيد (٧٨٦ – ٨٠٩م – ١٩٨ هـ) وانه كان مقربا من وزرائه البرامكة (١) . وكان الباحثون المحدثون يشكون في عصر جابر ومانسب البه من مؤلفات في الكيمياء فعزوها الى جماعة اخوان الصفا (القرن العاشر الميلادى) (انظر الهامش في الصفحة) . ومهما كان الامر فان الادلة التأريخية تشير الى انه عاش كما قلنا في اواخر

---

(١) مقال الدكتور فاضل الطائي " مجلة المجمع العلمي العراقي "المجلد ١٤ (١٩٦٧) الص ٣٤ فما بعد . وما يجدر ذكره عن جابر ان المصادر العربية مثل فهرست ابن النديم تذكر انه تعلم صناعة الكيمياء من الا مام جعفر الصادق (٦٩٩ / ٧٠٠ – ٧٦٥ م) حيث تنسب اليه بعض المؤلفات في هذا الموضوع منها رسالة بعنوان " كتاب رسالة جعفر الصادق في علم الصناعة والحجر المكرم " الذى نشره بالا لمانية " رسكا " (Ruska 1924) انظر كذلك :
SARTON, An INTRODUCTION To The HISTORY of SCIENCE, I (1927)

القرن الثامن الميلادي ، وانه كان « أبا الكيمياء » (١) فهو اول من أدخل التجربة والمختبر والعمليات الكيمياوية ، فكان بذلك في مقدمة الكيمياويين العرب الذين طوروا الكيمياء من آراء فلسفية مجردة وصناعات الى مرحلة العلم الصحيح واشتهر عنه الدأب والصبر والمثابرة في اجراء التجارب والاعتماد عليها .

وتوصل جابر الى ايجاد طرق وعمليات كيمياوية مهمة ومحسنة لاتزال تنسب اليه في الكيمياء الحديثة وفي مقدمتها « التصعيد » (SUBLIMATON) و « التقطير » (DISTILLATION) و « التبخير » (EVAPORANOV) و « الترشيح » (Filitration) والذوبان و « التبلور » (CRYSTALLATION) و « التكليس » (CALCINATION) . كما انه حضر في المختبر عددا كبيرا من المركبات الكيمياوية المهمة مثل « كبريتات الزئبق » وهي السنابار (CINNABAR) المسمى قي العربية الزنجفر واكسيد الزرنيـــخ (ARSENIC OXIDE) والزاج الاخضر وهو كبريتات النحاس والشب (Alum) وبعض القلويات والاملاح مثل ملح الامونيا (SAL AMMAONIAC) وملح البارود (SALT PETER — نترات البوتاس) ، كما استخرج عدة حوامض مهمة في التفاعلات الكيمياوية مثل حامض الكبريتيك (زيت الزاج) وحامض النتريك كما حضر اكسيد الزئبق « السليماني » و « خلات الرصاص » . واستطاع ان يركب من حامضي الكبريتيك والنتريك حامضا مزيجا هو الذي عرف في تاريخ الكيمياء باسم الماء الملكي (وبالاتينية AQUA REGIA)

---

(١) كلمة كيمياء CHEMISTRY غير معروف اصلها ، فيرى بعض الباحثين انها من الكلمة المصرية " كامت " او " كيمت " ومعناها الاسود ، وقيل ان اصلها من الكلمة الونانية " خيما " (Chyma) ومعناها المعدن الذائب ، ولا يستبعد ان الاصل اليوناني من المصطلح المصري والمرجح ان موضوع الكيمياء واسمها ظهرا في الاسكندرية منذ عهد البطالسة (القرن الثالث او الثاني ق . م) ، واشتهرت الكيمياء لدى الباحثين العرب " الصناعة " اوعلم الصناعة . ويرى الخوارزمي في رسالته « مفاتيح العلوم » ان اسم صناعة الكيمياء عربي في اصله وانه مشتق من مادة (كمى ، يكمى) اى استروا واختفى فيقال اكمى الشهادة يكميها اذا كتمها

٢٢٤

لانه كان يذيب معدني الذهب والفضة) . وبالاضافة الى المصطلحات الكيمياء التي وضعها جابر للعمليات الكيمياوية التي نوهنا ببعضها انتقلت منه عدة مصطلحات علمية اخرى الى اللغات الاوربية عن طريق اللاتينية منها الـ « ريلكار » (REALGAR) وهو كبريتيد الزرنيخ الاحمر ، والكلمة مأخوذة من العربية «رهج الغار» اى تراب الغار (اى شجر الغار) (١) ، والتويتا (اكسيد الزنك) و « ملح الانتيموني » (الاثمد) واسماء اجهزة كيمياوية مثل العنبيق و «الودل » (القسمان الاعلى والاسفل من جهاز التقطيـر) .

ووضع جابر جملة نظريات كيمياوية اهمها رأيه القائل ان العناصر جميعها تتألف من الزئبق والكبريت الطاهر ، وان اختلاف العناصر بعضها عن بعض منشؤه اختلاف نسب اتحاد هذين العنصرين ، كما قال بأمكان تحويل المعادن بعضها بعض (TRANSMUTATION) فاشتغل مثل غيره من الكيمياويين العرب في موضوع تحويل المعادن الخسيسة الى الذهب (وهو السيماء) ، ومن النظريات التي اخذ بها جابر تصنيف المعادن الى ثلاثة اصناف :

(١)   الاجسام مثل الذهب والفضة

(٢)   الارواح كالكبريت والزرنيخ

(٣)   الخلاصات (ESSENSES) مثل الزئبق وروح النشادر (الامونيا) وقد خالف الرازى هذ التصنيف واتخذ تصنيفا مختلفا سنذكره في ترجمة حياتــه .

نسب الى جابر كثير من الكتب والرسائل في الكيمياء بعضها منحول وبعضها من آثاره ومنها كتاب يعرب باسم « السبعين » (لانه يضم سبعين بحثا) وهو معروف بترجمته الناقصة وكتابه الموسوم « اسرار الكيمياء » (٢) ومن كتبه المشهورة التي ترجمت الى اللاتينية كتاب « صناعة الكيمياء » الذى ترجمه « روبرت جستر » الانجليزى (٢) في عام ١١٤٤ م ، وكتابا آخر ترجمة الباحث الانجليزى « رتشارد رسل » في عام ١٦٧٨ بعنوان « شمس الكمال » .

_____

(١) تراث الاسلام ترجمة جرجيس فتح الله (الطبعة الثانية ١٩٧٢) الص ٤٧٠ .

(٢) ترجمة الى اللاتينية (جيرار الكريمي) في عام ١١٨٧ م .

٢ – الخوارزمي :

محمد بن موسى الملقب بالخوارزمي (١) كان في مقدمة الرياضيين والفلكيين والجغرافيين في الحضارة العربية الاسلامية في القرن التاسع الميلادى في العصر الذى بدأ فيه ازدهار العلوم والمعارف في الحضارة العربية الاسلامية واستمرت النهضة العلمية فيها في عنفوانها في القرون الثلاثة التالية ، حيث نبغ عدد كبير من العلماء والباحثين في حقول المعرفة التي شاعت آنذاك ومنها العلوم الرياضية والفلك والطب والبحوث المختلفة في علوم الطبيعة والفسلفة الى غير ذلك من العلوم والمعارف ، وسيتضح ذلك اكثر من التراجم التي اخترناها لطائفة من العلماء من عصر الخوارزمـي .

عاش الخوارزمي في بغداد في عصر المأمون ونال حظوة كبرى عند هذا الخليفة حتى انه ولاه منصب رئاسة بيت الحكمة او دار الحكمة الشهير في بغداد الذى أسسه ابوه الرشيد وازدهر في عصر المأمون . وقد سبق ان تكلمنا عن تضلع الخوارزمي واشتهاره في الرياضيات ولاسيما في الجبر ورأيناه كيف انه هو الذى وضع هذا المصطلح في كلامنا على الجبر والحساب في الحضارة العربية الاسلامية واسهامه في تقدم علم الجبر وكيف انه وضع له اسما خاصا وجعله علما مستقلا بعد ان كان يدرس ضمن الموضوعات الحسابية عند اليونان أى تحت علم الحساب (الارتماطيقي) (ARiTHEMEIKE) وقد صنف معادلات الدرجة الثانية كما بينا وبين حل كل صنف منها . وقد اتبع الخوارزمي في تصنيفه للمعادلات اسلوبا علميا منطقيا ، وانه كان أول الرياضيين العرب ممن يمثل اسهام الرياضيات العربية في الجمع مابين العدد (الجبر) والهندسة ، واوضح مثال على ذلك تحقيقه لحل بعض المعادلات الجبرية هدسيا مثل المعادلة الشهيرة :

س ٢ + ١٠ س = ٣٩ كما جاء ذلك في كتـابه حسـاب الجبر

---

(١) لا يعلم بوجه التأكيد زمن ولادة الخوارزمي وتأريخ وفاته . وقد جاء في كتب السير ولا سيما فهرست ابن النديم (المتوفي ٩٨٨) انه كان ملازما لخزانة كتب المأمون (٨١٣ –٨٣٣ م) ، وذكر الخوارزمي نفسه في مقدمة رسالته الشهيرة " حساب الجبر والمقابلة " تشجيع المأمون له . ومن التواريخ المشهورة للخوارزمي (٧٨٠ – ٨٥٠) ، وتأريخ آخر لوفاته في عام ٨٤٩ وانه ولد في خوارزم (خوى او خيوه الا ن في تركستان الروسية ومن ذلك لقبه الخوارزني)

والمقابلة وننوه هنا بوجه خاص بالطريقة التي اتبعها في حل المعادلات الجبرية من الدرجة الثانية عندما يكون معامل مربع المجهول اى المال (س ٢) في مصطلح الخوارزمي غير الوحدة اى من النوع :

أس٢ + ب س = ج

ولهذا النوع من المعادلات تأريخ طريف ، فقد مرت بنا طرق حلها في جبر العراق القديم وفي جبر الرياضي اليوناني « ديوفانتس » (ديوفنطس) (DEOPHANTYS) (القرن الثالث الميلادى) حيث يتطابق الحلان بجعل معامل س٢ مربعا بضرب حدود المعادلة بهذا المعامل ثم حل المجهول بطريقة اكمال المربع . اما الخوارزمي فقد اتبع في حل هذه المعادلة الطريقة المتبعة في الجبر الحديث اى طريقة الارجاع الى الوحدة (Reduction to The Unity) بتقسيم طرفي المعادلة عل معامل س ٢ ثم اكمال الحل بطريقة اكمال المربع .
ونختار المثال الآتي من رسالة الخوارزمي : « حساب الجبر والمقابلة » على هذا النوع

من المعادلات :

« مالان وعشرة اجذار تعدل ثمانية واربعين درهما . ومعناه اى مالين اذا جمعا وزيد عليهما مثل عشرة اجذار احدهما بلغ ثمانية واربعين درهما ، فينبغي ان ترد المالين الى مال واحد ، وقد علمت ان مالا من مالين نصفهما ، فأردد كل شيء في المسألة الى نصفه فكأنه قال : مال وخمسة اجذار يعادل ٢٤ درهما ومعناه اى مال اذا زدت عليه خمسة اجذاره بلغ اربعة وعشرين ... نصف الاجذار فتكون اثنين ونصف فاضربهما في مثلهما فتكون ستة وربعاً ، فردهما على الاربعة والعشرين فيكون ثلاثين درهما وربع درهم . فخذ جذرها وهو خمسة ونصف . فانقص منها نصف الاجذار وهو اثنان ونصف ويبقى ثلاثة وهو جذر المال ، والمال تسعة .... »

واذا تذكرنا ما نوهنا به عن مصطلحات الخوارزمي في الرموز الجبرية وهي

٢٢٧

وهو المال أى « س ٢ » والجذر أى « س » ، فيكون وضع المعادلة وتفسيرها على الوجه الآتـي :

٢ س ٢ + ١٠ س = ٤٨

وباتباع طريقة الارجاع الى الوحدة بتقسيم طرفي المعادلة على معامل « س ٢ » أى ٢ ينتــــــج :

س ٢ + ٥ س = ٢٤

ثم باتباع الطريقة المعروفة في الجبر الحديث « اكمال المربع » باضافة مربع نصف معامل س الى طرفي المعادلة اى ($\frac{٥}{٢}$)٢ نحصل على :

س ٢ + ٥ س + ($\frac{٥}{٢}$)٢ = ٢٤ + ($\frac{٥}{٢}$)٢

أى (س + $\frac{٥}{٢}$)٢ = ٣٠$\frac{١}{٤}$

و س + $\frac{٥}{٢}$ = $\sqrt{٣٠\frac{١}{٤}}$

و س = $\sqrt{٣٠\frac{١}{٤}}$ − ٥$\frac{١}{٢}$ − $\frac{٥}{٢}$ = ٣

ومما يشير الى مكانة الخوارزمي واشتهاره في الرياضيات وبوجه خاص في الجبر كثرة الاستشهاد بمعادلاته في معظم المؤلفات الجبرية الى مطلع العصور ومنها المعادلات الآتية :

س ٢ + ١٠ س = ٣٩

س ٢ + ٢١ = ١٠ س

٣ س + ٤ = س ٢

وقد حل مثل هذه المعادلات حلا هندسيا (١) مثل المعادلــة س ٢ + ١٠ س = ٣٩

---

(١) " حساب الجبر والمقابلة تحقيق علي مصطفى مشرفه ومحمد مرسى احمد ، القاهرة (١٩٣٧) ص ١٢، ١٣ .
ومما يجدر ذكره عن رسـالة الخوارزمي هـــذه انها اشتهرت في اوربة في بدء عصر النهضة بترجمتها) اللاتينية التي وضعها في القرن الثاني عشر الميلادى جيرارد الكريموني " (Gerard of Caemon)

٢٢٨

واتبع الخوارزمي في حل المعادلات التي من النوع :

س ٢ + ب س = جـ اى عندما يكون معامل س ٢ الوحدة بطريقة مايسمى اكمال المربع كما بينا باضافة مربع نصف معامل س الى المعادلة . ولعله من المفيد ان نقتبس المثل الآتي من رسالته المذكورة (١) لنتعرف على الاساليب الجبرية عند الخوارزمي ومن عقبه من الرياضيين العرب :

« فاما الاموال والجذور التي تعدل العدد فمثل قولك مال وعشرة اجذاره يعدل ٣٩ درهما ، ومعناه أى مال اذا زدت عليه مثل عشرة اجذاره بلغ ذلك تسعة وثلاثين . فبابه ان تنصف الاجذار ، وهي في هذه المسألة خمسة ، فتضر بها في مثلها فتكون خمسة وعشرين فتزيدها على التسعة والثلاثين فتكون اربعة وستين فتأخذ جذرها وهو ثمانية فتنقص منه نصف الاجذار الذى هو خمسة فيبقى ثلاثة وهو جذر المال والمال تسعة » .

وتطرق الخوارزمي الى الحالة التي اعتبرها انها يستحيل فيها ايجاد قيمة حقيقية للمجهول وسماها « الحالة المستحيلة » ، وهكذا فان فكرة الجذور السالبة والتخيلية ظلت غير مفسرة تفسيرا واضحا الى اواخر القرن الثامن عشر عندما بدأ البحث في الكميات المتخيلة ، وقد بدأ في معالجتها وتفسيرها الرياضي والفاكي الايطالي « كاردان » (Cardan) (١٥٤٥ م) في كتابه الموسوم « الفن الاكبر » (Ars Magna) وفيه تناول ايضا الحل الجبرى للمعادلات المكعبة .

واشتهر الخوارزمي ايضا في الفلك والمثلثات وألف في ذلك جداول وازياجا

= وعثر على نسخة لها فنقحها ونشرها مع ترجمتها الانجليزية " فيلب روزن " (١٨٣١) ، ثم حققت ونشرت في العربية في القاهرة عام ١٩٣٧ من جانب علي مشرفة ومحمد مرسي احمد كما ذكرنا ، وبحث الدكتور ياسين خليل في مجلة " التراث العلمي العربي " (جامعة بغداد ، العدد الثاني ١٩٧٨)

(١) ذات المصدر السابق ، ص ١٨ وحول جبر الخوارزمي واصل مصطلح الجبر والمقابلة راجع بحث المؤلف المنشور في مجلة " آفاق عربية " عدد كانون الأول (١٩٧٧) وبحث الدكتور ياسين خليل في مجلة " التراث العلمي العربي " العدد الثاني (١٩٧٨)

مهمة وقد ترجمت جداوله في المثلثات الى الانجليزية في عام ١١٢٦ على يد على يد « اديلارد الباتي » (AdelA2d of Bath) .

ومع ان الخوارزمي استعمل في جبره الكلمات للدلالة على الارقام ، الا انه هو الذى وضع رسالة اخرى في الحساب والارقام الهندية التي سبق ان ذكرنا كيف انه يعزى الى الخوارزمي انه هو الذى اختار نوعين من الارقام الهندية (١) وهذبهما واستملهما مع النظام العشرى والصفر (١) ، وقد اشتهرت هذه الرسالة بترجمتها اللاتينية بعنوان « الخوارزمي في الارقام الهندية (٢) Alogrithmi de Numero Indorum ومنها اشتق في اللغات الاوربية مصطلح Algorism أو Algorithim (محرفا عن اسم الخوارزمي) ويراد به نظام العـــدد العشرى مع مبدأ الصفر والارقام العربية ــ الهندية. وبالاضافة الى ذلك يستعمل الآن لاطلاقه على العمليات الحسابية المنتظمة وحل مسائل ذات نمط خاص . فان الخوارزمي على مايرجح كثيرا هو الذى ادخل نظامين من الارقام عرف احدهما ، كما قلنا سابقا ، بالارقام الغبارية (وهي تسمية ناشئة من استعمالها في رسمها على طاولة من الغبار) وهو الشكل الذى انتشر الى اوربة وعرفت باسم الارقام العربية عن طريق شمالي افريقية والاندلس ولايزال يستعمل في معظم اقطار المغرب العربي (تونس والجزائر والمغرب) والنوع الثاني الذى اطلق عليه اسم الارقام الهوائية انحصر استعماله في اقطار المشرق العربي ومنها مصر وليبيا العراق وبلاد الشام ولاتزال مستعملة الى الآن. ومما يقال بصدد هذين النوعين من الارقام ان الخوارزمي وغيره من الرياضيين

---

(١) انظر تراث الاسلام الترجمة العربية للاستاذ جرجيس فتح الله ، الطبعة الثانية (بيروت ١٩٧٢، ص ٥٧٤) .

(٢) لم يأت الينا الاصل العربي لكتاب الخوارزمي وانما ترجمته اللاتينية بالعنوان المذكور وقد ترجمه " ادبلارد الباتى " (١١٤٣ م) وتوجد نسخة منها في مكتبة فينا ، وقد شرح الخوارزمي في كتابة هذا طريقة استخدام الارقام الجديدة والعمليات والعمليات الحسابية المألوفة ، واغلب الظن ان زمن تأليف هذا الكتاب سبق زمن كتاب" الجبر والمقابلة " كما يشير الى ذلك تطبيق المبادئ الحسابية في جبر الخوارزمي .

العرب لم يدعوا بانهم هم الذين وضعوها ، رغم ان هناك شكوكا تحوم حول نسبنها أى تسميتها بالارقام الهندية ، ومن هذه الشكوك ماالمح اليه « البارون كارادى فو » (١٨٦٨ – ١٩٣٩) في مقالته عن الفلك والرياضيات في كتاب تراث الاسلام (Legacy of Islam) (١) من احتمال ان تسميتها هندية مصحفة عن « هندسية » بالاشارة الى ان اشكال تلك الارقام بهيئات هندسية . واختلف ايضا في اصل اشكال هذه الارقام . ولعل الاشارة الواردة في البيروني (القرن العاشر الميلادى) اقرب الروايات الى الصحة لاطلاعه الواسع على الثقافة الهندية وتأليفه عنها حيث رأى ان الارقام الغبارية والهندية هي احسن ماعند الهنود ، وهي منتخبة من ارقام الحساب المتنوعة التي كانت معروفة عندهم (٢) .

واسهم الخوارزمي ايضا في تقدم علم الجغرافية وعلم المثلثات والجداول المثلثية ، وكانت اولى معرفة للعالم العربي بكتاب بطليموس الشهير في الجغرافية في مختصر الخوارزمي له (في حدود ٨٣٠ م) . وقد خلف لنا من مؤلفاتـــه الجغرافية كتابه الموسوم « صورة الارض او رسم افريقية » (٣) ، وقد رسم فيها خطوط الطول والعرض بطريقة بطليموس ، ولكنه اضاف اشياء مهمة وجوهرية الى آراء بطليموس ، ومن ذلك انه عين كثيرا من الاماكن والاقاليم الجغرافية من بعد الفتح الاسلامي ، الامر الذى يشير الى ان الخوارزمي جمع نتائج الدراسات العربية في الجغرافية ، ففي جغرافيته مثلا اقاليم غير موجودة في بطليموس ، كما ان تقسيمه للعالم الى سبعة اقاليم فكرة غير معروفة عنـد بطليموس ، وقد سبق ان نوهنا ان الجغرافيين العرب هم الذين ابتدعوا أسس الجغرافية الاقليمية (Regional Geogrphy) .

---

(١) تراث الاسلام الترجمة العربية للاستاذ جرجيس فتح الله الطبعة الثانية (بيروت) ١٩٧٢ ص ٥٧٤ .

(٢) ذات المصدر ، ص ٥٧٥ .

(٣) طبع بالالمانية في عام ١٩١٦ (فينا) . وطبع كتاب " صورة الارض طبعة كاملة باشراف " متزك " ؛

وروى ان الخوارزمي اشترك مع جماعة من الباحثين والعلماء بتكليف من الخليفة المأمون في وضع موسوعة جغرافية لهذا الخليفة . وللخوارزمي بحوث أخرى اشهرها كتاب « الزيج » وكتاب الرخامة والعمل بالاسطرلابات (حول مؤلفاته راجع فهرست ابن النديم) .

٣ — الكندى :

يعـــد أبو يوسف يعقوب الكنـــدى (١٨٥ هـ /٨٠١ م — ٨٦٥ / ٨٧٣ م) من كبار المفكرين ومن ألمع من انجبتهم الحضارة العربية الاسلامية وهي في مطلع اوج ازدهارها العلمي في القرن التاسع الميلادى وقد لقب بحق « فيلسوف العرب » . وقد ولد في الكوفة حيث كان ابوه اميرا عليها ، وهو من سلالة أمراء من جنوبي الجزيرة من بني كهلان (قبيلة كنده) ، وقد درس في بدء حياته في البصرة ثم انتقل الى بغداد حيث مارس نشاطه العلمي في عهد الخليفة المأمون (٨١٢ — ٨٣٣ م) والمعتصم ونال عندهما منزلة وحظوة كبيرتين ولكن وشى به الى المتوكل فأهين وضرب وصودرت كتبه ثم ارجعت اليـــه .

ولعل الكندى أحسن من يمتل لنا تلك الظاهرة العلمية التي نوهنا بها في في تأريخ الحضارة العربية الاسلامية ، ونعني بها ان معظم علمائها ، شأنهم في ذلك شأن اغلبية المفكرين في الحضارات القديمة والوسيطة ، لم يقتصروا في نشاطهم العلمي على حقل واحد من حقول المعرفة الشائعة في زمنهم بل انهم اشتغلوا في كلها او في معظمها مع تغلب علمي عندهم على الحقول الاخرى اى التخصص نوعا ما في علم من العلوم ولكن ليس من قبيل التخصص العلمي الضيق في الحضارة المعاصرة . والى هذا فان الكندى تميز بانه اظهر ابداعاً محسوساً في جميع الموضوعات العلمية والفلسفية التي اشتغل بها وفي مقدمتها البحوث الفلسفية ويدخل فيها موضوع الالهيات ونبغ كذلك في الموسيقى والرياضيات والفلك والطبيعيات كالكيمياء والفيزياء والميكانيك (الحيل) والطب والادوية ، مما سنلخصه في الاسطر التاليـــة .

ويرجع الفضل في معرفة اوربة بمؤلفات الكندى وآثاره الى التراجم اللاتينية التي عملها الباحث المشهور «جيرارد القرموني» (١١١٤ – ١١٨٧ م) (Gerard of Cremona) الذى اشتهر ايضا بتراجمه الاخرى لمؤلفات طائفة من مشاهير العلماء العرب مثل الرازى وابن سيناء وحنين بن اسحق وغيرهم.

ولما كان يتعذر اسهاب القول في آراء الكندى في الموضوعات العلمية المختلفة التي مارسها فنورد خلاصات موجزة عنها مبتدئين في حقل الفلسفة والالهيات فنقول ان الكندى بدأ حياته الفكرية متكلما وكان يشارك المعتزلة (١) في بعض آرائهم وبحوثهم ولاسيما ما يدور حول العدل الالهي والتوحيد والنبوة والاستطاعة ، وألف في ذلك رسائل اشار اليها القفطي في كتابه المشهور « اخبار الحكماء » وغيره من اصحاب السير ، ويضاهي الكندى الفارابي الذى ستتكلم عنه في انه كان من اوائل من حاولوا التوفيق مابين الفلسفة والدين . وسار على مبدأ التأويل في التوفيق بين الوحي والعقل ، وكان في فلسفته مشائيا (ارسطوطاليسيا)(٢) ولكنه مصطبغ بصبغة الافلاطونية الحديثة (٣) قد شرح عن ذلك كتابا

_____

(١) المعتزلة فرقة من المسلمين كانت تقف حول مصير مقترف الكبيرة موقفا وسطا بين آراء الخوارج والمرجئة ، فلم تقل بكفره او ايمانه بل انه في " منزلة بين المنزلتين " بحسب تعابيرهم الفلسفية وكانوا يعتمدون على علم الكلام والمنطق في مناقشة القضايا التي بحثوا فيها ، ومن آرائهم الاساسية انهم قالوا بحرية الاختيار اى ان الانسان ذو ارادة حرة وليس مجبرا في اتيان افعاله . كما قالوا يخلق القرآن وهو المبدأ الذى كثر النقاش حوله في زمن المأمون الذى انحاز اليهم واعلن الاعتزال مذهب الدولة الرسمي ، وبحثوا في مسألة العدل والتوحيد الا لهين والصفات الالهية ، ومن هـــذا المبـــدأ استمدوا مذهبهم في حرية الارادة وسموا لذلك بأهل العدل والتوحيد ، ولكن انتصر عليهم أخيرا الا شعريون (نسبة الى ابي الحسن علي الا شعرى (٧٨٣ – ٩٣٥م) في زمن المتوكل حيث نكل بهم .

(٢)المشاؤون (PERIPATETIC) يطلق هذا المصطلح على اتباع ارسطو (٣٨٤–٣٢٢ق.م) حيث اعتاد ان يلقي محاضراته في اللبسيوم غ وهو ماش .

(٣) الا فلاطونية الحديثة (NEO – PLATONISM) نسبة الى فلوطين (PLOTINUS) (٢٠٤ – ٢٧٠ م) الذى تأثر بفلسفة افلاطون ، وقد حاول في فلسفته التوفيق بين الفلسفة اليونانية والمعتقدات الدينية ولا سيما المسيحية ، وألف كتابه المشهور بالتاسوعات (AENEADS) وكان معروفا لدى فلاسفة العرب المسلمين .

في الالهيات عزاه الى ارسطو باسم «اتولوجيا» . وللكندى نظرياته الخاصة بالكون والالهيات تضاهي آراء ارسطو ولكنها تتسم بطابع الكندى الخاص ، فيرى ان « العقل الالهي » هو العلة في وجود العالم الارضي (العالم السفلي) ، وخلاصة آرائه في هذا الباب ان العالم مخلوق لله يفعل فعله فيه بوسائط كثيرة ، وان احداث العالم مرتبط بعضها ببعض مثل ارتباط العلة بالمعلول ، وان النفس جوهر بسيط من جوهر الله وقد هبط من عالم العقل الى عالم الحس وان النفس تدرك الحقائق وتستشعر باللذة عندما تفارق الجسد وان الحواس لاسبيل لها الا ادراك الجزئيات او الصور المادية ، ولكن العقل يدرك الكليات اى الصور العقلية . ويصنف الكندى العقل على غرار ارسطو والاسكندر الافردويسي الى اربعة اقسام هي :

(١) عقل بالفعل ، وهذا هو العقل الاول الذى هو علة كل معلول في الوجود وهو الله .

(٢) والعقل الثاني عقل بالقوة وهو كائن في نفس الانسان .

(٣) العقل الثالث عقل بالملكة هو في نفس الانسان بالفعل يسميه العقل المستفاد .

(٤) اما العقل الرابع فيسميه العقل المبين وهو فعل تبين النفس به عما فيها بالفعل .

واذا انتقلنا من البحوث الفلسفية والالهيات التي هي خارجة عن نطاق موضوعا الى الموضوعات العلمية التي بحث فيها الكندى فقد اشتهر كما قلنا في الرياضيات والعلوم الطبيعية كالفيزياء والكيمياء والميكانيكا (علم الحيل) وفي علم الانواء او مايسميه الكندى « الآثار العلوية » اى الظواهر الجوية كالرياح والامطار والهواء (Meteorology) . وقد خصص زهاء خمس رسائل من رسائله وكتبه التي تربو على ٢٥٦ رسالة لموضوع الآثار العلوية وقد ترجمت الى اللاتينية. وتطرق الى كثير من الموضوعات الفيزياوية مثل التمدد والاوزان النوعية (Specific Weights) وبحث في الضوء والبصريات . وقد ترجم

ونقح بحوث ارسطو في البصريات ومن ذلك انعكاس الضوء الذى دعاه « مطارح الشعاع » ، وكان لبحوثه في الضوء والبصريات اثر كبير في علماء اوربة في عصر النهضة الاوربية وفي مقدمتهم « روجر بيكون » (Roger Bacon) (القرن الثالث عشر الميلادى) الذى يعد من مؤسسي النهضة العلمية الاوربية ومثل ذلك يقال بالنسبة الى تأثير بحوث ابن الهيثم في الضوء والبصريات مما سنذكره في كلامنا على هذا المفكر . وبحث الكندى ايضا في المعادن والاحجار والصخور (Lapidary) وتكلم عن الحديد والصلب واستخدامهما في الاسلحة ، وألف في ذلك رسالة بعنوان « السيوف واجناسها » . وبحث في القوانين الخاصة بسقوط الاجسام ولعله في هذا الموضوع الباحث العربي الوحيد الذى عالج هذا الموضوع الذى له صلة وثقى بقوانين الجاذبية وقوانين الحركة التي عالجها علماء اوربة في الطبيعيات منذ القرن السادس عشر مثل « غاليليو » و « نيوتن » .

واخيرا وليس آخرا اشتهر الكندى في بحوثه في نظريات الموسيقى والالحان وعلم تناسق الالحان (Harmony) ونسبت اليه عن ذلك سبع رسائل لم يصل الينا منها سوى أربع او ثلاث رسائل . وألف كذلك في الادوية ولـه رسالة في الادوية المركبة ترجمت الى اللاتينية ، كما ألف في الجغرافية بعنوان « رسم المعمور » ورسالة في المد والجزر وبحوث في العطور وفي الفلك والتنجيم مثل « اختيارات الايام » و « تحاويل السنين » و « ذات الشعبيتين » (وهي رسالة عن الآلة الفلكية المسماة بهذا الاسم) (١) .

---

(١) راجع عن مؤلفات الكندى ورسائله وآثاره المصادر الاتية : تراث الاسلام ، وكتاب الشيخ مصطفى عبد الرزاق : فيلسوف العرب والمعلم الثاني " ، ومجلة لغة العرب المجلد ٥ : ٣٠٢ (عن مسألة ديانة الكندى) ، والمقتطف ٥٧ ؛ ١١ ، ومجلة " الكتاب " ٦ : ٣٩٩ ـ ٤٠٥ وبروكلمات

وكتب السير المشهورة مثل طبقات الاطباء وفهرسة ابن النديم وتاريخ حكماء الاسلام للبيهقي واخبار الحكماء للقفطي وغيرها .

٤ — موسى ابن شاكر واولاده :

من علماء القرن التاسع الميلادى موسى بن شاكر وبنوه الثلاثة «محمد واحمد وحسن الذين عاشوا في زمن المأمون (٨١٣—٨٣٣م) الى زمن المتوكل (٨٤٧—٨٦١م) ، وقد برعوا في الرياضيات والفلك وفي الهندسة والميكانيك (علم الحيل) ولموسى كتاب في ذلك عنوانه «حيل بني موسى» ويحتوى على مائة تركيب ميكانيكي . ومن ابحاثهم الطبيعية موضوع مراكز الاثقال . واشتهروا كذلك بالترجمة ونقل الكتب اليونانية في الرياضيات الى العربية ، وقد نالوا الرعاية والتشجيع من المأمون واليهم تعزى الطريقة المستعملة الآن في رسم الشكل الاهليليجي (Ellipes) ، وهي ان يفرز دبوسان في نقطتين ، واستعمال خيط طوله اكثر من ضعف البعد مابين النقطتين ، ثم يربط الخيط من طرفيه ويوضع حول الدبوسين ويربط به قلم رصاص . وعند ادارة القلم يتم رسم الشكل الاهليليجي . وتدعى النقطتان بمصطلح البؤرتين او المحترفين اى بؤرتي «الاهليلجي» (١) ، وكان لهم مرصد في بغداد اقاموه على الجسر المتصل بالباب المسمى باب الطاق ، وأقر البيروني مهارة بني موسى في الرصد (البيروني : الاثار الباقية ص ١٥١) . ونسبت اليهم عدة مؤلفات في الهندسة والمساحة والحيل والفلك وفي المخروطات وفي الاوزان (كتاب بني موسى في القرسطون) و «كتاب مساحة الاكروقياس الاسطح» وقد ترجمه الى اللاتينية «جيرار القرموني» بعنوان Liber Trium Fratrum ورسالة في قسمة الزاوية الى ثلاثة اقسام متساوية . ولهم كذلك رسالة تبحث في الآلات الحربية .وقد تداخلت نسبة مؤلفاتهم

---

(١) حول هؤلاء الباحثين انظر ابن القفطي "اخبار العلماء باخبار الحكماء" ص ٢٠٨ ، ٢٨٧ ، وسمث "تاريخ الرياضيات" وقدرى طوقان "تراث العرب العلمي (١٩٦٣) ص ١٨٧ فما بعد .

٥ – ثابت بن قرة (٨٣٥ – ٩٣٤م – ٢٤٨ – ٢٨٩هـ)

يعد ثابت بن قرة الحراني الصابئي من اعاظم الرياضيين والمهندسين والفلكيين العرب ، حيث اشتغل في الرياضيات والاعمال الهندسية وفي الطب ايضا ، وقد عاش في القرن التاسع واوائل العاشر الميلادى (١) في عصر الخليفة المتوكل ثم المعتضد وكان طبيبه الخاص ورئيس الاطباء في عصره وعاصر اولاد موسى بن شاكر ، واشتهر بانه هو الذى ترجم الكتب السبعة من اصل ثمانية الخاصة بالمخروطات والقطوع المخروطية لابولونيوس المشهور ٢٦٠ – ١٧٠ ق . م) ، وكان ثابت يتقن اللغتين السريانية واليونانية الى جانب تضلعه بالعربية ، ومن مآثره العلمية اصلاحه لكتابي الاسطقسات او الاصول لاقليدس وكتاب المجسطي لبطليموس اللذين ترجمهما حنين بن اسحق . وفي الفلك اجرى ثابت في بغداد ارصادا فلكية مهمة في حساب ارتفاع الشمس وحساب طول السنة الشمسية ونقل لبطليموس كتابا في الجغرافية بعنوان « كتاب جغرافيا في المعمور وصفة الارض » ، وفي الرياضيات حل بعض المعادلات التكعيبية واستعمل في ذلك طرقا هندسية ، وتعد بحوث ثابت الرياضية من الابحاث المهمة العربية التي مهدت لظهور حساب التفاضل والتكامل ، كما انه كان من بين الرياضيين الذين اسسوا علم المثلثات في استعماله الجيوب بدلا من الاوتار ، وقد استنتج احد الثقات من مؤرخي الرياضيات (٢) ان ثابتا استعمل طريقة او نظرية افناء الفرق (Exhauston) ووجد حجم الجسم المتولد من دوران القطع المكافيء حول محوره (٣) . وله فضل آخر في الرياضيات

---

(١) هناك اختلافات في تاريخ ولادة ثابت ووفاته ، فبعضهم يضع تاريخه في ٨٣٥ – ٩٠٠م و ٨٦٢ – ٩٠١م و ٨٠٩ – ٨٣٢م ؟ .

(٢) سمث " تاريخ الرياضيات " ، ج٢ ، ص ٥ ، وقدرى طوقان " تراث العرب العلمي (١٩٦٣) ص ١٩٨٩ .

(٣) سمث " تاريخ الرياضيات " ، ج٢ ص ٦٨٥ ، وقدرى طوقان " تراث العرب العلمي " (١٩٦٣) ص ١٩٨ .

التحليلية ، وبحث في الأعداد التي سماها الأعداد المتحابة (Amicabe Numbers) التي سبق ان ذكرناها فالعددان المتحابان هما العددان اللذان يكون مجموع عوامل احدهما يساوى العدد الثاني ، ومجموع عوامل الثاني الثاني يساوى الأول مثل العددين ٢٢٠ و ٢٨٤ ، كما انه بحث فيما سميناه بالمربعات السحريــــة .

وقد سبق ان نوهنا باشتغال ثابت في الطب وانه كان طبيب المعتضد الخاص وخلف في الطب كتابا عنوانه الذخيرة (١) ، واضطلع « جيرارد القرموني » بترجمة بعض مؤلفات ثابت الى اللاتينية وكذلك ترجمة الآثار العلمية الاخرى مثل آثار ابن سينا والكندى والرازى وغيرهم ، ويعزى الى ثابت ترجمته لكتاب قي الرياضيات للعالم اليوناني « منالاوس » (Minllaus) الذى عاش قبل بطليموس بقليل ، وكتابه في اصول الهندسة ومباحث عن الاوتار ونظريات عن علاقات اضلاع المثلث المستوى والكروى مع زواياهما ، كما انه اجرى ارصاداً مهمة في بغداد حسب فيها من بين ما حسب حركات الشمس وطول الستة الشمسية فكانت اكثر من الحقيقة بنصف ثانيــة .

٦ ـ حنين ابن اسحق :

حنين ابن اسحق العبادى كان من ابناء الحيرة في العراق حيث ولد فيها في عام ١٩٤ هـ (في حدود ٨٠٩ / ٨١٠ م) وتوفي في بغداد في عام ٢٦٤ هـ او ٢٦٠ هـ الموافقة للعام ٨٧٣ أو ٨٧٧ م ، وينتمي الى القبيلة العربية المسماة العباد وهي من القبائل التي اعتنقت المسيحية قي القرون الاولى المسيحية ، وكان العالب على نصارى اهل الحيرة المذهب النسطورى الذى عرف ايضا بعد ذلـــك بالآثورية والكلدانية (٢) ، وكان ابوه صيدلانيا ، وتربى تربية علمية واسعـة فقد اتقن اربعا من امهات اللغات العالمية في زمنه وهي العربيـــة والسريانية

(١) طبع في مصر في عام ١٩٢٨ .

(٢) حول سيرة حنين ابن اسحق واعماله العلمية ومؤلفاته أنظر : الكتاب الذى اصدر بمناسبة « مهرجان افراهم وحنين » الذى اقيم في بغداد في عام ١٩٧٤ .

واليونانية والفارسية وقد ولع بدرس الطب اذ درسه في مدرسة جنديسابور على مايرجح حيث كان من مشاهير اطبائها آل بختشوع ، كما انه تتلمذ في بغداد على مشاهير اطبائها من امثال يوحنا بن ماسويه (المتوفي عام ٢٤٣ هـ / ٨٥٧ م) وكان مواظبا على بيت الحكمة في بغداد الذى سبق ان قلنا انه تأسس في عهد المنصور وازدهر في زمن المأمون . كما ان حنينا هجر العزاق على أثر مشادة او اهانة لحقته من استاذه بن ماسويه وطوف في ارجاء الامبراطورية البيزنطية وبعض بلاد الشام والاسكندرية ولكنه عاد الى بغداد في حدود ٢١١ هـ / ٨٢٦ م وافاده تغريه زيادة في ثقافته العلمية .

كان حنين من اعظم اوائل المترجمين الذين خدموا الحضارة العربية الاسلامية في نقل الكثير من المعارف العلمية والطبية اليونانية الى العربية ولاسيما انه كان ضالعا بالترجمة عارفا بالموضوعات التي ترجمها واليه يعود الفضل في وضع الاسس العلمية للترجمة وكان يختار المعاونين الاكفاء في الترجمة ، ويشهد على شهرته في الطب ان المتوكل عينه رئيسا للاطباء بعد امتحان عسير اجراه عليه الخليفة لمعرفة ناحيته الانسانية (١) ، ويبدو ان صفو العيش لم يدم زمنا طويلا مع حنين حيث زاد حساده وخصومه وفي مقدمتهم « بختيشوع » في عهد المتوكل الذى أمر بسجنه .

ومن اشهر الكتب اليونانية العلمية التي نقلها حنين الى العربية هندسة اقليدس وترجم ايضــــــا بعض كتب ابفراط وجالينوس وكتاب الاقرباذين (Materia Medica) لديوسقريدس (Dioscurides) ومن مؤلفاته في الطب كتابه الموسوم « مسائل في الطب » و « رسالة في العين » وعشر مقالات في العين وهي تعد اول كتاب من نوعه في العين وتشريحها واداوتها ، كما ترجم بعض البحوث المهمة لارخميدس وابولونيوس وكتاب الجهوريـــة

(١) راجع خبر ذلك في القفطي الص ١٧١ والمصدر المذكور في الهامش ١

لافلاطون والمقولات (قاطيغورياس Categories) والطبيعيات والاخلاق (نيقوماخيا) لارسطو ، كما ترجم الكتاب المنسوب الى ارسطو عن المعادن وكتاب الجمهورية و « طيماؤس » (+) والقوانين لافلاطون ، وترجم التوراة من النص اليوناني المعروف بالسبعينية (Septuagint) واشتهر ايضا ابنه « اسحق بن حنين » بالترجمة والبحث وكان يساعد اباه في اعمال الترجمة ، واليه تعزى ترجمة بحوث ماوراء الطبيعة (ميتافيريقا) والنفس لارسطو .

٧- الرازى (٨٦٤-٩٣٢م) :

ابو بكر محمد بن زكريا الرازى (٨٦٤ - ٩٣٢ م) من اعاظم علماء العرب في عصر ازدهار النهضة العلمية العربية ، وقد اشتهر بالطب فلقب « جالينوس العرب » . ولد في الرى (بالقرب من طهران) ومن ذلك منشأ لقبه « الرازى » وعرف في اوربة باسم (Rhages) . وقد تتلمذ في صباه على حنين بن اسحق الذى كان من اشهر المترجمين والاطباء ، وعاش في زمن الخليفة العباسي المعتضد بالله ونال مكانة مرموقة لديه حتى انه أسس المستشفى (البيمارستان) الذى انشأه الخليفة باستشارته وتولى رئاسته ، ومارس في حداثته صناعة الكيمياء (Alchemy) ولكن وجه نشاطه ونبوغه في الطب فبلغ فيه شأنا بعيدا ونال شهرة واسعة في جميع ارجاء العالم الاسلامي ، وظل حجة في الطب في اوربة تدرس كتبه الى القرن السابع عشر .

وألف الرازى بحوثا في الكيمياء منها كتابه القيم الموسوم « سر الاسرار » شرح فيه المنهج الذى سار عليه في اجراء التجارب الكيمياوية ووصف الاجهزة المستعملة ، واستطاع ان يستحضر بعض الحوامض الاساسية مثل حامض الكبريتيك واستخرج الكحول من المواد النشوية والسكرية . والف كذلك في الرياضيات

(+) Timaeus حوار فلسفي لافلاطون من بعد كتابه الجمهورية وقد وردت آراء افلاطون عن اصل الكون والاشياء على لسان "اطيماؤس" وهو فيلسوف افريجي .

والفلك والمنطق اليه عدة رسائل وكتب ، اشهرها كتبه التي تناول فيها الموضوعات الطبية اهمها كتابه الذي سماه « الحاوى في الطب » الذى يعتبر اوسع ما كتب في الطب فقد كان موسوعة طبية حوت النظريات والآراء المختلفة في الطب من الطب اليوناني والعربي ويعقبها بآرائه في ضوء تجاربه الطبية الواسعة وقد جعلت سعة الكتاب مؤلفي السير يشكون في ان الرازى اكمله في حياته بل ان طلابه هم الذين اتموه من بعد وفاته ويتألف الحاوى من اكثر من عشرين جزءا او مجلدا لم يصل الينا منها سوى نصفها وهي مبعثرة في المتاحف والمكتبات العامة . وقد ترجم الحاوى الى اللاتينية في عام ١٢٧٩ م من جانب الطبيب اليهودى « فرج بن سالم » (فراجوت الجرجنتي) بأمر الامير شارل الاول (Charles I of Anjou) ، واعيد طبعه مرارا منذ عام ١٤٨٦ ، وتوفرت منه في عام ١٥٤٢ خمس طبعات ، فكان ذا أثر عظيم في تقدم الطب في اوربة . وألف الرازى ايضا كتابا طبيا مهما آخر في مرض « الجدرى والحصبة » وكان اول كتاب في هذا الموضوع واستند الى التجربة والملاحظة والتشخيص الدقيق لاعراض هذين المرضين الفتاكين . وقد ترجم في اوربة الى اللاتينية في زمن مبكر ثم ترجم من بعد ذلك الى عدة لغات اوربية منها الانجليزية وقد طبع ما لا يقل عن ٤٠ طبعة ما بين عام ١٤٩٨ وعام ١٨٦٦ وترجمه الى الفرنسية جاك بولية (J.poulet) ، والى الالمانية « كارل اوبتز » (K.Opitz) (١٨٩٧) .

وبالاضافة الى المؤلفات الطبية خلف الرازى بحوثا في الفلسفة واللاهوت والرياضيات والفلك والطبيعيات وعالج من بين ما تناوله من الموضوعات المادة والمكان والفراغ والزمان والحركة والغذاء والنمو والفساد ، وعلم المعادن ، ومباحث في الضوء والبصريات وكيمياء الذهب . وقد عثر في مطلع هذا القرن على احد مؤلفاته في الكيمياء (فتون الكيمياء) في مكتبة احد الامراء الهنود (١) . ويلاحظ

_____

(١) تراث الاسلام (الترجمة العربية لجرجيس فتح الله) (١٩٧٢) ـ الص ٤٦٦ .

في بحوث الرازى الكيمياوية مخالفته لآراء جابر بن حيان وتفوقه عليه في دقة تصنيف المواد الكيمياوية ووصف التجارب الكيمياوية والاجهزة المستعملة .

ونذكر من اوجه الخلاف مابين آراء الرازى وجابر في الكيمياء ان جابرا وكيماويين آخرين كانوا كما مر بنا يصنفون المعادن الى ثلاثة اصناف هي :

(١) الاجسام كالذهب والفضة .

(٢) والارواح مثل الكبريت والزرنيخ .

(٣) وخلاصات مثل الزئبق والامونيا (روح النشادر) .

في حين ان الرازى صنف المواد الكيمياوية الى ثلاثة اصناف هي المواد النباتية والحيوانية والمعدنية ، وهو ماأقره العلم الحديث . ثم يقسم الرازى المعادن الى خلاصات (essens) واجسام وزاج وبورق (borax) وملح .

وننهي هذه الملاحظات الموجزة عن الرازى بالتنويه بانه كان اول طبيب ادرك اثر العلاج النفسي والايحاء الذاتي في شفاء المرضى وجوز للطبيب المداوى ان لايصارح المريض باستحالة شفائه لان ذلك يجعله يفقد الامل فتنهار قواه ومقاومته النفسية ، وتظهر مثل هذه الاساليب النفسية البارعة في الرسائل الطبية القصيرة التي تتضمن الجوانب الانسانية في الطب ، مثل الرسالة المعنونة المنصورى والمدخل في الطب و « ان الطبيب الحاذق ليس هو من يقدر على ابراء جميع العلل فان ذلك ليس في الوسع والاسباب المميلة لقلب اكثر الناس من افاضل الاطباء الى اخسائهم » وغيرها .

وكان الرازى من العلماء الذين وضعوا الطريقة العلمية في البحث كما شرح ذلك في كتابه الموسوم « سر الاسرار » ، فانه اولا يعدد ويصف المواد التي يجرى عليها تجاربه ثم الادوات والاجهزة اللازمة وطريقة العمل .

٨ - البتاني :

ابو عبد الله البتاني (٨٥٨ - ٩٢٩ م) (+) ، كان ايضا من مشاهير الفلكيين والرياضيين . ولد في بتان من نواحي حران وصرف معظم حياته في الرقة ، وعرف لدى الاوربيين باسم البتانيوس وكان على مكانة كبيرة لدى الباحثين اللاتينيين في اوربة في القرون الوسطى وقد اعد جداول مهمة في المثلثات في ظلال تمام الزوايا (Contangents) لكل درجة (Umbra extensia) ، وقاعدة ايجادجيب تمام (Cosine) للمثلث الكروى. وخلف كتبا مشهورة في الرياضيات والفلك ترجم البعض منها الى اللاتينية في مطلع العصر الحديث مثل كتابة المعنون: الزيج الصابئي (طبع في رومة عام ١٨٩٩ وفي ميلانو عام ١٩١٠) . واظهر في اعماله الرياضية والفلكية اصالة في البحث ، فهو الذى ادخل استعمال جيب الزاوية بدلا من الاوتار التي استعملها بطليموس في حساباته الفلكية فكان بذلك مبدع علم النسب المثلية . واشتغل بتحقيق مواقع النجوم وحركات القمر والكواكب السيارة ، وروى عنه (كما جاء في فهرست ابن النديم (انه شرع في ارصاده من سنة ٢٦٤ ﻫ الى ٣٠٦ ﻫ ، وامضي معظم مدة اشتغاله في مدينة الرقة على الفرات وفي انطاكية ، فعرف كذلك بلقب الرقي . وعرف عنه انه اصلح مقدار زمن الانقلابيين الصيفي والشتوى (Solistices) ، وحسب مقدار طول السنة الشمسية فوصل الى مقدار مضبوط لايقل عن المقدار الحقيقي سوى دقيقتين و (٢٢) ثانية .

وفي حقل المثلثات (Trignometry) اسهم البتاني في الاضافة الى الرياضيات العربية في ايجاده معادلة مهمة في المثلثات الكروية وهي :

(جتام = جتات + جات × جاحة × جتام) باعتبار أن م ، ت ، ج الاقواس المقابلة للزوايا م ، ت ، ج على التوالي (١) وينسب كاجورى (١)

(+) وفي بعض الروايات ٢٦٤ ﻫ / ٨٧٧م وتوفي في ٣٧٧ﻫ/ ٩٢٩ م .

(١) انظر : كاجورى : " تاريخ الرياضيات " (١٩٢٦) ص ١٠٥ ، المشار اليه في قدرى طوقان : " تراث العرب العلمي . . . " (١٩٥٤) ص ص ٢١٥.

الى البتاني انه حل بعض المعادلات في المثلثات حلا جبريا في حين ان الرياضيين اليونان حلوها هندسيا مثل المعادلة :

$$\frac{\text{جام}}{\text{جتام}} = \text{س}$$ - وقد وجد قيمة زاوية م بالمعادلة :

$$\text{جام} = \frac{\text{س}}{\sqrt{\text{س}^{2} + 1}}$$

ويعزى الى البتاني اكتشاف السمت (Azimuth) والنظير (Nadir) في السماء ، وكتب عدة بحوث في الفلك اشهرها : معرفة طالع البروج مابين ارتفاع الفلك » و اربع مقالات لبطليموس و تحقيق اقدار الاتصالات .

٩ ــ البوزجاني :

ابو الوفاء البوزجاني (نسـبة الى بوزجـان ــ نيسـابور) عاش في العراق من مشاهير رياضي القرن العاشر الميلادى (٩٤٠ ــ ٩٨٨م) حيث نبغ بعد البتاني بنحو ٦٠ عاما واكمل اعماله الرياضية والفلكية وقد عاش في بغداد وظهر فيها نبوغه ونتاجه في الرياضيات ، واشتهر بشروحه لمؤلفات اقليدس و ديوفنطس وبرع في العلوم الرياضية ومنها الجبر واضاف الى بحوث الخوارزمي اضافات مهمة ولاسيما مايخص علاقة الهندسة بالجبر ، فحل بعض المعادلات الجبرية المهمة هندسيا مثل المعادلتين :

س٤ = جـ وس ٤ × جـ س٣ = ب ، كما استطاع ان يجد حلولا جديدة للقطع المكافيء (Parabola) ، فكان بذلك من بين الذين مهدوا الى ظهور الهندسة التحليلية وحساب التكامل والتفاضل ، واشتق نظرية الجيب في المثلثات الكروية ، وأوجد مقادير جديدة في جداول الجيب مثل جيب زاويتي ٣٠ر١٥ دقيقة ، وكانت مقاديره صحيحة الى ثمانية ارقام عشرية . واشتهر في صنع بعض الالآت الهندسية المستعملة في الرسوم الهندسية فألف في ذلك كتابا عنوانه : كتاب في عمل المسطرة والبركار والكونيا وقد ترجمه الاوربيون بعنوان (Geometrical Construction) وضمنه بالاضافة

الى صنع الآلات كيفية رسم بعض الاشكال الهندسية المهمة مثل الاشكال الهندسية المتساوية والدوائر ورسم الدائرة في الاشكال وتقسيم المثلثات والمربعات والاشكال المختلفة الاضلاع والدوائر المماسة . وقد سبق ان والمربعات والاشكال المختلفة الاضلاع والدوائر المماسة . وقد سبق ان نوهنا باسهام البوزجاني في تقدم علم المثلثات من بعد البتاني ، وانه ادخل القاطع والقاطع التمام ، كما اسهم في تقدم المثلثات الكروية ايضا . وينسب اليه مؤرخو الرياضيات المعادلات المثلثية الآتية :

$$\text{ظل أ} = \frac{\text{جيب أ}}{\text{جيب تمام أ}} \qquad \text{وظل تمام أ} = \frac{\text{جيب تمام أ}}{\text{جيب أ}}$$

$$\text{وظل أ} = \frac{1}{\text{ظل تمام أ}} \qquad \text{وجيب أ} = \frac{1}{\text{ظل تمام أ}}$$

$$\text{وقاطع أ} = 1 + \frac{\text{ظل أ}}{\text{قاطع أ}}$$

$$\text{وقاطع أ} = 1 + \text{ظل 2 أ}$$

وأوجد القانون المهم الآتي في المثلثات :

$$\text{حا} (\text{أ + ب}) = \frac{\text{جا أ} \times \text{جتا أ} + \text{جا ب} \times \text{جتا أ}}{\text{ك (الكمية)}}$$

وهو قانون على غاية الاهمية اذ ان كوبرنيكس وتلميذه راتيكوس Rhaeticus استخرجا قانونا اكثر تعقيدا ، وينبغي ان نعزو اليه ايجاد مايسمى القاطع (Secant) (اى القاطع الذى يقطع القوس ويسميه البوجازني قطر الظل) الذى ينسب ايجاده خطأ الى كوبرنيكوس (1) ، وبحث البوزجاني ايضا في تربيع القطع المخروطي المكافيء (Parabola) وكذلك حجم القاطع المكافيء المجسم والشبيه بالمكافيء (Paraboloid) .

---

(1) تراث الاسلام (ترجمة جرجيس فتح الله 1972) ص 582 .

١٠ ــ ابن يونس :

من اعلام الرياضيين والفلكيين الذين اعقبوا البتاني وابا الوفاء البوزجاني .
ابو الحسن علي بن سعيد بن يونس المصرى الذى عاش مابين القرنين العاشر
والحادى عشر الميلاديين في مصر في عهد الفاطميين في عهدى العزيز وابنه الحاكم
(وتوفي في عام ١٠٠٩ م) وباسمه سمي الزيج الذى وضعه وسماه الزيج
الحاكمي (١) ، الذى ضمنه ايضا بحوثا فلكية جغرافية مهمة عن الاطوال
والعروض لبعض المدن والاقاليم والجبال ، وقد نال مكانة مرموقة لدى
الفاطميين فشيدوا له مرصدا على جبل المقطم قرب الفسطاط في الموضع المسمى
« بركة الحبش » ، ومن مآثره الفلكية انه رصد كسوف الشمس وخسوف القمر في
القاهرة في حدود ٩٧٨ م ، وحسب ميل دائرة البروج فحصل على نتائج اقرب
ماتكون الى الصحة الى زمن آلات الرصد الحديثة . والى جانب الابحاث
والارصاد الفلكية برع بن يونس في علم المثلثات وحل قضايا معقدة في
المثلثات الكروية وكان على مايرى مؤرخو العلوم قد توصل الى القانون الاتي
في المثلثات :

$$\text{جتاس} \times \text{جتاص} = \tfrac{1}{٢} \text{جتا} \times (\text{س} + \text{ص}) + \tfrac{1}{٢} \text{جتا} \times (\text{س} - \text{ص})$$

وهو قانون كان له استعمال مهم قبل ايجاد اللوغاريتمات حيث يمكن
بواسطته تحويل عمليات الضرب الى عمليات جمع .

ويعزى اليه انه هو الذى اخترع بندول الساعة (رقاص الساعة) لقياس
الزمن في الساعات الدقاقة حيث فطن الى علاقة ذبذبته بالزمن قبل ان يضع
غاليلو (١٥٦٤ ــ ١٦٤٢م) قانون الرقاص الذى بناه على مثل هذه البحوث
العربية .

_____

(١) نشره الباحث الفرنسي " كوسان دى برسيفال " في ١٨٠٤ وطبع مرة ثانية في ليدن في
عام ١٨٢٢ ولا سيما القسم الجغرافي منه ، وقد اثنى المؤرخون على هذا الزيج فيقول عنه "
سيديو " أنه كان يقوم مقام المجسطي والبحوث التي الفها علماء بغداد سابقا .

١١ — الفارابي :

كان ابو نصر محمد الفارابي الذى ولد في فاراب من اعمال تركستان
وتوفي في دمشق (٢ / ٩٥٠ م) من مشاهير العلماء والفلاسفة . وقد درس
في بغداد وفي حران واقام في حلب في بلاط سيف الدولة الحمداني (٩٤٤ —
— ٩٦٧ م) ، ولعله يأتي في مقدمة الفلاسفة العرب ، واجتهد في التوفيق
بين فلسفتي افلاطون وارسطو من جهة وبين الفلسفة والدين بوجه عام كما
فعل الكندى ، وقد لقب بالمعلم الثاني حيث المعلم الاول ارسطو بعد ان اولع
بشرح فلسفته . والى جانب الفلسفة اشتغل الفارابي في الرياضيات وتضلع
فيها كما بحث في الموسيقى وكان لرسالته في الموسيقى (كتاب الموسيقى الكبير)
اثر بعيـــد في نظرية الموسيقى وكان هو وابن سيناء من الموسيقيين
النظريين الذين اضافوا اشياء جوهرية الى النظريات الموسيقية عند اليونان
واصلحوا كثيرا من الاوهـــام التي وقعوا فيهـــا ، والف في الموسيقى
'' كتاب الموسيقى الـكبير '' وكتابه في احصاء الايقاع ، كما الف في
السياســـة والفلسفة . ومن أهم آثاره فيهما '' رسالة نصوص الحكم ''
و '' السياسة المدنية '' ورسالة في '' آراء أهل المدينة الفاضلة '' و '' احصاء
العلوم '' ، وتناول الفارابي في بحوثه الفلسفية كثيرا من موضوعات علم
النفس فقد بحث في النفس ووظائفها وفي '' الفهم '' والعقل وقسمه مثل الكندى
الى اربعة انواع :

(١) العقل الممكن بالقوة (Intellect in power)

(٢) والعقل الفاعل   (Intellect in act)

(٣) والعقل المكتسب

(٤) العقل المحرك (The agent intellect)

ومن آرائه الفلسفية ان العالم لابداية له وهو مبدأ لاتقره المسيحية والاسلام

وان الزمن عبارة عن الحركة التي تجمع بين الاشياء . واشتغل الفارابي ايضا في الفيزياء ولاسيما مباحث الضوء والبصريات (optics) وفند الفارابي المعتقدات بالتنجيم ووضع في ذلك رسالة سماها " النكت فيما يصح وفيما لايصح من احكام النجوم " ، وفعل مثل ذلك الفيلسوف ابن سينا في رسالة له عنونها " ابطال احكام النجوم " .

ويعزي إلى الفارابي انه حسن او اخترع بعض الالات الموسيقية مثل الرباب والقانون ، وادخل تحسينات وتغييرات اساسية في النظريات الموسيقية اليونانية القديمة ، وقد ذكر ذلك في كتابه (كتاب الموسيقى الكبير) وقد تجلى ابداعه واصالة نظرياته الموسيقية فيما جاء في مقدمة كتابه الكبير في الموسيقى ، وتركت آثار الفارابي الموسيقية أثرا بالغا في أوربة شأنها في ذلك شأن كتبه الاخرى التي ترجمت الى اللاتينية (١) .

---

(١) عن مؤلفات الفارابي انظر الكتاب الموسوم " مؤلفات الفارابي " للدكتور حسين على محفوظ والدكتور جعفر آل ياسين (١٩٧٥).

١٢ — ابن سيناء :

كان ابو علي الحسين بن سينا (٩٨٠ – ٣٦ / ١٠٣٨ م) (١) من اعاظم علماء العرب المسلمين واشتهر في اوربة باسم (Avicine) وكان متضلعا في الفلسفة والعلوم الطبيعية ومن اكابر اطباء الحضارة العربية الاسلامية وكان مثل الرازى ذا أثر عظيم في تطور المعارف االطبية في العالم الاسلامي وفي اوربة ، فقد ضمن المعارف الطبية العربية واليونانية في موسوعته الطبية الشهيرة التي سماها " القانون في الطب " ، ويعده مؤرخو العلوم من مفاخر التراث العربي والفكر الطبي العربي ، وقد حوى امهات الموضوعات الطبية بابوابه المختلفة من الطب العام وامراض الجوارح والاعضاء من الرأس الى الى القدم مما يطلق عليه الان (pathology) ، ويتناول انواع العقاقير المستعملة ادوية اى علم الصيدلة » (pharmacolog) وقد ترجم كتاب " القانون " (Canon) في القرن الثاني عشر الميلادى من جانب جيراد القرموني (Gerard of Cremona) وطبع عدة طبعات بين عام ١٤٧٣ و ١٤٨٣ وكان تداوله واسعا بحيث انه اعيد طبعه في القرن الخامس عشر ستة عشر طبعة ، وتكررت اعادة طبعه في القرن السادس عشر .هذا بالاضافة الى الشروح والتعليقات الكثيرة التي نشرت عنه في اللغات العبرية واللاتينية واللغات الاوربية ، واستمر تداوله وتدريسه في المعاهد والجامعات الاوربية الى نهاية القرن السابع عشر الميلادى ، وآخر طبعاته في البندقية مابين ١٥٤٤ و ١٥٩٥ و١٨٥٨ (بلجيكا) (وطبع في بولاق عام ١٨٧٧ واول طبعة عربية في روما في عام ١٥٩٣ م .

واشتغل ابن سيناء ايضا في الفلسفة فدرس فلسفة ارسطو وتأثر كذلك

---

(١) ولد ابن سينا في قرية اخشنه قرب بخارى وتوفي في همدان (خراسان) ولا يزال قبره فيها يزار ، وقد اقيمت حديثا احتفالات فخمة بمناسبة مرور الف عام علي مولده ومنها المهرجان الكبير الذى اقيم في بغداد (٥٣ – ١٩٥٤) .

بالفلسفة الافلاطونية الحديثة ، وقال بنظرية وجود العقل العام وخلود النفس ووحدة الخالق ، ومن مؤلفاته الفلسفية كتابه الموسوم '' الشفاء (١) ، وله في المنطق الاشارات والتنبيهات وكتاب '' النجاة '' ، وعرف عنه ايضا انه نظم الشعر الفلسفي الصوفي والالهي ، ومن ذلك قصيدته المشهورة في خلود النفس ومطلعها :

هبطت اليك من المحل الارفع ورقاء ذات تعــــزز وتمنع

وبحث ابن سيناء ايضا في موضوعات العلوم الطبيعية ومنها موضوعات جيولوجية كالصخور والمعادن والجبال وآثار الرياح والمياه والحرارة والجفاف والترسبات ، وبذلك كان ابن سينا مع البيروني (٩٧٣ – ١٠٤٨) من مؤسسي علم الجيولوجيا .

واشتغل ابن سينا في الموسيقى النظرية ، واضاف اشياء مهمة على ماكان عند اليونان ، وصحيح كثيرا من آرائهم في الموسيقى كما فعل الفلكيون العرب في فلك بطليموس وتصحيح اخطائه . وفعل مثل ذلك الفارابي .

ومن الموضوعات التي تناولها ابن سينا في الجيولوجيا المتحجرات (Fossils) ، فرأى ان هذه المعمورة كانت في سالف الايام مغمورة بالبحار ، وكثيرا ما يجد الانسان في الاحجار اذا ما كسرها اجزاء من الحيوانات المائية مثل الاصداف ، وفسر الزلزال بانه حركة تعرض لجزء من الارض بسبب ما تحته والجسم الذي يمكن ان يتحرك تحت الارض اما جسم بخاري قوى الاندفاع او مائي سيال او هوائي او ناري فالجسم الذي في باطن الارض اذا تحرك يحرك ما فوقه . وفرق ايضا بين سرعة الضوء وسرعة الصوت فقال ان البصر يستبق السمع . فاذا ما قرع انسان من بعد جسما

---

(١) كتاب '' الشفاء '' في المنطق والطبيعيات والالهيات (طبع المجمع اللغوى المصرى ، ١٩٥١ ١٩٦٠)

على جسم رأيت القرع قبل ان تسمع الصوت لان الابصار ليس له زمان (كذا) والاستماع يحتاج الى زمان ، وكذلك فسر البرق والرعد .

وقد بحث في كتابه الشفاء في تصنيف الحيوانات والتشريح المقارن وتكلم عن النباتات ولا سيما ما يتعلق منها بالادوية ، وذكر آراء مهمة عن تولد النبات وجنسه من حيث كونه ذكرا او انثى ، ورأى ان النبات يشارك الحيوان في الافعال والانفعالات المتعلقة بالغذاء وتكلم عن مبدأ التطعيم في النباتات . وترجم كتابه الشفاء الذى يتألف من (٢٨) جزءا عن المنطق والفلسفة والطبيعيات الى اللاتينية واللغات الاوربية .

وتميز ابن سينا في طبه بالاضافة الى السعة والدقة والشمولية بانه اول من تناول الطب النسوى اذ وصف حالات النواسير البولية وحمى النفاس والعقم وتعليله للذكورة والانوثة في الجنين ونسبها الى الرجل دون المرأة (وهو الرأى العلمي الحديث) ، وذكر حالات الانسداد المهبلي والاسقاط والاورام الليفية والتوليد .

١٣ – البيروني (نحو ٩٧٣ – ١٠٤٨ م) :

«محمد بن احمد ابو الريحان البيروني ولد في احدى ضواحي خوارزم وقد لقب بالاستاذ ، وكان من مشاهير علماء الحضارة العربية الاسلامية في القرن الرابع الهجري ، اشتغل في الطب والفلك كما كان باحثاً بارعاً في العلوم الطبيعية والجغرافية ومؤرخا ، بالاضافة الى انه كان من اعلام الرياضيين ، وقد سافر الى الهند ومكث فيها زمنا طويلا فدرس عاداتها واحوالها ولغاتها وعلومها القديمة ، وكان من نتائج ذلك تآليفه القيمة عنها في كتابه الموسوم " الاثار الباقية من القرون الخالية " (+) وقد اجمع مؤرخو العلوم والحضارة على نبوغه وعبقريته في البحث والتأليف (١) وكان الى مواهبه الطبيعية يحسن عدة لغات مهمة ساعدته على توسيع اطلاعه ومنها السريانية والفارسية والسنسكريتية والعبرية . وكان معاصرا لابن سينا وكانت بينهما مراسلات حول طائفة من البحوث .

ويستدل من مؤلفاته انه كان ملما بموضوعات رياضية مهمة ومنها المثلثات وانه عرف قانون تناسب الجيوب (٢) ، وانه اشتغل مع بعض معاصريه من الرياضيين في عمل جداول رياضية للجيب والظل معتمدين في ذلك على على الجداول التي أعدها ابو الوفاء البوزجاني .

وفي الفيزياء برز البيروني في طرقه العلمية وقد شارك ابن الهيثم في نظريته عن الرؤية من ان الاشعة تنبعث من الاجسام الى العين ، واستطاع البيروني ان يحدد الاوزان النوعية لثمانية عشر معدنا وحجرا كريما وقد وصل في ذلك الى نتائج مضبوطة ، وخلاصة طريقته في تحديد الاوزان النوعية انه كان يزن الجسم في الهواء ثم يزنه في الماء بادخاله في وعاء مخروطي

(+) طبع في لايبزك في المانية عام ١٨٣٨ .

(١) انظر سارتون " مقدمة في تاريخ العلم " المجلد الاول ، ص ٧٠٧ .

(٢) انظر كاجوري : " تاريخ الرياضيات " ص ١٠٥ .

الشكل مثقوب في ارتفاع معين ثم يزن الماء الذى ازاحه الجسم ، ومن الماء المزاح كان يعرف حجم الجسم ، ويقسم وزن الجسم وهو في الهواء على وزن المـاء المزاح فيحصل على الوزن النوعي الذى سماه الثقل النوعي . ولعله من المفيد ان نورد جدولا موجزا بالنتائج التي وصل اليها البيروني في الاوزان النوعية ومقارنتها بنتائج الخازن والقيم في الفيزياء الحديثة(١) .

المادة	البيروني	الخازن	القيمة الحقيقية
الذهب	١٩,٢٦	١٩,٠٥	١٩,٢٦
الزئبق	١٣,٧٤	١٣,٥٩	١٣,٥٩
النحاس	٨,٩٢	٨,٨٣	٨,٨٥
الحديد	٧,٨٢	٧,٧٤	٧,٧٩
القصدير	٧,٢٢	٧,١٥	٧,٢٩
الرصاص	١١,٤٠	١١,٢٩	١١,٣٥

وفي حقل الاحجار والمعادن الف البيروني كتابا مهما سماه " الجماهير في معرفة الجواهر " (طبع في عام ١٩٣٨ بحيدر أباد) ، والف كذلك في العقاقير والادوية (Pharmacology) ، واتبع البيروني طريقة علمية مضبوطة في استخراج الاوزان النوعيــة واستعمل جهـــازا مخروطيا

(١) نقلا عن بحث الدكتور احمد الشطي " مجموعة ابحاث في تاريخ العلوم الطبيعية " . عن مؤلفات البيروني راجع مقال الاستاذ صبيح صادق الحكيم في مجلة " اللسان العربي مكتب تنسيق التعريب في الرباط (المجلد ١١) ج ١ ، ١٩٧٤ ص ٤١ فما بعد وعلى أحمد الشحات " أبو الريحان البيروني (١٩٦٨) والمجلد الذى اصدرته اكاديمية العلوم السوفيتية والمجلد التذكاري عن البيروني الصادر في الهند في اللغات الانجليزية والفرنسية والايطالية والاوردية . وكذلك " رسائل البيروني (دائرة المعارف العثمانية ، حيدرأباد الدكن ١٩٤٨) وكتاب البيروني : " الاثار الباقية عن القرون الخالية (طهران ١٩٤٨)

بعد اقـــدم مقيـاس لايجاد الكثافة ، وكان عبــارة عن وعاء مصبه متجه الى الأسفل . وكان البيروني يزن المادة التي يريد استخراج وزنها النوعي ثم يدخلها في الجهاز المذكور بعد ملئه بالماء فينضح الماء من ثقب خاص في اعلى الجهات وتحدد النسبة بين ثقل المادة وثقل حجم مساولها من الماء فيكون الوزن النوعي المطلوب .

وفي حقل الجغرافية الطبيعية قام بقياسات أرضية مهمة (Geodetic measurements) وكان من اعلام الجغرافيين كما اشرنا الى اسفاره البعيدة ودراساته الانثروبولوجية والجغرافية الواسعة عن الهند ، وضمن مؤلفه مقتبسات من هوميروس وافلاطون وكتاب يونان آخرين .

ويمكن القول ان البيروني كان مع ابن سينا من مؤسسي علم الارض (الجيولوجيا) (وعلم الميكانيك وعلم السوائل (هايدروستايتك) ، فقد جاء في مؤلفاته شرح لعملية صعود مياه الفوارات والعيون الى الاعلى وشرح كيفية تجمع مياه الابار بالترشيح من الجوانب وكيفية فوران العيون وامكان تصعيد مياهها الى القلاع والمرتفعات . واشتغل كذلك في الفلك وقال بدوران الارض حول محورها ، وله في الفلك كتاب يعد من أشهر ما ألف في الموضوع وعنوانه " كتاب التفهيم لأوائل صناعة التنجيم " (وقد نشر بالزنكوغراف) مع ترجمته الانجليزية في انكلترا) ، وله في الفلك ايضا كتاب « الاسطرلاب» الذي وردت فيه معادلة مثلثية في كيفية حساب محيط الارض ، وقد سميت هذه المعادلة عند مؤرخي العلوم من الاوربيين بقاعدة " البيروني " (١) وقد طبق البيروني تلك القاعدة وحققها في كتابه المسمى " المسعودى " فقد أراد ان يحقق القياس الذي تم في زمن المأمون فأختار جبلا في بلا الهند مشرفا على البحر وعلى برية مستوية ، ثم قاس ارتفاع الجبل فوجده ٦٥٢ر

(١) عن هذه المعادلة وكيفية استخراجها من جانب البيروني انظر شرح ذلك في " قدرى طوقان : تراث العرب العلمي " (الطبعة الثانية ١٩٣) الص ١٢٣ فما بعد

ذراعا وقاس الانحطاط فوجده ٣٤ دقيقة ، فاستنبط ان مقدار درجة واحدة من خط نصف النهار ٥٨ ميلا على التقريب نحو ٥٦٩٢ ميلا (١) .

وننهي هذه الملاحظات عن البيروني بالتنويه بمحتويات كتابه الشهير الآثار الباقية عن القرون الخالية" فهو يبحث في طرق التقويم المستعملة عند الشعوب المختلفة وجداول بالاشهر الرومية والفارسية والعبرية والهندية والتركية وكيفية استخراج التواريخ بعظها من بعض ، كما ضمنه اثباتا باسماء ملوك الامم القديمة مثل ملوك بابل وآشور والكلدان والنبط واليونان قبل المسيح وملوك ماقبل الاسلام واعياد الملل المختلفة .

واحتوى الكتاب فصلا مهما عالج فيه البيروني موضوع « تسطيح الكرة» اى وضع اصول الرسم على سطح الكرة وهو موضوع لم يسبقه فيه احد قبله وكان له اثر كبير في تقدم رسم الخرائط وعلم الجغرافية (٢) .

ولعله من المفيد ان نعدد في ختام هذا التعريف الموجز بالبروني اشهر مؤلفاته (٣) فقد اشتغل هذا العالم الفذ في التأريخ والطبيعات والرياضيات والجغرافية والفلك وغيرها من معارف زمانه سائرا في بحوثه على المنهج الموضوعي العلمي واظهر استقلالا في الرأى والاستناج واشهر مؤلفاته :

١ – «الاثار الباقية عن القرون الخالية» : (٣٩٠هـ—١٠٠٠ م) ويبحث في التقاويم والاعياد عند الامم المختلفة . نشرالكتاب بالنصالعربي مع مقدمة بالالمانية المستشرق « سخاد " (١٨٧٨) واعيد نشره في ليبزك (١٩٢٣) من جانب "هراسوفتر" (Harrssawityz) .

٢ – « تاريخ الهند » : وللكتاب عنوان آخر هو : « تحقيق ما للهند

---

(١) نفس المصدر السابق .

(٢) ترجم الكتاب الى الانجليزية في عام ١٧٨٩ من جانب " سخاو " ، كما ان اصله العربي مطبوع في ليبزك (١٨٧٨م) .

(٣) انظر الهامش ١ ، ص ٢٥٣

من مقولة مقبولة في العقل أومرذولة . ترجم الى الانجليزية في عام ۱۸۸۷ ونشر النص العربي المستشرق الالماني « سخاد » في لندن ۱۸۸۷

٣ – **القانون المسعودى** : في الهيئة والنجوم واهداه الى سلطان غزنه مسعود بن محمود الغزنوى . طبع بمطبعة دائرة المعارف العثمانية (حيدرأباد الدكن) (١٩٥٤) . وقد ذكر البيروني من بين اكتشافاته المهمة قوانين الاستكمال حيث وجد ان الفترات المتساوية بين الزوايا لاتقابلها تغييرات متساوية في الجيوب ، وهو القانون الذى نسب الى نيوتن وجريجورى من بعد ستمائة عام .

٤ – **تحديد نهايات الاماكن** : يبحث في نشأة العلوم وتأريخ خلق العالم والكتب السماوية والمسافات والاطوال والعروض ومعرفة مابين المدن في الطول وفيه تعليقات على ارصاد « برخس » و « بروذس وبطليموس وارصاد الاسكندرية والشماسية (بغداد) وارصاد البتاني والبوزجاني وغيرهم من من الفلكين . حققه الاستاذ محمد بن تاويت المغربي (الطنجي) ونشره في انقره (١٩٥٥) . ونشر معهد المخطوطات العربية بجامعة الدول العربية المخطوطات المعتمدة (١٩٦٢) .

٥ – **الصيدنة** : في المفردات والادوية نشره وحققه « مكس ماير هوف » (١٩٣٢) . وتوجد نسخة مخطوطة منه في المتحف العراقي برقم ١٩١١ انظر بحث الدكتور فاضل الطائي في مجلة المجمع العلمي العراقي ، ١٨ (١٩٦٩) .

٦ – **استخراج الاوتار** : في نظريات الرياضيات ومسائلها في الجبر والهندسة . طبع الكتاب من جانب دائرة المعارف العثمانية (حيدر أباد) كما حققه ونشره المستشرق « سوتر » (Sauter) .

٧ – **الجماهر في معرفة الجواهر** : من الكتب المهمة في المعادن والاحجار

وتحقيق الاوزان النوعية لكثير من الجواهر والفلزات . نشرته دائرة المعارف العثمانية في حيدر أباد الدكن (١٣٥٥هـ) وحققه المستشرق الروسي «كرينكوف» (Kren haw) .

١٤ - المجريطي :

ونذكر من علماء الاندلس المشهورين أبا القاسم سلمة بن احمد المعروف بالمجريطي نسبة الى مدريد حيث ولد فيها في حدود ٩٥٠ م وتوفي في عام ١٠٠٧ م . اشتهر في تضلعه بالرياضيات والفلك كما اشتغل في الكيمياء والسيماء وألف في هذه الموضوعات كتبا قيمة ترجم الكثير منها الى اللاتينية منها الكتاب المعنون « تعديل الكواكب » ، وشرح كتاب المجسطي الشهير لبطليموس كما ألف في الهندسة والحساب وشرح زيج الخوارزمي وعلق عليه حيث اضاف اليه جداول جديدة وألف في فن الاسطرلاب . ومن كتبه في الكيمياء « رتبة الحكيم » و « غاية الحكيم » ، وقد ترجم الثاني منهما الى اللاتينية في القرن الثالث عشر الميلادي بأمر من الملك « الفونس » ، كما ان الكتاب الاول خير ما يمثل لنــــا تأريـــخ تطور الكيمياء في الاندلس واشتغال علمائها فيها ، وقد اقتبس ابن خلدون في مقدمته الكثير من هذين الكتابين في الفصول التي خصصها للكيمياء والسيماء والحكمة والفلاحة . وتتلمذ على المجريطي عدة شخصيات اندلسية منهم الزهراوى ، الطبيب الجراح الشهير والكرماني والغرناطي وغيرهم .

١٥ - الزهراوى :

ابو القاسم الاندلسي الزهراوى (نسبة الى مدينة الزهراء) المتوفي في حدود ٤٠٤ هـ - ١٠١٣ م وعاش في زمن عبدالرحمن الثالث ، كان من اعاظم الاطباء الجراحين وألف في ذلك بحوثا مهمة منها " المقالة في عمل اليد " ، وكتابة المعنون " التصريف لمن عجز عن التأليف " الذى ترجم الى اللاتينية باسم (Liber Servitoris) وقد أكسبه هذا الكتاب شهرة

واسعة فكان اشهر الجراحين في العالم في القرون الوسطى ، وقد اعتمد عليه على انه مصدر أساسي للطب والجراحة في التدريس والممارسة قرونا طويلة وظل المصدر المعول عليه الى القرن السابع عشر الميلادى ، وترجم الى اللاتينية عدة ترجمات في الاعوام ١٤٩٧ (فينا) و ١٥٤١ (بازل) وفي عام ١٥١٩ .

وعرف ابو القاسم الزهراوى عند الاوربيين بأسم (Abulcasis) واشتهر بكتابه العظيم في الجراحة (Medica Vade Mecum) الذى جاء في ثلاثين فصلا يعالج الفصل الاخير منها موضوع الجراحة وحوت مؤلفاته الجراحية وصفا دقيقا وصورا للالات الجراحية وكان واضع أسس علم الجراحة الحديثة في اوربة ، وأول من اعتمد على طرقه الجراحية من الاطباء الفرنسيين الجراح الفرنسي الشهير " دى شولياك " (١٣٠٠ – ١٣٦٨م) الذى علق على مؤلفاته المترجمه الى اللاتينية . ويعد الزهراوى بانه اول من ابتكر طريقة لاستئصال الحصى المثانية عن طريق المهبل ، كما ابتدع طريقة تفتيت تلك الحصى ووصف الاستعداد الطبيعي عند بعض النساء للنزف (هيموفليا) ومارس عملية شق القصبة الهوائية (تراكيمومي) ونجح في ذلك في العملية التي اجراها على احد خدمه .

١٦ – الكرخي :

ابو بكر محمد الحاسب الملقب بالكرخي أو الكرجي كان من مشاهير علماء العرب في القرن الحادى عشر ومن كبار الرياضيين وعاش في بغداد في مطلع القرن الحادى عشر الميلادى فلقب الكرخي بعد ان كان يلقب الكرجي (نسبة الى كرج في تركستان) ، وتوفي في حدود ١٠٢٩ م ، واشتهر ببحوثه الرياضيه وتآليفه فيه في الجبر ونظريات العدد مثل كتابه

الموسوم " كتاب الفخرى " (١) وكتاب " الكافي في الحساب " (٢) وكتاب " البديع " . وتميز الكرخي باصالته الرياضية في ايجاده نظريات ودساتير مهمة في علم العدد (Number Theories) ، وكان اول رياضي عربي برهن على النظريات الخاصة بايجاد مجموع مربعات ومكعبات الاعداد :

فاذا فرضنا ان عدد هذه الاعداد ن مثل

$$\text{١}^{٢} + \text{٢}^{٢} + \text{٣}^{٢} + \cdots + \text{ن}^{٢}$$

فان مجموعها :

$$(\text{١} + \text{٢} + \text{٣} + \cdots + \text{ن}) \times \frac{\text{٢ن} + \text{١}}{\text{٣}}$$

وبالنسبة الى مجموع مكعبات الاعداد مثل

$$\text{١}^{٣} + \text{٢}^{٣} + \text{٣}^{٣} + \cdots + \text{ن}^{٣}$$

فان مجموعها $= (\text{١} + \text{٢} + \text{٣} + \cdots + \text{ن})^{٢}$

وتناول الكرخي في كتابه الفخرى السالف الذكر حلول معادلات الدرجة الثانية في اشكالها المختلفة وقد حل المعادلة التي من النوع : م س٢ + ب س = ج بالدستور

$$\text{س} = \frac{\sqrt{\left(\frac{\text{ب}}{\text{٢}}\right)^{٢} + \text{م ج}} - \frac{\text{ب}}{\text{٢}}}{\text{م}}$$

وقد رأينا في كلامنا على الرياضيات في حضارة وادى الرافدين اتباع هذا الدستور في حل هذا النوع من معادلات الدرجة الثانية ، وهو ايضا نفس الدستور الذى اتبعه الرياضي اليوناني " ديوفنطس " (Diophantus)

---

(١) نسبة الى الوزير ابي غالب محمد بن خلف الملقب " فخر الملك " والذى استوزره السلطان بهاء الدولة (المتوفي عام ١٠٠٢ م) بن عضد الدولة البويهي (المتوفي عام ٩٨٣م) ، وقد نشر المستشرق الالماني " فويكه " كتاب الفخرى في عام ١٨٩٥٣ م

(٢) عرف هذا الكتاب في الانجليزية بعنوان : The Book of Satisfaction وقد ترجمه الى الالمانية هوشام (١٨٧٨ – ١٨٨٠م) .

(منتصف القرن الثالث الميلادى) الذى سبق ان نوهنا بالتشابه الكبير بين جبره وجبر الرياضيين في حضارة وادى الرافدين .

وبحث الكرخي في جذور الاعداد الصماء واستعمل في ذلك دساتير مهمة (١) مثل :

$$\sqrt{\text{٨}} + \sqrt{\text{١٨}} = \sqrt{\text{٥٠}} \quad \text{و} \quad \sqrt{\text{٥٤}} - \sqrt{\text{٢}} = \sqrt{\text{١٦}}$$

ونجد في كتاب "الكافي" دستورا لايجاد الجذر التربيعي التقريبي للاعداد التي لاتنجذر (الصماء) مثل :

اذا كان $\text{م} = \text{ب}^{\text{٢}} + \text{ج}$

فيكون $\sqrt{\text{م}} = \text{ب} + \dfrac{\text{ج}}{\text{٢ب} + \text{١}}$

واذا كان ب = ج أو ب أكبر من ج فيكون :

$$\sqrt{\text{م}} = \text{ب} + \frac{\text{ج}}{\text{٢ب}}$$

وذكر الكرخي في الكتاب نفسه مساحات بعض السطوح ومنها المساحات المحتوية على جذور ، واستعمل دستور "هيرون" (Heron formula) (القرن الاول الميلادى) لايجاد مساحة المثلث بدلالة اضلاعه اى محيطه :

$$\text{مساحة المثلث} = \sqrt{\text{ح} (\text{ح} - \text{أ}) (\text{ح} - \text{ب}) (\text{ح} - \text{ج})}$$

باعتبار ان ح نصف المحيط ، و أ ب ج اطوال اضلاع المثلث .

١٧ – ابن الهيثم (٣٥٤–٤٣٠ هـ / ٩٦٥–١٠٣٨/٩ م) :

ولد ابو علي الحسن بن الهيثم في البصرة وقصد القاهرة وعاش فيها في عهد الخليفة الفاطمي الحاكم بأمر الله (٩٦٩ – ١٠٢١ م) ونال منزلة كبيرة في بلاطه . ويعد ابن الهيثم بحق من مبرزى علماء الحضارة العربية الاسلامية

---

(١) Struik, A Concise History of Mathematicsn (1948), p.93.

في الرياضيات والعلوم الطبيعية ولا سيما الفزياء في حقل الضوء والبصريات بل
كان على حد تعبير «سارتون» من اعاظم علماء الطبيعة في القرون الوسطى ومن
علماء البصريات (optics) القلائل المشهورين في العالم (١) ، واشتهر عند
لاوربيين باسم الحسن(AL- Hazen)(٢)وانه ليس من المبالغة اذا عد ابن الهيثم
واضع علم الفيزياء والبصريات وقرر اسسها و .بادئها العلمية الصحيحة ، يتجلى
ذلك في الاراء التي توصل اليها وبحثه في العدسات وقوانين الضوء والنظريات الصائبة ،
ولعل ابن الهيثم من خير الامثلة البارزة على ماسبق ان نوهنا به من ان العلماء
العرب لم يكونوا مجرد نقلة ومترجمين للعلم اليوناني بل انهم ابتدعوا علوما
جديدة وصححوا كثيرا من الاراء التي قال بها مشاهير العلماء اليونان فقد
تحدى ابن الهيثم سلطة هؤلاء العلماء من امثال اقليدس (القرن الثالث ق .م)
وبطليموس (القرن الثاني الميلادى)مخالفا آراءهما الخاطئة في الضوء وبوجه خاص
تفسيرهما لرؤية الاشياء بانها تتم بانبعاث الاشعة من العين الى الاجسام ،
ولكنه قال العكس في ان الرؤية انما تحصل من انبعاث الاشعة من الاشياء
الى العين . وبحث ابن الهيثم في تشريح العين ووظائف اجزائها المختلفة
كما يتضح ذلك من بحوثه التي ضمنها في كتابه المشهور ʺ كتاب المناظرʺ
في البصريات والضوء وقد ترجم الى اللاتينية وصار من الكتب المدرسية
المعمول عليها في اوربة الى مطلع العصور الحديثة (٣) . وبحث ابن الهيثم
في ظـواهر ضوئية مهمة مثــل انتشار النـــور Probation وفي
الالوان وفيما يسمى بالخداع البصرى (Optical illusion) وفي انعكاس
الضوء (Reflection) والكساره (Refrection) واجرى تجارب مهمة

G. Sarton, An Introduction To The History of Science (١)
(1927),p. 689.

(٢) ومما يجدر التنويه به ان هذا اللفظ الاوربي لا سم الحسن بن الهيثم اى بصيغة ʺ الخزن
اوالخازن كان مدعاة للخلط بينه وبين الخازن من علماء القرن الثاني عشر الميلادى الذى سنوجز
ترجمته فيما بعد .

(٣) طبع كتاب المناظر في حيدر أباد (عام ١٣٤٧ﻫ) وقد شرحه كمال الدين الفارسي في كتابه
ʺ تنقيح المناظر لذوى الا بصار والبصائر .

لقياس سقوط الضوء (Incidence) وفي زوايا الانعكاس . ففي انكسار الضوء اجرى ابن الهيثم بعض التجارب على انكسار الاشعة الضوئية من خلال اوساط شفافة مثل الهواء والماء .

ووصل الى اكتشاف المبادئ النظرية المتعلقة بالعدسات المكبرة وقد بدىءٌ بصنع العدسات في ايطالية على نطاق واسع من بعد ثلاثة قرون . واصبح من المؤكد ان روجر بيكون (Roger Bacon) (١٢١٤–١٢٩٢م) وكل من بحث في البصريات من الاوربيين في عصر النهضة الاوربية قد اقاموا بحوثهم على نظريات ابن الهيثم في الضوء وكان لهذه النظريات بوجه خاص أثرٌ بارز في آراء ليوناردو دافينشي (Leonardo da Vince) وكيلر (Kepler) . وبحث ابن الهيثم في النار المتولدة من الزجاج والعدسات ووضع نظريات صائبة في انعكاس الحرارة (dioptric) اصح من النظريات اليونانية . كما توصل الى آراء مهمة عن تجمع الضوء (Focussing) وانعكاس الصور (الغرفة المظلمة — كاميراء) . ولعله من المفيد ان نورد نص قانون الانكسار الثاني الذى وضعه ابن الهيثم بقوله «ان كل ضوء ينعطف من جسم مشف الى جسم آخر فان انعطافه ابدا يكون في السطح القائم على سطح الجسم الثاني على زوايا قائمة اى ان الشعاع الساقط والعمود على السطح الفاصل بين الوسطين من نقطة السقوط والشعاع المنكسر تقع في مستوى واحد . " اما القانون الاول للانكسار الذى يعزى الى بطليموس فقد وجد ابن الهيثم ان صحته تقتصر على الزوايا الصغيرة دون الكبيرة ، حيث جاء في نص بطليموس ان زاوية الانكسار تتناسب طرديا مع زاوية السقوط ، وهذا دستور قريب من الصحة ولاسيما في حالة كون الزوايا صغيرة كما نبه الى ذلك ابن الهيثم .

وكان ابن الهيثم اول من قال ان الضوء " في انتشاره وانتقاله يحتاج الى زمن . وبالاضافة الى هذا الاكتشاف العظيم ، الذى لم يتوصل اليه

الا في الفيزياء الحديثة ، فقد تفرد ابن الهيثم في اكتشافه قانون انكسار الضوء وانعكاسه على مابينا ، وخلاصة ذلك ان الضوء يأخذ نفس المسار اذا سقط من الوسط الثاني وخرج منه منكسرا الى الوسط الاول حين تكون زاوية السقوط في الحالة الثانية مساوية لزاوية الانكسار في الحالة الاولى وتنطبق القاعدة نفسها في حالة انعكاس الضوء انعكاسا منتظما .

واشتغل ابن الهيثم في الرياضيات وبرز فيها وألف في ذلك عدة كتب ورسائل منها شرح اصول هندسة اقليدس وكتاب '' الجامع في الحساب '' و '' كتاب تحليل المسائل الهندسية '' . واستعمل الطريقة المعروفة الان بافناء الفرق (exhaustion) في حساب مساحات وحجوم الاشكال التي ترسم بدوران القطع المكافئ (Parabola) حول اى قطر او احداتي رأسي (Ordinate) (١). وهناك قضية رياضية تعرف لدى الاوربيين باسمه (قضية ابن الهيثم) (The problem of Al-Hazen) وهي القضية التي تتعلق بكيفية رسم خطين من نقطتين في مستوى دائرة ويتلاقيان في نقطة على المحيط ويرسمان زاويتبن متساويتين مع العمود (Normal) في تلك النقطة . ويؤدى حل هذه القضية الى معادلة من الدرجة الرابعة (biquadratie equatioon) وحلت بواسطة القطع الزائد (Hyporbola) (٢) .

ونختتم هذا الموجز عن ابن الهيثم انه تم تكريمه والاعتراف بفضله في الاقطار العربية حديثا ومن ذلك ان جامعة القاهرة خصصت في عام ١٩٣٩ قاعة لالقاء المحاضرات باسمه . كما خصصت له قاعة اخرى في كلية العلوم بجامعة بغداد .

---

(١) STRIUK. OP. CIT., P.95

(٢) ان وضع القضية على هذا النحو قد جاء في « سترويك » (المصدر المشار اليه) ، ولكن كتاب تراث الاسلام يضعها بكيفية اخرى يبدو انها الاصل الذى اورده ابن الهيثــــم ونصه : « في المرايا الكروية ، المقعرة والمحدبة منها ، والمرايا الاسطوانية والمخروطية يطلب ايجاد النقطة او الموقع الذى ينعكس منجسم ذوموقع وبعد معينين الى العين في موقــع معلوم » (تراث الاسلام ، ترجمة جرجيس فتح الله) (١٩٧٢) ، ص ٤٧٩ .
راجع عن خلاصة آراء ابن الهيثم وآثاره العلمية : تراث الاسلام والاستاذ مصطفى نظيف : « الحسن ابن الهيثم » وغيرهما من المراجع القديمة والحديثة التي اثبتناها في آخر الكتاب .

١٨ - الخازن :

سبق ان نوهنا باسم الخازن من حيث التباس اسمه باسم الحسن ابن الهيثم عند بعض المؤلفين . والخازن من علماء القرن الثاني عشر الميلادى السادس الهجرى وهو ابو الفتح عبدالرحمن المنصور الخازن او الخازني وقد نشأ في (مرو) في (خراسان) واشتغل في العلوم الطبيعية وفي الميكانيكيا (علم الحيل) ، كما اشتغل في الفلك وعمل زيجا سماه " الزيج المعتبر السنجرى " نسبة الى السلطان سنجر ، وقد حسب فيه مواقع النجوم للعام ١١١٥ - ١١١٦ م ، ومن مؤلفاته المشهورة " ميزان الحكمة " وقد ترجم الى اللاتينية واللغات الاوربية ، ويعد الاول من نوعه في علم ـ موازنة السوائل " (هايدوستاتيكيا) ، وقد اثنى عليه معظم مؤرخي العلوم مثل جورج سارتون و " بلتن " من اكاديمية العلوم الامريكية .

وقد سبق ان ذكرنا بحوث الخازن في قاعدة ارخميدس ولكنه تفرد في انه طبقها على الاجسام الموجودة في الهواء وسبق " تورشيلي " في بحثه عن الهواء ووزنه وان له وزنا وقوة رافعة مثل السوائل ، وان وزن الاجسام فيه اقل من وزنها الحقيقي ، ويتوقف مقدار مايفقده الجسم في الهواء على كثافة الهواء ، وبذلك كان اول من بين وبرهن على ان قاعدة ارخميدس تنطبق ايضا على الاجسام في الهواء بالاضافة الى الماء .

وممـا لا يخفى ان هذه الدراسات والنظريات هي التي مهدت لاختراع البارومتر (المضغاط) والمضخات . ولعله يحسن ان نورد نص الخازن عن موضوع الاجسام في الهواء اذ يقول : الاجرام الثقال يعاوقها الهواء وهي بذواتها في الحقيقة اثقل من ثقلها الموجود في ذلك الهواء ،واذا نقلت الى هواء الطف كانت اثقل ، وعلى خلافه اذا نقلت الى هواء اكثف كانت أخف» ،كما بحث في مقاومة السوائل لحركة الاجسام فهو يقول بهذا الصدد : اذا تحرك جسم ثقيل في اجسام رطبة (سائلة) فان حركته فيها بحسب رطوبتها فتكون

حركته في الجسم الارطب اسرع » ، ودرس كذلك مايسمى بمركز الثقل (Centre of gravity) ويقول عن ذلك :

ان كل جسمين ثقيلين بينهما واصل يحفظ وضع احدهما عند الاخر فلمجموعهما مركز ثقل وهو نقطة واحدة فقط وقوله :

اذا تعادل جسمان بثقلهما في نقطة مفروضة فان نسبة ثقل احدهما الى ثقل الآخر كنسبة قسمي الخط الذى يمر بتلك النقطة ويمر بمركزى ثقلهما . ويقول عن ثقل الاجسام :

الاجسام المتساوية في القوة والحجم والشكل والبعد عن مركز العالم متساوية .... كل جرم ثقيل معلوم الوزن لبعد مخصوص من مركز العالم تختلف زنته بحسب اختلاف بعده منه ، فكلما كان ابعد كان اثقل ، واذا قرب كان أخف ولهذا تكون نسبة الثقل كنسبة البعد الى البعد» اى ان وزن الجسم يتناسب طرديا مع بعده عن مركز الارض ، وهذه فكرة خاطئة فالعكس هو الصحيح على ما هو معروف . وقد سبق ان اوردنا مقارنة لقيم الاوزان النوعية لبعض المعادن التي اوجدها الخازن بالقيم التي اوجدها البيروني في كلامنا عن البيروني .

١٩ ـ عمر الخيام (٤٨٪١٠٣٨ ـ ٤٪١١٢٣م) .

يقول اناس عن حياتي انني
خلقت من العام الملائم والكافي
فان كان هذا فامح ميت امسنا
سريعا من التقويم وأمح الغد الخافي (١)

تنم هذه الرباعية من شعر عمر الخيام الذى طغت شهرة شاعريته بين الناس على شهرته العلمية ، عن جانب آخر مهم في حياته ، ذلك هو شهرته ونبوغه في الرياضيات والفلك ، وهو الجانب الذى يهمنا في هذا البحث . وقد عاش الخيام في عهد سلطان السلاجقة الاتراك الذين اتسعت امبراطوريتهم من مركزها في ايران فشملت معظم الاقطار الاسلامية وبضمن ذلك العراق مركز الخلافة العباسية التي تسلطوا على خلفائها ابتداء من عهد القائم (١٠٥٥م) وقد ولد في حدود ١٠٣٨ م أو ١٠٤٨ م وتوفي في العام ٤ / ١١٢٣م ولقب بالخيام لانه اشتغل في بدء حياته بحرفة الخيامة (صنع الخيام وبيعها) ، وحين تقلد صديقه " نظام الملك " (٢) منصب الوزارة في عهد حكم السلطان السلجوقي " ألب ارسلان " وعهد حفيده " ملكشاه " ضمن الخيام لنفسه مورد عيش مرفه مكنه من التفرغ الى الدرس والبحث فاستطاع ان ينتج بحوثا قيمة في الرياضيات ولاسيما في علمي الجبر والفلك ، واسهم في تقدم هذه العلوم فيما اضافه اليها من ابداعات ، ومن ذلك انه وضع تقويماً دقيقاً في عهد السلطان ملكشاه (في حدود ١٠٧٩ م) ، وقد بلغ هذا التقويم من الدقة والضبط بحيث ان الخطأ فيه لايتجاوز سوى يوم واحد في (٥٠٠٠)

(١) من رباعيات عمر الخيام الشهيرة ، ترجمة الدكتور احمد زكي ابوشادى عن الترجمة الا نجليزية التي وضعها " فيتز جيرالد " (١٨٠٩ – ١٨٨٣م) .

(٢) نظام الملك كما قلنا وزير السلطان السلجوقي " ألب ارسلان " ١٠٦٣ – ١٠٧٢) ثم صار وصيا على ملكشاه (١٠٧٢ – ١٠٩٢م) وأخيرا تفرد بالحكم ، واشتهر نظام الملك باقتران اسمه بالمدرسة النظامية حيث انشأ نظامية بغداد ونظاميات اخرى في العراق وايران في عام ١٠٩٢م.

عام في حين ان الخطأ في التقويم الغريغورى المتبع الان مقداره يوم واحد في كل (٣٣٣٠) عام ، كما انه نظم زيجاً فلكياً عرف باسم زيج ‟ملكشاه‟.

وفي الجبر حقق ابداعاً مرموقاً كما يشير الى ذلك كتابه ‟ في الجبر والمقابلة ‟ (١) الذى يعد ماحواه تقدماً محسوساً على ماكان عليه علم الجبر عند الاغريق والرياضيين العرب الذين سبقوه ، كما انه حقق تقدماً ملحوظاً على جبر الخوارزمي ولاسيما في درجات المعادلات الجبرية فانه خصص قسماً كبيرا من كتابه السالف الذكر لحلول معادلا الدرجة الثالثة (المعادلات التكعيبية) (Cubic equations) في حين ان سلفه الخوارزمي اقتصر بحثه في المعادلات على معادلات الدرجة الثانية . ولعل اقرب من تأثر بهم من رياضي الاغريق الرياضي ‟ ديوفانتس ‟ (ديوفنطس) (منتصف القرن الثالث الميلادى) كما يدل على ذلك بحثه في المعادلات التي سماها الجبريون العرب المعادلات ‟ السيالة ‟ اى غير المعينة (Indeterminate) وسميت كذلك لانها تؤدى الى اجوبة كثيرة . ويمكننا أن نتلمس تقدم الخيام في المعادلات الجبرية توسعه بما قلناه في المعادلات التكعيبية فقد صنفها الى سبعة وعشرين نوعاً ، ثم اختزال تصنيفها الى اربعة اشكال ، من حيث عدد الحدود التي تتألف منها فهناك معادلات ذات ثلاثة حدود واربعة حدود وصنف الشكل الرابع الى الاصناف الاربعة الاتية (٢) .

---

(١) عن جبر الخيام راجع المصادر الاساسية الاتية : نشر المستشرق الالماني ‟ فوبكة ‟ (Voepcke) (١٨٢٦ – ١٨٦٤) كتاب جبر الخوارزمي في عام ١٨٥١ ، وقد تخصص في تاريخ الرياضيات العربية فانه بالا ضافة الى نشره لجبر الخيام نشر كتاب ‟ الفخرى ‟ للكرخي (الكرجي ١٨٥٣) وانظر ايضا :

D.S.Kasir, The Algebra of Omar Khayyam (1930)

وتراث العرب العلمي لقدرى طوقان (١٩٥٤) ، ص ٣٢٣ ، وسمث ‟ تاريخ الرياضيات ، ٢ ، ج ص ٥٠٨ .

وتراث الاسلام ترجمة جرجيس فتح الله (١٩٧٢) ، ص ٥٨٤ – ٥٨٥ .

(٢) نفس المصدر السابق .

س٣ + ب س = جـ س + هـ

س٣ + جـ س = ب س٢ + هـ

س٣ + هـ = ب س٢ + جـ س

وقد سلك في حل مثل هذه المعادلات وغيرها الطرق الهندسية ، وقد ذهب بعض مؤرخي الرياضيات مثل " كاجورى "(١) الى ان الخيام لم يحاول امكان حل مثل هذه المعادلات بالطرق الجبرية بل اقتصر في ذلك على الطرق الهندسية ، كما قلنا وان حلها الجبرى اهتدى اليه الرياضيون الاوربيون مابين القرنين الخامس عشر والسادس عشر الميلاديين . ومهما كان الامر فان حلول الخيام كانت نوعاً من الهندسة التحليلية قبل "ديكارت (Descartes) (١٥٩٦ — ١٦٥٠م) وكان ذلك مما مهد السبيل لفرما وديكارت في تأسيس الهندسة التحليلية (Analytical geometry) .

وقد اورد الاستاذ قدرى طوقان (٢) معادلة من الدرجة الرابعة وردت في جبر الخيام وهي :

(١٠٠ — س٢) (١٠ + س)٢ = ٨١٠٠

وان جذرها عند الخيام هو نقطة تقاطع الخطين البيانين للمعادلتين :

(١٠ — س) ص = ٩٠

س٢ + ص٢ = ١٠٠

وبحث الخيام في النظرية التي تنسب الى الرياضي الفرنسي " فرما " (Fermat) (القرن السابع عشر) القائلة ان مجموع عددين مكعبين لايمكن ان يكون عددا مكعبا .

---

(١) كاجورى : " تاريخ الرياضيات " المشار اليه في قدرى طوقان (١٩٥٤) ، ص ٣٢٣.

(٢) تراث العرب العلمي (١٩٥٤) ، ص ٣٢٣.

ومع ان بعض الرياضيين اليونان من امثال اقليدس (القرن الثالث ق .م) بحثوا في نظرية ذات الحدين في رفع اى مقدار جبرى الى اس مقداره اثنان ، الاان ايجاد اى مقدار جبرى ذى حدين مرفوع الى قوة اكثر من اثنين لم يظهر الافي جبر الخيام (١) .

وألف الخيام بعض كتبه في الفارسيه ومنها رباعياته ولكنه كتب جبره بالعربية كما وضع كتبا اخرى بالعربية منها كتابه المعنون "شرح مايشكل من مصادرات اقليدس في الجبر والمقابلة" وكتابه : "الاحتيال لمعرفة مقدارى الذهب والفضة في جسم مركب منهما" . وعالج الخيام كما فعل الطوسي من بعده والذى سنذكر ترجمته البرهنة على فرضية التوازى المشهورة التي وضعها اقليدس ولم يستطيع البرهنة عليها ، ومع ان الخيام لم يصل كذلك الى برهان الا ان اثارته القضية مجددا مع الطوسي أوحت لرياضي اوربة في القرنين الثامن عشر والتاسع عشر في ايجاد هندسات لااقليدية (Non- Eucledean geometry) كما اشرنا الى ذلك في كلامنا على اقليدس في موضوع الرياضيات اليونانية .

٢٠ — ابن النفيس :

ويلقب بالدمشقي (٦٠٧ — ٦٩٦هـ — ١٢١٠ — ١٢٩٨) (١٢٨٨م) واسمه علاء الدين أبو الحسن بن ابي الحزم القرشي وكنيته ابن النفيس وقد ولد في دمشق ، واخذ عن استاذه المسمى الدخورى ، ثم انتقل الى القاهره وعمل في مستشفياتها وكان في مقدمة اطبائها ، ولم يرد ذكره في التراجم الكثيرة التي اوردها ابن ابي اصبيعة في كتابه الشهير "عيون الانباء في طبقات الاطباء" ، ولكن اكتشفت ترجمته في الكتب الخطية في دار الكتب المصرية ولاسيما "كتاب مسالك الابصار في اخبار ملوك الامصار

(١)ذات المصدر ، الطبعة الثالثة (١٩٦٣) ، ص ٣٦٣.

وكتاب '' الوفاء بالوفيات '' (١) كما ذكر في مؤلفات اخرى (١) ، وكان ابن النفيس مثل ابن سينا والرازى موسوعيا في طبه ، كما يتضح ذلك في كتابه الموسوم : '' الشامل في الطب ''

وله ايضا«موجز القانون» ، وهو اختصار لقانون ابن سينا ، ويروى انه كان يحفظ كتاب القانون عن ظهر قلب ولقب بابن سينا عصره ، ودرس كذلك مؤلفات جالينوس وابوقراط وديويسقورديس (انظر القسم الخاص بالحضارة اليونانية) ولكنه استقل في كثير من آرائه عنهم ، وغلب على طريقته في في العلاج انه كان يعتمد على تنظيم الغذاء اكثر من الادوية والعقاقير . ويعد '' موجز القانون '' من اشهر مؤلفاته وقد ترجم الى الانجليزية والتركية ويرجح ان ابن النفيس مارس التشريح وان لم يجاهر بذلك في مؤلفاته واظهرت الدراسات التي قام بها تفر من منصفي الباحثين المحدثين من امثال '' مايرهوف '' و '' غليونجي '' ، ان ابن النفيس كان اول من اكتشف الدورة الدموية من من البطين الايمن الى الرئة حيث يخالط الهواء ومنها الى البطين الايسر وبذلك سبق المكتشفين الاوربيين الذين يعزى اليهم اكتشاف الدورة الدموية ولاسيما هارفي الانجليزى (القرن السابع عشر الميلادى) ، ويرجح انه أخــذ الفكرة من ابن النفيس ونسبها لنفسه ، او لعله اعــاد الاكتشاف وقال ابن النفيس بصدد الدورة الدموية والقلب ان القلب يتغذى من الدم المار فيه اى من العروق المارة في جرمه . ويجدر التنويه بصدد هذا الاكتشاف ان ابن النفيس خالف ابن سينا وجالينوس ، فان ابن سينا رأى ان في القلب ثلاثة تجاويف اوبطون ولكنه فند ذلك بدلالة التشريح . ويعود الفضل في الكشف عن ابن النفيس واكتشافاته الى اول دراسة علمية عنه قام بها الدكتور

---

(١) تاريخ العلوم ودور العلماء العرب في تقدمه ، للدكتور عبدالحليم المنتصر ، الطبعة الاولى ١٩٦٦ ، الص ١٧٧ .

محي الدين التطاوى (١٩٢٤) الذى حقق ونشر مخطوطة وجدها في مكتبة برلين وقدمها رسالة نال بها شهادة الدكتوراه (١) وألف الدكتور "مايرهوف" (Max Meyrhof) (١٩٣٥) عن ابن النفيس رسالة مهمة .

ولابن النفيس عدة كتب اشهرها :

١ — "الشامل" في الطب ، اكمل منه ثمانين جزءا

٢ — "المهذب" في الكحل

٣ — المختار" من الاغذية ، وكان يعتمد في تطبيبه على التغذية والحمية اكثر من الادوية والعقاقير

٤ — تفسير العلل واسباب الامراض .

٥ — « الموجز في الطب » مختصر قانون أبن سينا « وشرح القانون وقد نقد آراء ابن سينا في التشريح ، وله ايضاً عن القانون « شرح تشريح القانون» وفيه شرح ماذكره من آراء عن القانون

٦ — رسالة في منافع الاعضاء الانسانية ومواضعها واوضاع بعضها من بعض . وتناول فيها التشريح الفسيولوجي ايضا

٧ — شرح « فصول ابوقراط" وشرح في تقدمة المعرفة لابوقراط

٨ — شرح الهداية في الحكمة لابن سينا .

٩ — شرح مسائل حنين بن اسحق .

١٠ — مختصر في علم اصول الحديث .

راجع مقال الدكتور محمود الجليلي في كتاب « البحوث والمحاضرات » التي القيت في مؤتمر الدورة الثانية والثلاثين لمجمع اللغة العربية المنعقد في في بغداد (١٩٥٦) ، طبع المجمع العلمي العراقي « ١٩٦٦ » ص ١٨٣ فما بعد .

٢١ ــ الطوسي :

من اعلام الرياضيين والفلكيين الذين عاشوا في القرن السابع الهجري
(الثالث عشر الميــــلادي) ، نصير الدين الطوسي (١) الذي ولـــد في
طوس (٥٩٧ هـ ــ ١٢٠٠م) وتوفي بغداد (١٢٧٣م) ، ويعد الطوسي
من افذاذ الرياضيين والفلكيين وعاش في زمن آخر الخلفاء العباسيين (المستعصم)
كما عاصر هولاكوونال حظوة كبيرة عنده ، فعهد اليه انشاء المرصد
الفلكي في مراغة الذي شرع بتأسيسه في عام ٦٥٧ م ، وقد اشتهر هذاالمرصد
بدقة آلاته الفلكية وضبط ارصاده وشهرة الفلكيين الذين اشتغلوا فيه والمكتبة
الضخمة التابعة له .

اشتهر الطوسي باشتغاله في الهندسة والمثلثات بالاضافة الى الفلك وكان
من بين الرياضيين الـــذين جعلوا من المثلثـــات (Trignometry)
موضوعا مستقلا عن الفلك . وترجم كتابه عن الموضوع والمعنون "شكل
القطاع" (٢) الى اللاتينية والفرنسية والانجليزية وبقي مرجعاً مهماً في اوربة
عن المثلثات المستوية والكروية . كما انه علق على هندسة اقليدس وشرحها
وله كتاب في هذا الشأن اسماه " كتاب تحرير اصول اقليدس" . وله
رسالة عن بديهية اقليدس الشهيرة الخاصة بالخطوط المتوازية عنوانهـا
" الرسالة الشافية عن الشك في الخطوط المتوازية (٣) وقد سبقان ذكرنا كيف
انه حاول البرهنة على فرضية اقليدس ، ولكنه يبدو انه لم يتوصل الى برهان
شاف فظلت من نوع الفرضيات ، وقد أدت أنارة القضية كما نوهنا سابقا
عندبعض الرياضيين الاوربيين الى وضع هندسات لااقليدية (Non-Eucldan)

---

(١) يوجد عدة علماء وفقهاء لقبوا بالطوسي أشهرهم د أبو جعفر الطوسي (٩٩٥ ــ ١٠٦٧
الذي كان على رأس فقهاء الشيعة ولقب يشيخ الطائفة وقبره الا ن في النجف ، اما الطوسي الرياضي
فقبره في المشهد الكاظمي

(٢) كتاب شكل القطاع " ، طبع الا ستانه ١٣٠٩هـ

(٣) راجع مقال الدكتور محمد واصل الظاهر : « نظرية التوازى واثر العرب فيها " مجلة
المجمع العلمي العراقي " المجلد الخامس (١٩٥٨) ص ١٤١ فما بعد

مثـــل هندســـة "ريمان" Rieman منذ القرن التاسع عشر ، وألف الطوسي ايضا في الجبر وله كتابه عنوانه " الجبر والمقابلة " كما وضع مقالة برهن فيهــا على ان مجموع مربعي عــــدد ين فرديين لايمكن ان يكون مربعا كاملا . وفي الفلك وضع الزيج المعروف باسم " الزيج الايلخاني بالفارسية " و " زيج الشاهي " وله ايضا التذكرة في علم الهيئة (الفلك) وقد شرحه كثير من العلماء . كما الف في الفلسفة والجغرافية والطبيعية والموسيقى والمنطق والبصريات وله فيها " كتاب تحرير المناظر "

٢٢ ــ الحسن المراكشي

ابو علي الحسن المراكشي من علماء المغرب العربي الذين نبغوا في منتصف القرن الثالث عشر الميلادى (١) واشتهر في الرياضيات والفلك والجغرافية وفي موضوع الساعات الشمسية وصنعها ، وله كتاب عنوانه " جامع المبادئ والغايات في علم الميقات " ضمنه بحوثا رياضية وفلكية ، وقد حذا فيها حذو العلماء العرب السابقين مثل الخوارزمي والبتاني والفرغاني والبوزجاني والبيروني . ونقرأ في الكتاب نفسه فصلا عن الاسطرلاب ومسائل في المثلثات ومعادلات عن الجيب وجيب التمام مثل المعادلتين :

$$\text{جا} (٩٠ - \text{س}) = \text{جتا س}$$

$$\text{جا} (\text{س} - ٩٠) = - \text{جتا س}$$

كما نجد فيه جدولا مهماً للجيوب لكل نصف درجة وجداول لما سماه السهم " (Versed sine) ، وذكر معلومات فلكية مهمة لنحو (٢٤٠) نجماً للعام الهجرى ٦٢٢ . وقد اثنى مؤرخو العلماء ولاسيما سارتون على كتاب الجامع السالف الذكر (٢) ، كما ان المؤرخ " سيديو " يرى ان

---

(١) انظر " تراث العرب العلمي " لقدرى طوقان (١٩٦٣) ص ٤١٦ ، وجاجي خليفة" كشف الظنون " ، مجلد ١ ، ص ٣٨٤ .

(٢) سارتون : مقدمة في تاريخ العلم " مجلد ٢ ، ص ٦٢٣ .

المراكشي صحح بعض الآراء الجغرافية عند الجغرافيين العرب من قبله كما
صحح ماذكره بطليموس (القرن الثاني الميلادى) عن طول البحر المتوسط ،
كما انه حسن وصحح في رسم خارطة المغرب العربي . وقد ترجم المستشرق
(سيديو) السالف الذكر كتاب المراكشي "الجامع" ونشره ابنه في عام ١٨٣٦ .

٢٣ – ابن البيطار :

كان ابو محمد عبد الله بن احمد ضياء الدين الاندلسي المالقي اشهر
النباتيين وعلماء الاعشاب (العشابين) عاش مابين القرنين السادس والسابع
الهجري (٥٧٥ – ٦٤٦ هـ – وتوفي في دمشق عام ١٢٤٨م) ، وقد بذل
جهودا منظمة في جمع معلوماته عن عالم النبات والاعشاب والادوية .

فبالاضافة الى دراسة نباتات منطقة اشبيلية فانه طاف في شمالي افريقية
لدرس نباتاتها ، ووصل في اسفاره العلمية الى مصر حيث كان يحكمها
الملك الكامل الايوبي فالتحق بخدمته وعينه رئيسا على العشابين ، وجال ايضا
في سورية لدرس نباتها وأقام بدمشق وتوفي فيها (١٢٤٨م) ، واشتهر كذلك
بحذقه في الادوية والطب ، حيث ركز بحوثه في النباتات على تلك التي
تستعمل في الطب ، كما بحث في العقاقير المستخرجة من الحيوانات والمعادن
وتتلمذ عليه ابن اصبيعة (١) ، وكانت اشهر مؤلفات ابن البيطار كتابه
المعنون " الجامع لمفردات الادوية والاغذية " وكتابة الاخر الموسوم :
" المعتمد في الادوية المفردة " (٢) واعتمد ابن البيطار في طريقته العلمية على
تجاريه الخاصة وظاهر في ذلك منهج ابن سينا وغيره حيث اعتمد عليه وعلى
الاطباء اليونان الذين اشتهروا في الحضارة العربية وهم ابقراط وجالينوس
(١٣١ – ٢٠١ م)] والنباتي اليوناني المشهور " ديسقورديس " (القرن الاول
الميلادى) .

_____

(١) ابن ابي اصبيعة (١١٩٩م – ١٢٩٦م) الذى اشتهر في كتابه في تراجم الا طباء الموسوم
« عيون الانباء في طبقات الا طباء » ولد في دمشق وتوفي في صرخد واخذ الطب ايضا عن ابيه
وعمل طبيبا في المارستان الناصرى في القاهرة .
(٢) المعتمد في الا دوية ، تحقيق الا ستاذ مصطفى السقا (مطبعة الحلبي ١٩٥١)

وتحتل مفردات ابن البيطار مكانة مهمة في تاريخ الادوية وعلم الصيدلة وهي اقرب الى الموضوعات الطبية ولاسيما الامراض ، وفيه مادة غزيرة عن المعارف الطبية العربية وثروة قيمة في المصطلحات الطبية ومصطلحات الادوية لاسيما انه يذكر اسماء النباتات والحيوانات والمعادن باللغات المختلفة عدا العربية .

٢٤ — القلصادى :

من مشاهير الرياضيين العرب في القرن الخامس عشر الميلاد (١٤١٠— ١٤٨٦م) ، ولد في بسطة في الاندلس واقام في غرناطة حيث تتلمذ عليه كثيرون وتوفي في "باجة" (في تونس) ، كما انه رحل الى المشرق واتصل بعلمائه ، واشتهر في الحساب وألف فيه بحوثا قيمة مثل "كتاب كشف الاسرار عن علم الغبار" ويظهر فيه بجلاء استعماله للرموز والاشارات الجبرية ، وقد سبق ان نوهنا كيف انه استعمل حرف جـ للجذر و شـ (شيء) للمجهول (س) و م (مال) لمربع المجهول اى س ٢ و "ك" (كعب) لمكعب المجهول اى س ٣ والحرف ل لعلامة = وللنسبة ثلاث نقاط (.·.) وعن القلصاوى انتقل مبدأ الرموز الجبرية الى اوربة بعد ان طورها وحسنها الرياضي الفرنسي "فرانسوا فيته" (Francois Viete) (١٥٤٠—١٦٠٣م) .

واشهر مؤلفات القلصاوى كتاب "كشف الجلباب عن علم الحساب" باربعة اجزاء واختصره في كتابه المعنون "كشف الاسرار عن علم حروف الغبار" الذى لايزال مستعملا في بعض المدارس القديمة في المغرب .

إنتقال العلوم والرياضيات العربية الى اوربة ونشأة الرياضيات الحديثة :

من المعروف تاريخيا ان اوربة مابين سقوط رومة (٤٧٦م) أى زوال القسم الغربي من الامبراطورية الرومانية ، وتضاؤل القسم الشرقي منها (الامبراطورية البيزنطية) بسبب ضغط العرب منذ القرن الثامن الميلادى دخلت في فترة مظلمة حضاريا واقتصاديا ، الامر الذى جعل المؤرخين يطلقون على هذه الحقبة من تاريخ اوربة " العصور المظلمة " ، اختفت فيها العلوم والمعارف اليونانية والنظم الرومانية باستثناء آثار ضئيلة ظلت في زوايا الاديرة والكنائس. اما في المشرق فقد رأينا كيف ازدهرت الحضارة العربية الاسلامية وكيف ان تراث العلوم اليونانية ومنها الرياضيات انتقل الى العرب من بعد ترجمة العلوم اليونانية فاشتغل فيها العلماء العرب وشرحوها وعلقوا عليها واضافوا اليها اضافات مهمة وتمثلوها ضمن الاطار العام لحضارتهم ، وابتدعوا نظريات وطرقا جديدة كما مر بنا في كلامنا على العلوم والمعارف الرياضيات في الحضارة العربية ، وذكرنا كذلك ان معظم المؤلفات العلمية اليونانية تعرفت عليها اوربة اولا عن طريق الترجمات العربية قبل اكتشاف النصوص اليونانية الاصلية .

ويمكن القول بوجه عام ان معارف الحضارات القديمة وعلومها قد تجمعت فانصبت بصورة مباشرة وغير مباشرة في مجرى الحضارة العربية الاسلامية العام ، ذلك المجرى الذى صار احد الروافد الكبرى في تكوين الحضارة الحديثة وبضمن ذلك العلوم الطبيعية والرياضية التي سنوجز طرق انتقالها الى اوربة فاسهمت اسهاما كبيرا في نشوء الحضارة الحديثة . فنقول مع ان اوربة عاشت كما قلنا في العصور المظلمة الاان الاتصالات بينها وبين المشرق العربي ومراكز الحضارات القديمة الاخرى لم تنقطع ، بل انها كانت في

ازدياد ولاسيما الاتصالات التجارية والاسفار والحروب مثل الحملات الصليبية (١٠٩٦ – ١٢٩١ م) وعن طريق الاتصال المباشر بالاندلس (اسبانية) وشمالي افريقية . وقد أم الاندلس كثير من طلاب العلم الاوربيين ممن سترد اسماء بعضهم ودرسوا العلوم العربية فيها . وقد سقطت طليطلة (Toledo) بايدى الاسبان عام (١٠٨٥م) ، كما سقطت صقلية التي ظلت تحت الكم العربي اكثر من ١٢٠ عاما بيد النورمان (١٠٩١م) وقد اشتهر ملكها روجر الاول وفردريك الثاني في تشجيع العلوم والمعارف وقد التحق الجغرافي والمؤرخ العربي الشهير الادريسي (١١٠ –١١٦٥م) بالملك روجر الثاني ورسم له خارطة الارض ، وكانت صقلية من بين طرق الاتصالات الكثيرة لانتقال تراث العرب العلمي الى اوربة . فاخذ يترشح الى الغرب بالتدرج الكثير من العلوم والمعارف . وننوه مثلا باتصالات مملكة الافرنــــج في بلاد الغال ، أى مملـــكة الاسرة الكـــــرولونجية التي اشتهرت بملكها شارلمان المعاصر للخليفة هارون الرشيد والذى تلقب في عام ٨٠٠ م بلقب امبراطور الامبراطورية الرومانية المقدسة .

وقبل ان تنتشر الرياضيات العربية المتقدمة الى اوربة كان بعض اتباع بلاط هذا الامبراطور يعرفون بعض الامور البسيطة عن العلوم والمعارف ومنها مبـــادئ الحساب البسيطة ، منهم " الكوين " (Alcuin) المولود في انكلترة ، الذى كتب رسالة باللاتينية بعنوان " مسائل في تحفيز الفكر" ضمنها مسائل حسابية ترجع في اصولها الى الحسابات الشرقية مثل المسألة الاتية :

" كلب يطارد ارنبا يسبقه بـ ١٥٠ قدما ويقفز (٩) اقدام في كل مرة يقفز فيها الارنب (٧) اقدام ، فبكم قفزة يستطيع الكلب ان يلحق بالارنب".

ومن امثلة اتصالات اوربة بالاندلس نذكر احد رجال الدين الذى اشتغل بالرياضيات هو الراهب الفرنسي " جلبرت " (Gelbert) الذى صار في عام ٩٩٩ م بابا وسمي (سلفستر الثاني) (Sylvester) ، وقد

سبق له ان زار اسبانية العربية واطلع على معارفها وعلومها ودرس الرياضيات فيها .

والجدير بالذكر عن تاريخ اوربة من بعد انهيار الامبراطورية الرومانية قيام النظام الاقطاعي على انقاضها ، ثم ظهور المدن التجارية المستقلة التي قاومت هذا النظام وحصلت على استقلالها ، وظهر عدد مهم ومشهور منها مابين القرنين الثالث والرابع عشر ، نذكر من اشهرها المدن الايطالية التي كونت دويلات مدن مزدهرة مثل "جنوا" والبندقية (Venice) وميلان و "بيزا" ، وقد اقامت مثل هذه المدن علاقات تجارية مهمة مع الشرق والعالم العربي ، مركز الحضارة والمدنية يومذاك . وكان طلاب العلم والباحثون يسيرون في مقدمة التجار اوفي اثرهم ، وكانت اسبانية (الاندلس) وصقلية ، كما ذكرنا ، اقرب مراكز لمثل تلك الاتصالات بالحضارة العربية . وصادف في العام ١٠٨٥م ان سقطت طليطلة بيدالفرنجة فهرع اليها طلاب العلم الاوربيون ليطلعوا على العلوم والمعارف العربية ، وكثيرا مااستعانوا بالمترجمين اليهود لترجمة الكتب العربية (١) ، ونشط الباحثون في شمالي ايطالية بترجمة المؤلفات العربية العلمية واستمرت حركة ترجمة العلوم العربية الى القرن السادس عشر الميلادى ، وكان لها اعظم الاثر في بعث النهضة العلمية الاوربية ولاسيما في ايطاليا التي تأسس فيها عدة معاهد للبحث والدرس وكانت نواة للجامعات الاوربية الحديثة ابتداء من القرن الثاني عشر الميلادى مثل جامعة بولونا (Bologna) و "بادوا" (Padua) و "مونتبلية" في فرنسه (Montpellier) وجامعة باريس . وكانت اساليب التدريس والبحث والاتجاهات العلمية في مثل هذه الجامعات في مبدأ امرها تسير على غرار الدراسات العربية كما ان معظم الموضوعات وكتب الدراسة عنها كتب الترجمات اللاتينية للمؤلفات العربية

Struik, Op. Cit.,p 102

(١)

٢٧٨

في العلوم المختلفة كالرياضيات والطب ، وظل الحال كذلك الى القرنين السادس عشر والسابع عشر الميلاديين ، حيث بدأت تظهر فيها الطرق والاتجاهات الحديثة على يد رواد العلم الحديث الذين استقوا الشئ الكثير من التراث العلمي العربي من امثال كوبر نيكس (المتوفي عام ١٥٤٣م) وكبلر (Kepler) وغاليليو (Galeolio) .

وظهر في اسبانية في القرن الثاني عشر الميلادى عدد من الشخصيات تخصصوا في نقل المؤلفات الرياضية العربية الى اللاتينية نذكر من مشاهيرهم افلاطون التفولي (Plato of Tivoli) و " غيرار دو " (Ghreardu) و " اديلارد " (Adelard) من أهل " بات " و " روبرت من " جستر " وقصد عدد كبير من الرحالة من المدن الايطالية الشرق والعالم العربي واطلعوا على علومه ومعارفه ، ومنهم من اطلع على العلوم الرياضية ، من اشهرهم " ليونادو " من " بيزا " (Leonardo) الذى يعرف ايضا باسم "ليوناردو فيبوناجتي (Leonardo Fibonacci) ولما عاد من رحلاته الى المشرق كتب في عام ١٢٠٢م في الحساب رسالة بعنوان (Liber abaci) تضمنت الحساب والجبر ، وكتب ايضا كتابا في الهندسة بعنوان (Geometrica) (١٢٢٠م)، وقد اقتبس من الخوارزمي في بحثه عن المعادلة التي من نوع س٢ + ١٠ س = ٣٩ . وأورد مسألة عن متوالية عرفت باسمه (Series of Fibonacci)

وهي : ١ ، ١ ، ٢ ، ٣ ، ٥ ، ٨ ، ١٣ ، ٢١ ...... التي يكون فيها كل حد مجموع الحدن السابقين (+) واطلع " ليوناردو " على هندسة اقليدس وعلق عليها ، فبرهن مثلا على ان جذور المعادلة س٣ + ٢ س٢

(+) وقد وضع المسالة الطريفة الا تية على هذه المتوالية .

" كم زوج من الارانب يمكن ان ينتج من زوج واحد في كل سنة اذا كان : (أ) كل زوج يلد زوجا جديدا في كل شهر ويكون هذا الزوج الجديد قابلا للتناسل في الشهر الثاني مع الا فتراض لا يقع موت في الا رانب ؟ .

+ ١٠ س = ٢٠ لا يمكن التعبير عنها بالاعداد المتخيلة (Irrational) الاقليدية (أ + ب) ، (وعلى هذا لايمكن رسمها بواسطة البرجار والمسطرة فقط (. وأوجد الجذر الموجب لهذه المعادلة بصورة تقريبية ، الى ستة مراتب ستينية . وعن طريق كتابه الذى اشرنا اليه بعنوان " كتاب الحساب " (Liber abaci) انتقلت الارقام "العربية" الى اوربة ، ولكن سبق لهذه الارقام ان دخلت جزئيا الى اوربة عن طريق اسبانية من جانب الرحالة والتجار قبل " ليوناردو " في حدود ٩٧٦م ، حيث تؤرخ أقدم مخطوطة وردت فيها تلك الارقام في هذا التاريخ . ومما يقال عن انتشار هذه الارقام الى اوربة انه كان بطيئا ، واقدم مخطوطة فرنسية وردت فيها من تاريخ ١٢٧٥ م ، وظلت طريقة العدد اليونانية والرومانية مستعملة ازمانا اخرى الى انعم استعمال الارقام العربية (منذ القرن الخامس عشر الميلادى) في معظم المعاملات والحسابات التجارية .

وازداد انتقال الرياضيات والاشتغال فيها والاضافة اليها من جانب الرياضيين الاوربيين على أثر ازدياد الازدهار التجارى والاسفار والملاحة والفلك ومساحة الاراضي . وعمل سقوط القسطنطينية بيد الاتراك في عام ١٤٥٣ م وانتهاء الدولة البيزنطية على هجرة الكثير من الباحثين اليونان الى اوربة الغربية فأثار هؤلاء الاهتمام بكتب اليونان القديمة وتحقيقها ونشرها فظهر الى جانب هؤلاء باحثون اوربيون متخصصون في اللغات الكلاسيكية (اليونانية واللاتينية) ، وترجمت الكتب الرياضية اليونانية مثل بحوث "ابولونيوس" (Apollonius) و "هيرون" (Heron) و "ارخميدس" ، على ان الباحثين الاوربيين ظلوا فترة طويلة وهم مقتصرون على الترجمة والاطلاع على المآثر الرياضية اليونانية والعربية دون ان يضيفوا اليها اشياء مهمة ، ولم يتسن للاوربيين الا منذ القرن السادس عشر ان بدأوا يتمثلون هذه الرياضيات القديمة ويضيفون اليها ويبحثون في نظريات وقضايا جديدة في

الرياضيات . وكان اول من بدأ بذلك الرياضيون الايطاليون في المدن الايطالية المزدهرة .نذكر منهم الرياضي "سكبيودل فيرو" (Scipiodelo Ferr) (المتوفي عام ١٥٢٦) الذى اوجد حلا جبريا لمعادلات الدرجة الثالثة ، وكان هذا الرياضي من جامعة " بولونا " التي صارت من المراكز العلمية الشهيرة وظهر فيها جملة رياضيين بارزين ، فكان من استاتذتها في الفلك فقط (١٦) فلكيا ، وأمها الكثير من طلاب العلم في اوربة . ونذكر من اساتذتها الفلكيين كوبرنيكوس (Copernicus) الشهير .

ومع ان الرياضيين اليونان ومن بعدهم الرياضيين العرب بحثوا في معادلات الدرجة الثالثة بيد انهم اقتصروا على حل انواع معينة منها ولم يستطيعوا ايجاد قواعد عامة لحل جميع انواعها . فحاول رياضيو " بولونا " الايطاليون ايجاد دستور عام لها ، حيث بدأ بعض رياضييهم ارجاعها الى الانواع الثلاثة الاتية :

(١) س٣+ب س = ج $\quad$ (1) $x^3+px=q$

(٢) س٣=ب س + ج $\quad$ (2) $x^3=px=q$

(٣) س٣+ج=ب س ، $\quad$ (3) $x^3+q=px$

حيث ب (p) و ج (q) عددان موجبان

وقد بحث في هذه المعادلات الرياضي الايطالي " سكبيودل فيرو " الذى سبق ذكره وانه أوجد الحل لها (١) ، ومهما كان الامر فان رياضيا ايطاليا آخر كان يلقب " ترتاليا ، (Tartaglia) قد اعاد اكتشاف الحل في عام ١٥٣٥ وانه عرض حله علنا ولكنه احتفظ بسر الدستور الذى اتبعه ، ولكن هذا الدستور ظهر في رسالة الرياضي الايطالي المسمى " كاردانو "

---

(١) لم ينشر هذا الرياضي حلوله ولكنه اخبر بعض اصدقائه واطلعهم عليها كما ذكر ذلك مؤرخ الرياضيات الا يطالي " بوروتولوتي " المشار اليه في :
Struik, AConcise History of Mathematics (1948), ,p. 113

(Cardano) ونشرها في عام ١٥٤٥ بعنوان "الفن الكبير" (Ars Magna) ويعرف الحل الان باسم هذا الرياضي (١).

وتضمنت رسالة "كاردانو" السالفة الذكر اكتشافا رياضيا مهما آخر هو طريقة "فيرارى" (Ferrari) المتعلقة بارجاع حل معادلة الدرجة الرابعة العامة (biquadratic) الى حل معادلة من الدرجة الثالثة فانه اختزل معادلة "فيرارى" :

$$x^4 \; 6x^2 \; 36 = 60x$$

الى

$$y^3 + 15y^2 \; 36y = 450$$

ومما يقال بوجه عام ان اسلوب حل المعادلات الجبرية قد تقدم منذ هذا العصر كما احرز علم المثلثات والفلك تطورا ملحوظا على ايدى رياضي هذا العصر. ونذكر من مشاهير رياضيه (القرن السادس عشر) القانوني الفرنسي "فرانسوا فيتيه" (Francios Viete) الذى سبق ان عزونا اليه ادخال الرموز الجبرية بعد ان حسن طريقة «القلصادى» وقد كان الجبريون ممن سبقوه واطلق عليهم اسم "الشئيين" (×) قد استعملوا رموزا واساليب معقدة ، ولكن "فرانسوا" ادخل تحسينات مهمة منها استعمال الرموز الجبرية والعلامة (+) و (−) .

ومن الاشياء الرياضية الخطيرة التي تحقق الوصول اليها في هذا العصر تطور مبدأ اللوغاريتمات التي رأينا معالم مبادئها في الحضارات القديمة ولاسيما حضارة وادى الرافدين والحضارة العربية الاسلامية ثم نضجت هذه المبادئ

(١) Struik, IBID., p. 113

(×) Cossists من الكلمة الايطالية Cosa (شيء) المترجمة عن المصطلح العربي شيء الذى اطلقه بعض الجبريين العرب على المجهول ، وقد سبق ان ذكرنا ان الجبر عرف لدى مثل هؤلاء الرياضيين بمصطلح " علم الشيء " (الجبر " (Cossik) قبل ان يعم استعمال كلمة " الجبر " (Algebra) المأخوذة من رسالة الخوارزمي حساب الجبر والمقابلة " .

وادخلت في الرياضيات الحديثة على أثر اشتغال جملة رياضيين من اهل القرن السادس عشر في ايجاد التنسيق والربط مابين المتواليات الحسابية والهندسية لتسهيل العمل في جداول المثلثات المعقدة . فقدم الرياضي الاسكوتلندى "جون نيبر" (Naper, Napier) اسهاما مهما في الوصول الَى ذلك الهدف ، اذ انه نشر في عام ١٦١٤ نتائج ابحاثه وجداوله بعنوان :

Miritici Logorithmorum Canonis descripto وكان محور بحثه في ايجاد تسلسلين من الاعداد تكون العلاقة مابينهما بحث انه اذا ازداد احدهما بهيئة متوالية حسابية تناقص التسلسل الاخر على هيئة متوالية هندسية ، وان حاصل ضرب عددين من تسلسل العدد الثاني يكون ذا علاقة بسيطة بمجموع العددين المقابلين لهما في التسلسل الاول بحيث يمكن تحويل عملية الضرب الى جمع . واستطاع "نيبر" بطريقته هذه ان يسهل حساب جيوب الزوايا في المثلثات ولكن طريقته كانت معقدة فحسن فيها من بعد موته الرياضى المسمي بريكز (Briggs) من جامعة لندن الذى نشر في عام ١٦٢٤ رسالته المعنونه : الحساب اللوغريتمي (Arithmetion Logorithmica) وقد ضمنها جداول باللوغاريتمات لـ ١٤ موضعا للاعداد الصحيحة من ١ الى ٢٠,٠٠٠ ومن ٩٠,٠٠٠ الى ١٠٠,٠٠٠ ، ثم ملأ الفجوة مابين ٢٠,٠٠٠ و ٩٠,٠٠٠ الرياضي الهولندى "دى ديخر" (De Decher) الذى نشر في عام ١٦٢٧ جداول كاملة باللوغاريتمات ، فلاقت ترحيبا حارا من جانب الرياضيين والفلكيين ومن بينهم الفلكي الشهير "كيلر" . واتضحت معالم الرياضيات الحديثة في القرن السابع عشر حيث تقدمت العلوم الرياضية على ايدى مشاهير الرياضيين والفلكيين من امثال " كوبرنيكس" (Copernicus) و "تيخو براهي" (Tyche Brahae) وكبلر Kipler وغاليليو غاليلي (Galileo Galili) وغيرهم ممن فتح آفاقاً جديدة عن محل الانسان من الكون وقدرته في تفسير ظواهر الكون الفلكية بطرق علمية عقلانية . وظهر في هذا العصر حساب التفاضل (Caculus) والهندسة التحليلية (Analytical geometry) على

أيدى امثال «ديكارت» (Descartes) الذى نشر في عام ١٦٣٧ كتابه الهندسة التحليلية ، وقد اسهم رياضي فرنسي آخر في نشوء الهندسة التحليلية هو « فوما » (Fermat) الذى نشر كتابا عن الموضوع بعنوان (Isagoge) في عام ١٦٧٩ .

ويحسن ان نتوقف عند هذا الحد في تتبع تطور العلوم بوجه عام والعلوم الرياضية بوجه خاص الذى أوجزنا معالمه البارزة منذ ق ل ٤٠٠٠ عام في حضارة وادى الرافدين ووادى النيل ليتولى باحث آخر مواصلة قصة هذا التطور في العصو الحديثة .

مصادر اساسية مختارة

١ – تاريخ الرياضيات بوجه عام :

1. Archibald, Outline of The History of Mathematics
   (6th ed. 1949).
2. F. Cajori, A History of Mathematics (2nd ed. 1938)
3. E. Smith, History of Mathematics (2Vol. 1922-1925)
4. Bell, Men of Mathematics (1937).
5. Bell, The Development of Mathematics (1945).
6. L. E. Dickson, History of The Theory of Numbers
   (3 Vol, 1919-1927).
7. F. Cajori, A History of Mathematical Notations
   (2 Vol. (1928- 1929).
8. G. Sarton, An Introduction to The History of
   Science (5 Vol. 1927- 1948).
9. G. Sarton, The study of the History of
   Mathematics(1936)
01.D. J.Struik, AConcise History of Mathematics(1948)
11.Encyklopaedie der mathematischen Wissenschaften
   (24 Vol. Leipzig, 1898- 1935).
12.Oystein Ore. Number Theory and its History
   (1948).

٢ – الرياضيات والعلوم والمعارف في حضارة وادى الرافدين :

1. O. Neugebauer. Vorlesungen uber Geschichte der
   antiken mathematischon Wissenschaften, Vol. I.
   Vor griechische Mathematik (Berlin, 1934).
   in Osiris Vol.3 (1937), 405 ff.

2. O. Neugebauer, Matematische Keilschrift- Texte (3Vol. Berlin, 1935- 37).

3. Negebauer, The Exact Sciences in Antiquity (1951).

4. O. Negebauer and Sachs, Mathematical Cuneiorm Textes (1945).

5. Thureau- Dangin, Texts Mathematiques baby loniens (1938).

6. Struik, AConcise History of Mathematics (1948).

٧ – عدة الواح وبحوث رياضية نشرها مؤلف هذه المحاضرات في مجلة "سومر" (١٩٤٨، ١٩٤٩، ١٩٥٠، ١٩٥١، ١٩٦٣،

٨ – الاستاذ كوتزة " في مجلة سومر (١٩٥١) عن الالواح الرياضية المكتشفة في تل حرمل المتضمنة اصناف المعادلات الرياضية

8. Oystein Ore, Number Theory and its History (1948).

9. Martin Levey, Chemistry and Chemical Technology in Ancient Mesopotamia (1959).

10.Forbes, AHistory of Technology, Vol. I. (1956).

11.C. Thompson, Dictionary of Assyrian Chemistry and Geology (1937).

12.-----Dictionary of Assyrian and Babyloian Botany (1941).

13.R. Biggs, Medicine in Ancient Mesopotamia" in History of Science. 8,(1969) 94 ff.

14.B. L. Van der Waerden, Science Awakening (1954).

15.O. Neugebauer, Astronomical texts, 3Vals .(1955)

16——"The Tramsmission of the planetory Theories in Ancient and Mediveal Astronomy" in Scripta Mathematica (1955).

17.S.Gandz "The Origin and Development of Babylonian, Greek and Early Arabic Algebra"

18. M. Levey, Chemistry and Chemical Technalogy
    in Ancient Mesopotamia, 1923)

19. Forbes (Ed). A History of Teclnology, Vd.I (1955)

٣ – الرياضيات اليونانية :

1. T. L. Heath, A History of Greek Mathematics
   (2Vol. 1912)

2. T.L.Heath, A Manual of Greek Mathematics(1931).

3. T.L.Heath The Thirteen Books of Euclid,s Elements
   (3Vol 1980).

4. J. Allman, Greek Geometry from Thales to Euclid
   (1889).

5. Sarton,Introduction to the Historu of Science(1927).

الكتابان رقم ٨، ٩ من المراجع العامة وكذلك جميع المراجع العامة الاخرى)

6. M. R. Cohen & Drakkin, A Source Book in Greek
   Science (1948).

7. H. Lloyd-Jones(ed), The Greek World (Pelican
   Books, 1962).

8. The Legacy of Greek.

9. Van der Waerden, Science Awkening (1954).

٤ – حضارات الشرق القديم :

1. Struik, A Concise History of Mathematics (1948).

2. Peet, The Rhind Mathematical Papyrus (1923).

3. A. Chase, etal, The Rhind Mathematical Papyrus
   (2Vol. 1927- 29).

4. O. Neugebauer, The Exact Sciences in Antiquity
   (1951) Chap. IV.

الكتب الاخرى العامة المذكورة في الفقرة (١)

5. B. Batta & A. N. Singh, History of Hindu
   Mathematics(2 Vol. 1935-1938) .

6. Y. Mickami, The Development of Mathematics
   in China and Japan (1913).

7. B. Datta. The Science of the Sulba. A Study in
   Early Hindu Geometry (1932) .

المراجع العامة ايضا في الفقرة (١)

8. Van der Waerden, Sciance Awakening (1954).

٥ — العلوم والمعارف في الحضارة العربية الاسلامية

معظم المراجع العامة المذكورة في الفقرة (١) :

1. Smith & Karpinski, The Hindu- Arabic Numerals
   (1911).

2. ———History of Mathematics (1925).

3. L. C. Karpinski, Robert of Chesters Latin Transl-
   ation of th- algebra of AI- Khwarizmi (1915).

4. F. Rosen, The Al- gebra of Omar Khayyam (1931).

5. D. Kasir, The Al-gebra of Omar Khayyam (1931).

6. Legacy of Islam (1943).

7. G. Sarton, An Introduction To The History of
   Sceince (1927).

8. E. G. Browon, Arabian Medicine (1921).

9. O.C. Gruner, A Treatise on the Canon of Mediciene
   of Avicena (1930).

10.Bell, Men of Mathematics (1937).

11.Wilson, Great men of Science. (1944).

12.Sedgwich A short History of Science (New york
   1929).

13.Leclerc, Histoire de la Madicine Arabe (Paris, 1876)

14.Brockelmann, Geschicte der Arabisclen Litteralur

15.P. Sezkin, Geschichte des Arabiscles Schrifttum

٦ ــ قدرى طوقان : '' تراث العرب العلمي في الرياضيات والفلك '' (الطبعة الثانية ١٩٥٤).

٧ ــ فهرست ابن النديم (القاهرة ١٣٤٨ هـ)

٨ ــ البيهقي : '' تاريخ حكماء الاسلام '' (تحقيق محمد كرد علي دمشق ١٩٤٦) .

٩ ــ الخوارزمي : '' الجبر والمقابلة '' (تحقيق علي مصطفى مشرفة ومحمد مرسي احمد ــ القاهرة ١٩٣٧).

١٠ ــ '' التراث اليوناني في الحضارة الاسلامية '' (بحوث لمشاهير المستشرقين ترجمة عبدالرحمن بدوى ، القاهرة ١٩٤٠) .

١١ ــ ابن خلدون (المقدمة ، بيروت ١٩٠٠)

١٢ ــ ابن القفطي (المتوفي عام ١٢٤٨ م) : '' اخبار العلماء باخبار الحكماء '' .

١٣ ــ دائرة المعارف الاسلامية

١٤ ــ ابن ابي اصيبعة '' عيون الانباء في طبقات الاطباء '' (القاهرة ٨٢ ! م).

١٥ ــ ابن خلكان '' وفيات الاعيان '' (القاهرة ١٣١٠ هـ) .

١٦ ــ امين اسعد خير الله '' الطب العربي ، ١٩٤٦).

١٧ ــ البيروني '' الاثار الباقية عن القرون الخالية '' (ليبزك ١٨٧٩)

١٨ ــ مجلة الجمعية المصرية للعلوم الرياضية والطبيعية ، الاجتماع التخليدى لذكرى الحسن بن الهيثم (القاهرة ١٩٤٠) .

١٩ ــ حاج خليفة : كشف الظنون في اسامي الكتب والفنون (استنبول ١٣١٠ هـ) .

٢٠ ــ فهرست المخطوطات المصورة (من الحساب والجبر والهندسة) بمعهد المخطوطات العربية بجامعة الدول العربية (الجزء الثالث ، القسم الثالث ــ القاهرة ١٩٦٠)

٢١– فهرست المخطوطات بدار الكتب المصرية (القسم الاول أ – س) (القاهرة ١٩٦١) .
٢٢– قدرى حافظ طوقان : الاسلوب العلمي عند العرب (١٩٤٦).
٢٣– قنواتي (الاب) : مؤلفات ابن سينا (القاهرة ١٩٥٠)
٢٤– مصطفى نظيف : الحسن بن الهيثم (القاهرة ١٩٤٣).
٢٥– علي سامي النشار : مناهج البحث عند مفكرى الاسلام (١٩٤٧) .
٢٦– نصير الدين الطوسي : "مجموع الرسائل" (دائرة المعارف العثمانية حيدر أباد – الهند ١٣٥٨ هـ) . الرسالة الشافية عن الشك في الخطوط المتوازية" (حبور أباد الدكن) .
٢٧– نللينو : علم الفلك ، تاريخه عند العرب في القرون الوسطى (روما ١٩١١).
٢٨– يعقوب صروف : بسائط علم الفلك (القاهرة ١٩٢٣ م).
٣٩– "مؤلفات ابن سينا"
٣٠– « الحسن بن الهيثم » ، للاستاذ مصطفى نظيف .
٣١– « التربية الاسلامية » ، للدكتور احمد شلبي .
٣٢– « سلسلة تراث الانسانية » (وزارة الثقافة والارشاد القومي في مصر) .
٣٣– « مجموعة رسالة القلم » (اصدار جمعية كليات العلوم في مضر) .
٣٤– « عجائب المخلوقات » (للقزويني .
٣٥– « الجامع للمفردات » (ابن البيطار) .
٣٦– كتاب « الشفا » (ابن سينا) .
٣٧– « تذكرة اولى الالباب » (داود الانطاكي) .
٣٨– « مفاتيح العلوم » ، للخوارزمي محمد بن يوسف
٣٩– « الطب عند العرب » ، للدكتور شوكت الشطي

٤٠– كتاب «النبات» للدينورى

٤١– كتاب «الحيوان» للجاحظ

٤٢– «حياة الحيوان» للدميرى

٤٣– «الحاوى في الطب» للرازى

٤٤– «الجماهر في معرفة الجواهر» للبيروني

٤٥– «الحضارة الاسلامية» لآدم ميتز

٤٦– «الدليل الببليوغرافي للقيم الثقافية العربية» (نشرة اليونسكو)

٤٧– «رسائل اخوان الصفا وخلان الوفا»

٤٨– «شمس العرب على الغرب» للدكتور سيكريد هونكه

٤٩– «قصة الحضارة» تأليف ول دورانت ، ترجمة محمد بدران ، ج٢ ،
مجلد ٤ ، الص ١٦٧ فما بعد .

٥٠– الدوميلي : «العلوم عند العرب» ، ترجمة عبد الحليم النجار ومحمد
يوسف موسى (دار العلم بالقاهرة ١٩٦٢) .

٥١– توفيق الطويل : «العرب والعلم في عصر الاسلام الذهبي (١٩٦٨)

٥٢– الدكتورة عائشة عبد الرحمن : «تراثنا بين ماضيه وحاضره .(مطبوعات
معهد الدراسات العربية ١٩٦٨) .

٥٣– «مختارات من رسائل جابر بن حيان» ، تحقيق كراوس (القاهــرة
١٩٣٥)

٥٤– روزنتال : «مناهج العلماء المسلمين في البحث العلمي (ترجمة الدكتور
انيس فريحة – دار الثقافة في بيروت ١٩٦١) .

٥٥– الدكتور عبد اللطيف البدرى : «الآلآت الجراحية عند العرب ،
مجلة المجمع العلمي العراقي (١٩٦٩) ص ٤٢٣ فما بعد.

٥٦– الدكتور شوكة الشطي : «الاسلام والطب» .

٥٧— الدكتور أمين سعيد خير الله : « الطب العربي والعلوم المتصلة بــه » (بيروت ١٩٤٦).

٥٨— الدكتور كمال اليازجي : « معالم الفكر العربي في العصر الوسيط . (١٩٦١).

٥٩— جرجي زيدان : تأريخ التمدن الاسلامي .

٦٠— فيلب حتى : تأريخ العرب .

٦١— احمد أمين : فجر الاسلام . ضحى الاسلام . ظهر الاسلام .

٦٢— عبدالهادي ابو ريدة : الكندي وفلسفته .

٦٣— سامي حداد : مآثر العرب في العلوم الطبية (بيروت ١٩٣٦) .

٦٤— عبدالرحمن بدوى : التراث اليوناني في الحضارة الاسلامية (١٩٤٠) .

٦٥— منصور جرداق : مآثر العرب في الرياضيات والفلك (بيروت ١٩٣٦) .

٦٦— ابن جلجل : طبقات الاطباء والحكماء (تحقيق فؤاد سيد ، القاهرة) .

٦٧— ابن ساعد : طبقات الامم (الاب لويس شيخو ، طبعة بيروت) .

٦٨— ابن خلكان : « وفيات الاعيان وانباء ابناء الزمان (ط — القاهرة — تحقيق محمد محي الدين عبدالحميد) .

٧٩— حاجي خليفة : كشف الظنون في اسامي الكتب والفنون (١٦٥١) طبع فلوجل ليبزك ١٨٣٥ . ١٨٥٨ ، ربولاق ١٨٥٨ والاستانــة ١٨٩٣—١٨٩٤ .

٧٠— صلاح الدين المنجد : مصادر جديدة عن تأريخ الطب العربي (مجلة العربي) مجلة معهد المخطوطات العربية ١٩٥٩) .

٧١— خيرالدين الزركلي : «الاعلام» .

٧٢— « مفاتيح العلوم » لايي عبد الله محمد (الخوارزمى) ، نشر فان فلوتن ١٨٩٥ ، وطبع مصر ١٩٢٣ .

٧٣— « كشاف مصطلحات الفنون » للتهانوى (محمد على) (١٧٤٥)
طبع ١٨٦٢ ، وله طبعة جديدة .

٧٤— الدكتور داود سلمان «تأريخ الطب العربي»(ترجمة كتاب برونBrown).

٧٥— معجم اسماء النجوم بالعربية والانجليزية تأليف منصور جرداق
(١٩٥٠) .

٧٦— مصادرات اقليدس « لعمر الخيام » ، تحقيق عبد الحميد صبره
(مطبعة المعارف بالاسكندرية ١٩٦١) .

٧٧— الكتب والبحوث الكثيرة التي كتبها المستشرق الالماني « ايلهارد فيدمان »
(Eilhard Wied mom) (١٨٥٢ — ١٩٢٨) أنظر الثبت الذى وضعه
الدكتور عدنان جواد الطعمة المنشور في مجلة التراث العلمي العربي »
(جامعة بغداد العدد الأول ١٩٧٧) .

المحتـــــــويات

Mujaz fi Tarikh al-Ulum wa al-Maarif fi al-Hadharat al-Qadimah wa al-Hadhara al-Arabiyah al-Islamiyah

A BRIEF HISTORY OF THE SCIENCES AND KNOWLEDGE IN THE ANCIENT AND ARABIC-ISLAMIC CIVILIZATIONS

by
Taha Baqir

This book was written **in Arabic** *by the late Iraqi archeologist and historian* **Taha Baqir**. *The book provides brief accounts of the mathematical and scientific achievements in the early civilizations of the* **Mesopotamians, Egyptians, Greeks, Chinese, Indians, Arabs and Muslims.** *The book maintains a friendly and readable Arabic style that appeals to both the public and the experts in the field.*

موجـــــز

فـــي

تاريخ العلوم والمعارف في الحضارات القديمة

والحضـــــــارة العربيـــــة الاســـــلامية

تأليف

طـــه باقــر

Mujaz fi Tarikh al-Ulum wa al-Maarif fi al-Hadharat al-Qadimah wa al-Hadhara al-Arabiyah al-Islamiyah

A BRIEF HISTORY OF THE SCIENCES AND KNOWLEDGE IN THE ANCIENT AND ARABIC-ISLAMIC CIVILIZATIONS

by

TAHA BAQIR

Year 2013 Printing
On the Occasion of the 100th Anniversary of the Birth
of
TAHA BAQIR